प्रकाशक

साइन्टिफिक पब्लिशर्स (इंडिया)

जोधपुर

5–ए, न्यू पाली रोड
पोस्ट बॉक्स नं. 91
जोधपुर – 342 001 भारत

दिल्ली

4806 / 24, अंसारी रोड़
दरियागंज,
नई दिल्ली – 110 002 भारत

प्रत्याख्यान – Limits of Liability and Disclaimer of Warranty

लेखक गण ने इस पुस्तक की शुद्धता के बारे में पूरा प्रयत्न एवं पूरी सावधानी रखी है, फिर भी लेखकगण इस पुस्तक के किसी तथ्य, भाग, विषय या अन्य कथ्य की प्रमाणिकता के बारे में कोई दावा नहीं करते हैं। लेखक गण इस पुस्तक के आधार पर की गई चिकित्सा के परिणाम का उत्तरदायी नहीं होगें। इस पुस्तक के आधार पर चिकित्सा करने से पूर्व आयुर्वेद के योग्य व अनुभवी विशेषज्ञ चिकित्सक का परामर्श अवश्य लेवें।

ISBN: 978-93-86347-22-0

Visit the Scientific Publishers (India) website at
http://www.scientificpub.com

Printed in India

संरक्षित खेती के अंतर्गत सतत फसल प्रबंधन

संकलन एवं संपादन

डॉ के.वी.आर. राव
डॉ शुचि गंगवार
अर्पणा बाजपेई
लवेश चौरसिया
कुमार सोनी

सुनियोजित कृषि विकास केन्द्र
भा.कृ.अनु.प. – केन्द्रीय कृषि अभियांत्रिकी संस्थान
नबीबाग, बैरसिया रोड़, भोपाल–462038 (म.प्र.)

साईन्टिफिक पब्लिशर्स

प्राक्कथन

भारत चीन के बाद दुनिया का सबसे अधिक जनसंख्या वाला देश है तथा विश्व की लगभग 17 प्रतिशत जनसंख्या भारत में हैं। भारत के पास खेती के अंतर्गत कुल भूमि का केवल 3 प्रतिशत ही है। इतनी बड़ी जनसंख्या को लगातार भोजन उपलब्ध कराने के लिए कृषि उत्पाद में सतत् वृद्धि करनी होगी। संरक्षित खेती, कृषि की ऐसी तकनीक है, जो पौधों की वृद्धि हेतु उपयुक्त वातावरण प्रदान करती है। इस तकनीक द्वारा पौधों की वृद्धि पर विपरीत प्रभाव डालने वाले कारक जैसे अधिक वर्षा, तापमान, सौर्य विकिरण, पाला, कीट, रोग आदि से पौधों को सुरक्षा प्रदान की जाती है। संरक्षित खेती के अंतर्गत पॉलीहॉउस, शेड नेट हाउस, वाक इन टनल, सूक्ष्म सिंचाई प्रणाली, प्लास्टिक मल्चिंग, रेज्डबेड, पौधे को सहारा देना आदि सम्मलित हैं।

उक्त कारकों को ध्यान में रखते हुए संरक्षित खेती का चयन आर्थिक रूप से किसान भाइयों एवं निर्माताओं के लिए एक व्यवहारिक विकल्प है। संरक्षित खेती के अतंर्गत बे–मौसमी सब्जियों तथा फूलों की खेती करके एवं कम जल का उपयोग कर अधिक तथा उच्च गुणवत्ता का उत्पादन कर अधिक लाभ प्राप्त किया जा सकता है।

मैं इस प्रकाशन के माध्यम से डॉ. के.वी. रमन्णा राव के द्वारा किए गए प्रयासों की सराहना करता हूँ एवं इस प्रकाशन हेतु वांछित सामाग्री के संकलन, संपादन एवं स्वरूप प्रदान करने में सराहनीय योगदान देने वाले सभी अधिकारियों एवं कर्मचारियों को सहृदय धन्यवाद देता हूँ।

भोपाल
19/8/2016

के. के. सिंह
(निदेशक, भा.कृ.अनु.प.–के.कृ.अ.सं.)

प्रस्तावना

भारत एक कृषि प्रधान देश है भारत दुनिया में दूसरा सबसे अधिक जनसंख्या वाला देश है। भारत की जनसंख्या 2020 तक 1.3 अरब बढ़ने की सम्भावना है इस बढ़ती आबादी कि खाद्यान्न आवश्यकता को ध्यान में रखते हुए हमें कृषि उत्पादन को बढ़ाने के लिए प्रयास करना है।

बढ़ते शहरीकरण, व्यवसायीकरण, मौसम में उतार–चढाव, कृषि उत्पादों के मूल्यों में लगातार गिरावट को ध्यान में रखते हुए हमें ऐसी प्रौद्योगिकियाँ अपनानी होंगी जिनसे विभिन्न फसलों का उत्पादन बढ़े और ऐसी तकनीक भी खोजनी होगी जिनसे फसल उत्पादन में बाधा पहूँचाने वाले कारकों से अधिक तत्परता से निपटा जा सके। इस दिशा में हिन्दी भाषा में प्रस्तुत यह किताब "संरक्षित खेती के अंतर्गत सतत् फसल प्रबंधन "सूक्ष्म सिंचाई प्रणाली, संरक्षित खेती, पोषक तत्त्वों का महत्व, मृदा परिक्षण, नर्सरी उत्पादन, प्लास्टिक मल्चिंग, ग्रीन हाउस में उपयोग होने वाली मशीन तथा उपकरण एवं फसल प्रबंधन कि विस्तृत जानकारी उपलब्ध कराई गई है। यह किताब किसानों, निर्माताओं एवं विद्यार्थियों के लिए उपयोगी साबित होगी। हिन्दी पुस्तक में दिया गया फसलों का आर्थिक विश्लेषण का विवरण फसल प्रबंधन एवं वर्तमान में बाजार के मूल्य पर निर्भर करता है।

मुझे पूर्ण विश्वास है कि यह पुस्तक अपने उद्देश्य में सफल होगी तथा इसमें सुझाए उपायों एवं प्रौद्योगिकीय को अपनाकर हमारे देश के किसान अपनी फसलों से अधिक से अधिक उत्पादन ले सकेंगे।

मैं इस पुस्तक के प्रकाशन के लिए संस्थान के निदेशक डॉ. के.के. सिंह और इस कार्य से जुड़े सहयोगियों तथा अन्य साथियों को सह्रदय धन्यवाद देना चाहूँगा, जिनके अथक प्रयासों से यह प्रकाशन किसानों की सेवा में उपलब्ध कराया जा रहा है।

भोपाल
19 / 08 / 2016

डॉ. के.वी.आर. राव
प्रधान वैज्ञानिक,
(भा.कृ.अनु.प.–के.कृ.अ.सं.)

अनुक्रमणिका

1

सूक्ष्म सिंचाई प्रणाली : ड्रिप/फव्वारा सिंचाई

प्रस्तावना

ड्रिप (टपक) सिंचाई विधि सिंचाई की आधुनिकतम विधियों में से एक है। इस विधि से पौधों में सिंचाई जल का धीमा किन्तु सतत प्रयोग करते हुए इसे पौधों के जड़ क्षेत्र में ड्रिपर (इमीटर) की मदद से सुगमतापूर्वक पहुँचाया जाता है। इस प्रकार सिंचाई जल का गहराई में प्रवेश, मृदा–जल वाष्पीकरण तथा बहाव जैसे कारणों से होने वाले नुकसान को कम किया जा सकता है। साथ ही 50 से 70 प्रतिशत तक पानी की बचत की जा सकती है। रासायनिक खादों को पानी में मिलाकर घोल के रुप में ड्रिप पद्धति द्वारा पौधों तक पहुँचाया जा सकता है। इसके उपयोग से मजदूरी खर्च में बचत एवं उत्पादन में वृद्धि प्राप्त की जा सकती है।

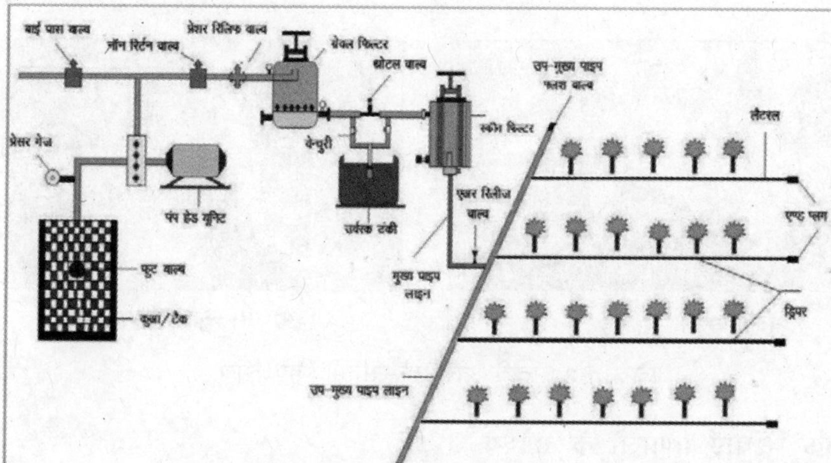

चित्र 1.1 ड्रिप सिंचाई तंत्र

ड्रिप सिंचाई विधि का प्रयोग लगभग सभी प्रकार की फसलों में विशेषकर उद्यानिकी फसलों में सफलतापूर्वक किया जा सकता है। यह विधि कम वर्षा वाले क्षेत्रों में वरदान स्वरुप है, साथ ही भारी एवं काली मिट्टी से लेकर रेतीली मिट्टी तक इसका उपयोग सफल एवं फायदेमंद है। यह विधि ठण्डे प्रदेशों में भी उपयोगी साबित हुई है जहाँ इसका प्रयोग सेव एवं स्ट्रॉबेरी में सफलतापूर्वक किया जाता है।

इस प्रणाली से पंप के द्वारा जल स्त्रोत से पानी आगे बढ़ता है और फिल्टर के द्वारा छनकर मुख्य पाइप लाइन में जाता है। फिर आगे उपमुख्य पाइपलाइन एवं लैटरल के द्वारा पूरे खेत में वितरित होता है। जब पानी लैटरल में बहता है तब ड्रिपर के माध्यम से पौधों की जड़ों के पास बूँद–बूँद करके गिरता है।

1.1 ड्रिप सिंचाई के प्रकार

(अ) सतही ड्रिप सिंचाई – इसमें लैटरल पाइपों को जमीन पर बिछाते हैं और ड्रिपरों को लैटरल पाइप में छेद करके ड्रिपर को लगा देते हैं। ड्रिपरों से जल बूँद–बूँद करके पौधों की जड़ों के आस–पास गिरता है। ड्रिपरों में जल प्रवाह 2 से 20 ली./घण्टा होता है। आवश्यकतानुसार ड्रिपरों की जगह अति सूक्ष्म नलिकाओं (माइक्रोट्यूब) का भी प्रयोग जल उत्सर्जन के लिए किया जा सकता है।

(ब) उप–सतही ड्रिप सिंचाई – इसमें लैटरल पाइपों को जड़ों के साथ–साथ जमीन के नीचे बिछाते हैं, जो फसल को आवश्यकतानुसार जल उपलब्ध कराते हैं।

लैटरल पाइपों में लगे ड्रिपरों द्वारा जल निकलता है। लैटरल पाइपों का निर्माण करते समय ही उनके अन्दर ड्रिपरों को भी लगाया जा सकता है।

उप–सतही ड्रिप सिंचाई में केवल उप–सतह नम होती है और मृदा की ऊपरी सतह सूखी रहती है। उप–सतही सिंचाई में वाष्पोत्सर्जन से होने वाली जल हानि बहुत कम होती है। मृदा की ऊपरी सतह सूखी रहने के कारण खरपतवारों की वृद्धि भी नहीं होती है।

(अ) सतही सिंचाई (ब) उप–सतही ड्रिप

चित्र 1.2 सतही और उप–सतही ड्रिप सिंचाई

1.2 टपक सिंचाई प्रणाली के उद्देश्य

1. पानी का धीमा प्रवाह होता है।
2. पानी को लम्बे समय तक दिया जाता है।
3. पानी को थोड़ा–थोड़ा अतंराल में दिया जाता है।
4. पानी को सीधे पौधों की जड़ में दिया जाता है।
5. दवाब पद्धति से पानी की सिंचाई मात्रा नियमित रखी जाती है।
6. खाद को पानी के साथ दिया जाता है।

1.3 टपक सिंचाई प्रणाली की प्रमुख विशेषताएँ

टपक सिंचाई द्वारा पौधों की जड़ों में आवश्यकतानुसार पानी निर्धारित दर से दिया जाता है परिणामस्वरूप पौधों की अच्छी वृद्धि होती है।

1. इस प्रणाली द्वारा पानी की पूर्व निर्धारित दर, भूमि की संरचना, पौधों व फसलों के प्रकार, प्रति पौधों के बीच का अंतर (पौधे से पौधे एवं लाइन से लाइन), तापमान, जलवायु तथा पानी आदि को ध्यान में रखकर क्षेत्र विशेष में प्रदान की जा सकती है।
2. महँगें रासायनिक खाद व अन्य रासायनों का प्रयोग पौधों की जड़ों में वांछित गहराई तक किया जा सकता है। परम्परागत विधि की तुलना में ड्रिप द्वारा रासायनिक खादों का उपयोग करने पर इनमें 50 प्रतिशत तक की बचत होती है।
3. पौधों की बढ़वार तेज होने के साथ–साथ उनमें फल भी शीघ्र एवं समरूप लगते हैं एवं उच्च गुणवत्ता के प्राप्त होते हैं।
4. बहाव सिंचाई विधियों की तुलना में कार्यकारी लागत तथा निंदाई–गुड़ाई में आने वाली लागत 50 प्रतिशत तक कम होती है।
5. खरपतवार नियंत्रण सुगमतापूर्वक किया जा सकता है।
6. सिंचाई जल उपयोग दक्षता 90–95 प्रतिशत तक आती है जबकि बहाव सिंचाई विधि से सिंचाई जल उपयोग दक्षता मात्र 40–50 प्रतिशत तक ही प्राप्त होती है।
7. बहाव सिंचाई की तुलना में सिंचाई कार्य हेतु मजदूरों की आवश्यकता काफी कम होती है।
8. भूमि समतलीकरण की आवश्यकता नहीं होती है।
9. सिंचाई जल वितरण एवं वाष्पीकरण में हवा का प्रभाव नहीं होता है।
10. खेत के कोनो व सीमा में सिंचाई जल के नुकसान की संभावना नहीं होती है।
11. ग्रीन हाऊस में टपक सिंचाई का प्रयोग सुगमतापूर्वक किया जा सकता है।
12. अपेक्षाकृत बड़े क्षेत्र की सिंचाई एक ही समय में तथा समरूपता से की जा सकती है जबकि बहाव विधि में ऐसा संभव नहीं है।
13. अन्य कृषि कार्य जैसे निंदाई–गुड़ाई, पौध–संरक्षण कार्य तथा कटाई इत्यादि हेतु कृषि यंत्रों के प्रयोग में बाधा नहीं होती है।

1.4 टपक सिंचाई प्रणाली के लाभ

- **पानी की बचत** : इस प्रणाली के द्वारा 70 प्रतिशत तक जल की बचत की जा सकती है और बचे हुए पानी से अतिरिक्त क्षेत्र की सिंचाई की जा सकती है। इसमें जल उपयोग की दक्षता 80–90 प्रतिशत होती है।

- **खारे जल का उपयोग** : इस प्रणाली के द्वारा खारे जल को भी सिंचाई के लिए उपयोग में लाया जा सकता है। सिंचाई की आवृत्ति अधिक होने के कारण जड़ों के पास अधिक नमी रहती है और लवणों की सान्द्रता हानिकारक स्तर से कम रहती है। इस प्रकार खारे जल से सिंचाई करने हेतु टपक सिंचाई प्रणाली ही एक मात्र साधन है।
- **उत्पादन एवं गुणवत्ता में वृद्धि** : सिंचाई की आवृत्ति जल्दी होने की वजह से फसलो को जरूरी मात्रा में समयानुसार पानी मिलता रहता है, जिससे मिट्टी में जल तनाव नही रहता है। जमीन के अंदर पानी और हवा का समन्वय होता है, जिससे पानी की कमी या अधिकता का खास असर नहीं होता है। जिसके परिणामस्वरूप उच्च गुणवत्ता के फल एवं सब्जियाँ प्राप्त होती है और फसलों के उत्पादन में वृद्धि होती है।
- **सभी प्रकार की मृदा में उपयोग** : वह भू–भाग जो अन्य विधियों द्वारा सिंचित नही किए जा सकते हैं, उनमे ड्रिप विधि के द्वारा सिंचाई किया जा सकता है। इस विधि में जल के वितरण को मृदा की प्रकार के अनुसार नियोजित किया जा सकता है, इसलिए इस प्रणाली को उबड़–खाबड़ एवं क्षार युक्त किसी भी मृदा में उपयोग किया जा सकता है।
- **खाद की बचत** : इस प्रणाली के द्वारा लगभग 30 से 45 प्रतिशत तक खाद की बचत होती है। खाद फसल में समान रूप से पौधों की जड़ों के पास घुलनशील अवस्था में प्राप्त होती है, जिससे उसके उपयोग की दक्षता बढ़ जाती है।
- **खरपतवार में कमी** : सीधे पौधो के जड़ क्षेत्रों में पानी दिया जाता है, जिससे आस–पास की जमीन सूखी रहने से खरपतवार में कमी आती है। परिणामस्वरूप पानी और सभी पोषक तत्व केवल फसल को मिलते हैं।
- **कीट एवं रोगों का कम प्रभाव** : पौधों के आसपास वायुमंडल में नमी की सान्द्रता कम रहती है इसलिए पौधों में रोग एवं कीट लगने की संभावना कम होती है और पेड़ पौधे स्वस्थ रहते हैं, जिससे कीटनाशक दवाइयों पर कम खर्च होता है।
- **श्रम की बचत** : निंदाई–गुड़ाई, सिंचाई, खाद वितरण आदि में श्रम की आवश्यकता कम होती है। यांत्रिक कार्य आसानी से किए जा सकते हैं।

1.5 टपक सिंचाई द्वारा विकसित जड़ें

चित्र 1.3 में टपक सिचिंत पौधों की जड़ों को दर्शाया गया है जिसकी विशेषताएँ इस प्रकार है।

- टपक सिंचित पौधों में प्राथमिक जड़ों के साथ–साथ द्वितीयक जड़ों का विकास तेजी से होता है।
- टपक सिंचाई से पौधों की जड़ों का विकास अच्छे से होता है जिससे यह पानी तथा उर्वरकों को अच्छे तरह से ग्रहण करती है।

- नमी तथा मृदा का संतुलन मृदा में बना रहता है।
- टपक सिंचाई से विकसित जड़े पौधों की ऊर्जा को बचाकर रखती है।

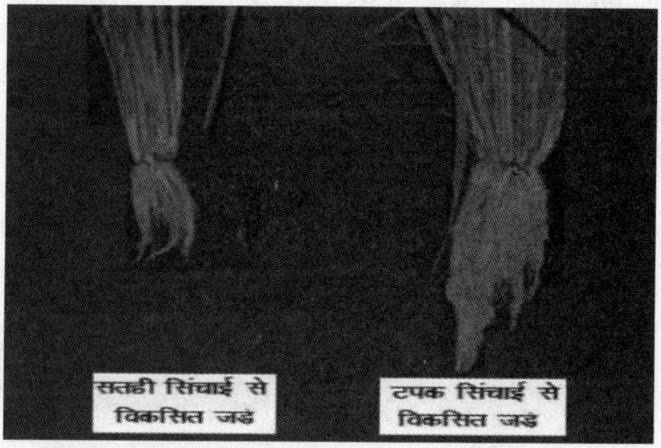

चित्र 1.3 टपक सिंचाई द्वारा विकसित जड़ें

1.6 टपक सिंचाई में मिट्टी का हवा एवं पानी से सम्बन्ध

- मृदा में पानी की नमी एक समान बनी रहती है।
- टपक सिंचाई के कारण मृदा में वायु तथा पानी का अनुपात एक समान बना रहता है जिससे की पोषक तत्वों का अवशोषण अच्छी तरह से होता है।
- टपक सिंचाई में पानी का बहाव क्षैतिज दिशा में होने के साथ–साथ लबंवार भी होता है जिसके फलस्वरूप पौधों की जड़ों को निरन्तर नमी मिलती रहती है जिससें पौधों की सूक्ष्म जड़ों का विकास है एवं विस्तार एक निश्चित क्षेत्र में होता जाता है और यह नमीयुक्त क्षेत्र मृदा में लवणता की मात्रा को बढ़ने से रोकता है। जिसको नीचे दिए हुए चित्र 1.4 में दर्शाया गया है।

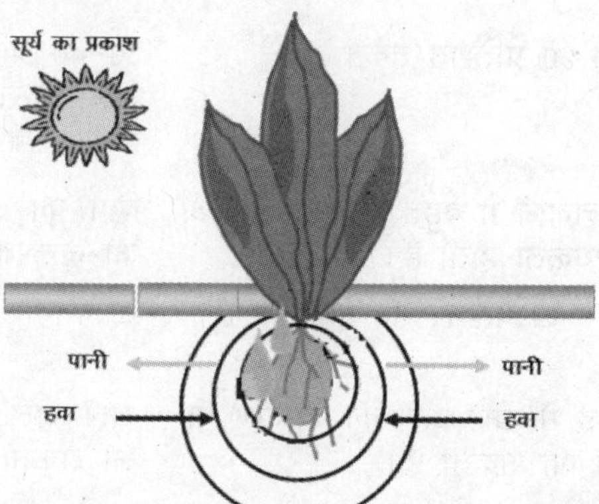

चित्र 1.4 मिट्टी का हवा एवं पानी से सम्बन्ध

विभिन्न प्रकार की मृदा में पानी का प्रवाह

विभिन्न प्रकार की मृदा में ड्रिप उत्त्सर्जक द्वारा जल के वितरण का तरीका अलग अलग होता है जल का क्षैतिज एवं ऊर्ध्वाधर वितरण मिट्टी के प्रकार पर निर्भर करता है। रेतीली प्रकार की मृदा में पानी का प्रवाह ऊर्ध्वाधर दिशा में है, जबकि चिकनी मृदा में पानी का प्रवाह पाश्वर्ग दिशा में होने के कारण एक बड़ी त्रिज्या का गीला क्षेत्र बनता है (चित्र 1.5 अ) इसीलिए ड्रिप उत्त्सर्जक के बीच की दुरी रेतीली मृदा में अपेक्षाकृत चिकनी मृदा से ज्यादा रखी जाती है (चित्र 1.5 ब)। दूसरे शब्दों में हम कह सकते हैं कि गीले क्षेत्र का आकार मिट्टी के भौतिक गुणों पर निर्भर करता है। हल्की मृदा में पानी का वितरण संकरा एवं गहरा होता है जबकि भारी मृदा में पानी का वितरण अपेक्षाकृत गोलाकार होता है जिसको चित्र के माध्यम से प्रदर्शित किया गया है।

अ

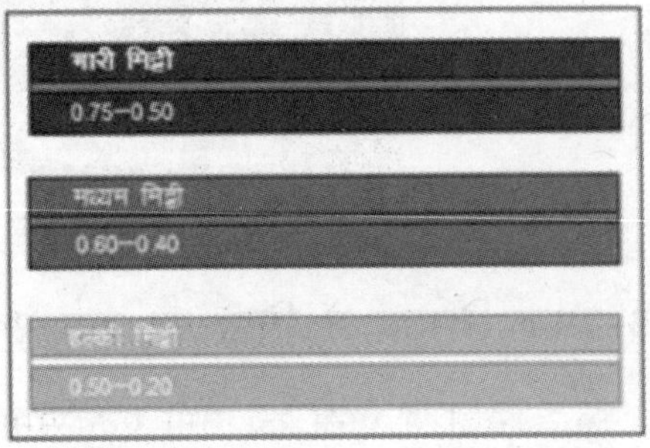

ब

चित्र 1.5 विभिन्न प्रकार की मृदा में पानी का प्रवाह

तालिका 1.1. ड्रिप सिंचाई एवं सतही सिंचाई विधि में अन्तर

कारक	ड्रिप सिंचाई	सतही सिंचाई
जल की बचत	70 प्रतिशत तक जल की बचत।	सिंचाई के जल का बड़ा हिस्सा वाष्पन, रिसाव में व्यर्थ हो जाता है।
जल के उपयोग की दक्षता	80 से 90 प्रतिशत तक।	30–40 प्रतिशत, क्योंकि अधिकतर जल फसल तक पहुँचने और वितरण में व्यर्थ हो जाता है।
श्रम की बचत	ड्रिप चलाने में बहुत ही कम श्रम की आवश्यकता होती है।	ड्रिप की अपेक्षा इसमें ज्यादा श्रम की जरूरत होती है।
खरपतवार की समस्या	खेत में खरपतवार भी कम होते हैं।	खरपतवार अधिक होते हैं।
खारे जल का उपयोग	सिंचाई में खारे जल का उपयोग भी किया जा सकता है।	खारे जल का उपयोग नही किया जा सकता है।
खराब मृदाओं में उपयुक्तता	इसकों सब प्रकार की मृदाओं की सिंचाई के लिए किया जा सकता है।	खराब मृदाओं में सतही विधि से सिंचाई करना संम्भव नही है।

जल का नियंत्रण	बिल्कुल सही और सरल ढ़ंग से संभव।	जल वितरण नियंत्रण कम होता है।
उर्वरक उपयोग की दक्षता	इसमे पोषक तत्व नष्ट नहीं होते हैं, इसलिए उर्वरक के उपयोग की दक्षता बढ़ जाती हैं।	पोषक तत्व नष्ट हो जाते हैं, इसलिए उनके उपयोग की दक्षता कम होती है।
भू–क्षरण	भू–क्षरण कम होता है।	इसमें भू–क्षरण की अधिक संभावना होती हैं।
उपज में बढ़ोत्तरी	पौधों की वृद्धि अधिक होती है, जिससे उपज 50–100 प्रतिशत तक बढ़ सकती है।	ड्रिप की अपेक्षा उपज कम होती है।

तालिका 1.2. टपक सिंचाई प्रणाली की उपयुक्त फसलें

क्रसं	फसलें	नाम
1	व्यावसायिक फसलें	गन्ना, कपास, तम्बाकू, बेबी कॉर्न आदि।
2	सब्जी वाली फसलें	टमाटर, बैंगन, शिमला मिर्च, सेम, कद्दू, ककड़ी, लौकी, मटर, फूलगोभी एवं पत्ता गोभी आदि।
3	जड़ एवं कंद फसलें	टेपीओका, गाजर, मूली, आलू, मीठा आलू, जमीकंद आदि।
4	बल्ब फसलें	प्याज, लहसुन, आदि।
5	पत्तेदार फसलें	मैंथी, पालक, करीपत्ता आदि।
6	फलवाली फसलें	आम, केला, नींबू, अनार, अमरूद, बेर, सेब, बादाम, स्ट्रॉबेरी, नाशपती, आडू, अंगूर, लीची, फालसा, पपीता, चीकू, अन्नास, खजूर, तरबूज आदि।
7	वृक्षवाली फसलें	नारियल, काजू, सूपारी, काफी, चाय, रबर आदि।
8	मसाले वाली फसलें	इलायची, काली मिर्च, इमली, हल्दी, अदरक एवं मिर्च आदि।
9	पेड़ वाली फसलें	सागौन, नीम एवं फैगुरिना आदि।
10	औषधीय फसलें	अनोटा, पंचौली एवं पलमरौसा आदि।
11	फूलवाली फसलें	गुलाब, गेंदा, ग्लैडियस, कॉनेशन, झरबेरा, जैसमिन एवं जिप्सोफिला आदि।

तालिका 1.3 टपक सिंचाई प्रणाली द्वारा विभिन्न फसलों में जल की बचत एवं उपज में वृद्धि

क्र.सं.	फसलें	उपज में वृद्धि (%)	सिंचाई जल की बचत (%)
1	आलू	20–30	40–50
2	गन्ना	50–60	30–50
3	टमाटर	80–90	60–70
4	फूलगोभी	60–80	30–40

क्र.सं.	फसलें	उपज में वृद्धि (%)	सिंचाई जल की बचत (%)
5	बैंगन	20–30	40–60
6	बन्दगोभी	30–40	50–60
7	भिण्डी	75–80	40–60
8	मिर्च	30–40	60–70
9	लौकी	20–40	40–50
10	अनार	20–40	50–60
11	अमरूद	30–40	50–60
12	केला	40–45	30–35
13	बेर	20–25	25–30
14	नारियल	58–60	80–85
15	आड़ू	20–25	60–65
16	मौसमी	50–55	30–35
17	पपीता	55–60	40–45
18	अंगुर	50–55	50–55
19	चुकन्दर	79–82	35–38
20	करेला	50–55	24–28
21	खीरा	80–85	30–35
22	प्याज	50–54	40–45
23	मूली	70–75	10–15
24	सकरकन्द	55–65	25–35
25	किन्नों	20–25	30–32
26	लेमन	20–25	40–45
27	मूँगफली	30–40	70–75
28	कपास	60–65	20–30
29	तरबुज	60–65	50–55
30	ब्रोकिली	14–18	28–32

नीचे दी गई तालिका में विभिन्न फसलों में पानी की आवश्यकता को दर्शाया गया है।

तालिका 1.4 फसलों की विभिन्न क्रांतिक अवस्थाओं में पानी की आवश्यकता

फसलें	क्रांतिक अवस्थाएं
केला	विकास की अवधि एवं फलों के बनते समय
मिर्च	फूल एवं फल के बनते समय

नींबू	फूलों एवं फल के बनते समय
कपास	फूलों एवं बाल के विकास के समय
मूंगफली	फूलों, पैग एवं फली के विकास के समय
मक्का	टैसल एवं सिल्क बनते समय
आम	फूल एवं फल बनते समय
प्याज	बल्ब के पकते समय
मटर	फूल एवं फली बनते समय
आलू	कंद बनते समय
धान	टिलरिंग, फूल, दूध की अवस्था एवं दाने बनते समय
सोयाबीन	फूल एवं फल बनते समय
गन्ना	फारमेंटिव एवं तने के विकास
टमाटर	फूल एवं फल बनते समय
गेहूँ	क्राउन रूट एवं दाने पड़ते समय

1.7 टपक सिंचाई प्रणाली के भाग

टपक सिंचाई प्रणाली से पौधों को पानी, पद्धति के विभिन्न भागों को प्रयोग में लाने के बाद दिया जाता है जो की फिल्टर, मेन पाईप, सब मेन पाईप, लेटरल और ड्रिपर है। प्रत्येक ड्रिपर से संपूर्ण फसल को सधी हुई एवं समान मात्रा में पानी पहुँचाया जाता है। खाद एवं दूसरे लवण जो की पौधे की वृद्धि एवं अच्छे उत्पादन में सहायक होते हैं सीधे पौधें की जड़ में दिए जाते हैं। पानी एवं खाद मिट्टी में धीरे–धीरे प्रवेश करते हैं जो की केशाकर्षण (Cappilary Force) तथा गुरूत्वाकर्षण बलों (Gravitional force) के द्वारा पौधों की जड़ों में फैलते हैं। इस तरह से पौधों में अतिशीघ्र खाद एवं पानी पहुँच जाता है, जो की पौधों में जल तनाव की स्थिति को आने से रोकता है, इस तरह अच्छा उत्पादन एवं अच्छी फसल प्राप्त की जाती है।

1	कुआं/टैंक/ नहर/तालाब	8	एयर रिलिज वाल्व
2	पंप हेड यूनिट	9	सप्लाई मेन्स
3	वाइपास/प्रेसर रिलिफ वाल्व	10	वॉल वाल्व
4	फिल्टर	11	सब मेन
5	प्रेशर गेज	12	लॅटरलस/ड्रिपलाइन
6	फर्टिलायजर पंप (ऐच्छिक)	13	ड्रिपर्स
7	फर्टिलायजर टैंक (ऐच्छिक)	14	एण्ड प्लग

1. **फिल्टर युनिट**: (अ) प्राथमिक फिल्टर–ग्रॅवल फिल्टर, हाइड्रोसायक्लोन फिल्टर
   (ब) द्वितीय फिल्टर – डिस्क फिल्टर, स्क्रीन फिल्टर।
2. **मुख्य और सहायक मुख्य लाईन** : पी. वी. सी. एवं एच. डि. पी. पाइप।
3. **सुरक्षा उपकरण** : नॉन रिर्टन वाल्व, प्रेशर रिलिफ वाल्व, प्रेशर रेग्युलेटर्स, एअर रिलीज वाल्व और वैक्यूम ब्रेकर वाल्व।
4. **खाद देने वाला उपकरण** : खाद देने वाला पंप, खाद देने वाला टैंक।
5. **नियंत्रक वाल्व** : बॅक फ्लश वाल्व।
6. **लैटरल पाइप (एल. एल. डी. पी. ई.)** : 12, 16, 20, 25 और 32 एम एम।
7. **उत्सर्जन यंत्र** : इंट्रिगल ड्रिपरलाईन, ऑन लाईन ड्रिपर्स।
8. **स्वचालित यंत्र** : सोलनाइट वाल्व और नियंत्रक।

मुख्य पाइप लाइन (मेन पाइप लाइन)

मेन पाइप लाइन जो की पी.वी.सी. या एच.डी.पी.ई. से बनी होता है, जो जमीन से सामान्यतः 2 फुट की गहराई में रहता है। मेन पाइप लाइन का मुख्य कार्य पानी के स्रोत को सबमेन पाइप लाइन से जोड़ना होता है। 63 मिली मीटर या अधिक और 4 से 10 कि.ग्रा. प्रति वर्ग सेमी. दबाव क्षमता के पाइपों की प्रति मीटर कीमत पाइप के व्यास पर निर्भर करती है इसलिए उपयुक्त व्यास के पाइप का ही चयन करना चाहिए।

उप–मुख्य पाइप लाइन (सब मेन) पाइप लाइन

यह पी.वी.सी. या एच.डी.पी.ई. से बना होता है जो की मुख्य पाइप लाइन की तरह ही 2 फुट की गहराई में रहता है। सबमेन या उपमुख्य पाइप का मुख्य कार्य मुख्य पाइप से पानी लेकर लैटरल पाइप को पानी पहुँचना होता है। 32 से 75 मिली. मीटर व्यास और 2.5 से 6.0 कि.ग्रा. प्रति सेमी. दबाव क्षमता के पाइपों को उपमुख्य पाइप के रूप में प्रयोग होता है। सबमेन के अंत में फ्लश वाल्व लगा होता है जिसका उपयोग पाइप की सफाई में किया जाता है।

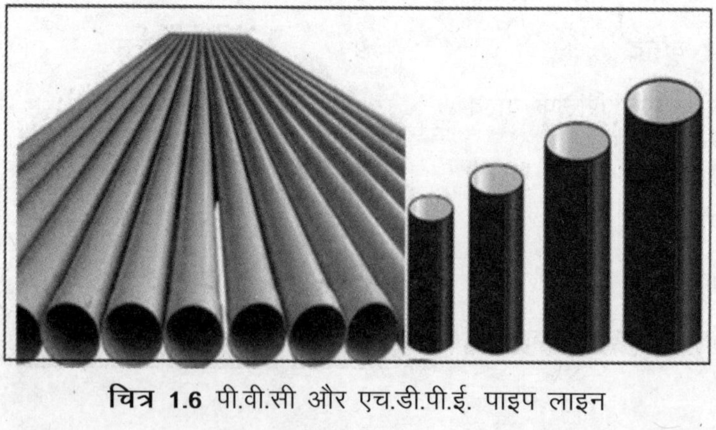

चित्र 1.6 पी.वी.सी और एच.डी.पी.ई. पाइप लाइन

लैटरल

उपमुख्य पाइप से पतले काले पाइप पौधों की कतारें के साथ–साथ डाले जाते हैं, जिन्हें लैटरल पाइप कहा जाता है। इन्हीं लैटरल पाइप में एक निश्चित अंतराल पर ड्रिपर लगा होता है जिससे पानी बूँद–बूँद करके पौधों तक पहुँचता है। यह 12, 16 एवं 20 मि.मी. व्यास का उपलब्ध है।

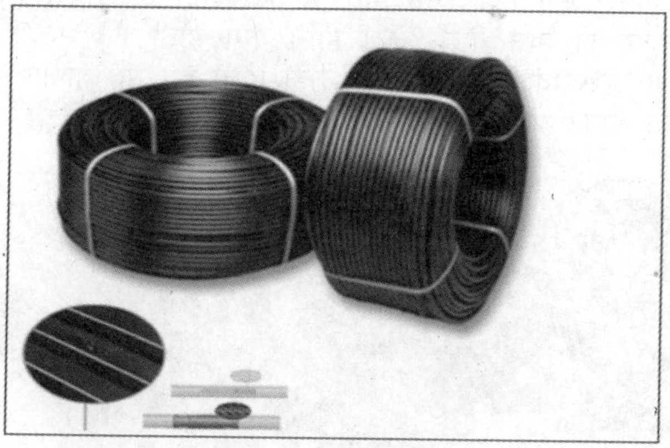

चित्र 1.7 लेटरल लाइन

लेटरल लाइन दो प्रकार की होती हैं ऑन लाइन, इन लाइन।

ऑन लाइन

यह प्रणाली सामान्यतः दूर एवं अधिक अन्तराल वाले फलों के बगीचों में उपयोग किया जाता है। इसमें पौधों की कतारों के साथ बिछाए जाने वाली लैटरल पाइप में पौधों की दूरी के अनुसार छेद करके ड्रिपर लगाया जाता है।

चित्र 1.8 लैटरल ऑन लाइन

इन लाइन

इस प्रणाली का उपयोग सामान्यतः पास–पास बोई जाने वाली फसलों जैसे– सब्जी, फूल आदि में उपयोग किया जाता है। इस प्रणाली की लैटरल में ड्रिपर निर्माण के समय ही निश्चित दूरी पर अंदर की तरफ लगा दिए जाते हैं। इन लाइन ड्रिप लैटरल के जमीन के अन्दर भी लगाया जा सकता है, जिसे उप सतही ड्रिप सिंचाई प्रणाली कहते हैं। इस प्रणाली में केवल उप सतह नम होती है और मृदा की उपरी सतह सूखी रहती है, जिससे वाष्पोत्सर्जन से होने वाली जल हानि कम होती है। मृदा की उपरी सतह सूखी रहने के कारण खरपतवारों की वृद्धि भी नही होती है। यह बाजार में 0.2 मीटर से लेकर 0.90 मीटर की ड्रीपर अंतराल दूरी में उपलब्ध हैं।

चित्र 1.9 लैटरल इन लाइन ड्रिपर

ड्रिपर

लैटरल पाइपों में बहने वाला जल ड्रिपर के द्वारा पौधों तक पहुँचता है और धीरे–धीरे रिस कर पौधों की जड़ों तक पहुँचता है। ड्रिपर विभिन्न प्रवाह दर के आते हैं, जिसका चुनाव जल आवश्यकता, मृदा का प्रकार एवं बिजली की उपलब्धता के आधार पर किया जाता है। पूरे खेत में जल को एक समान प्रवाह एवं वितरण बनाए रखने के लिए दाब पूरक (Pressure Compensating) ड्रिपर का उपयोग किया जाता है। यह ड्रिपर जमीन के उतार–चढ़ाव वाले स्थानों पर दाब को नियंत्रित करते हैं और सभी स्थानों पर समान मात्रा में पानी देते हैं। जबकि गैर दाब पूरक (Non Pressure Compensating) ड्रीपर में जल का वितरण दाब में अन्तर आने के साथ साथ बदलता जाता है ।

एक आसमान क्षेत्र में ढ़लान तथा लेटरल की लम्बाई बढ़ने के कारन ड्रिप उत्सर्जक के दबाब में भिन्नता आ जाती है यदि सिंचाई प्रणाली ढलान के निचले हिस्से में स्थापित है तो पानी का अधिकतम दबाब शीर्ष की अपेक्षा ढलान वाले हिस्से में ज्यादा होगा जिसके फलस्वरूप गैर दाब पूरक ड्रीपर पानी को शीर्ष की अपेक्षा ढलान में अधिक उत्त्सर्जित करेंगे जबकि दाब पूरक ड्रीपर से यह प्रवाह पूरे क्षेत्र में एक सामान होगा।

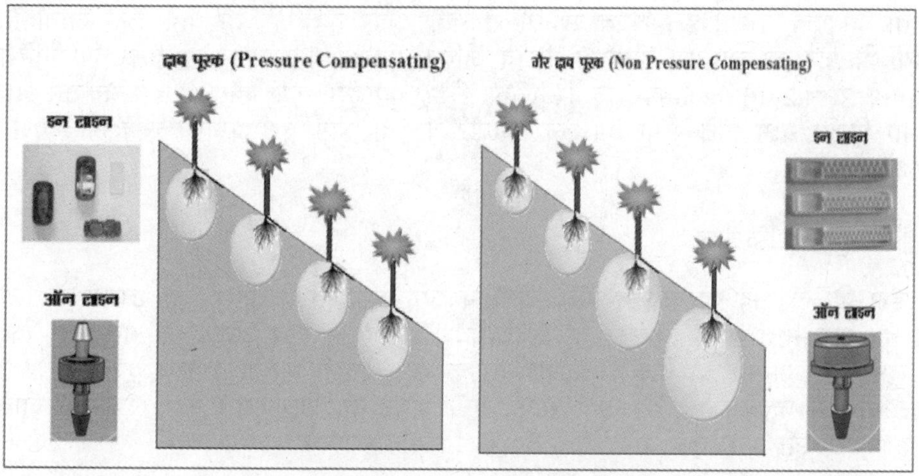

चित्र 1.10 दाब पूरक (Pressure Compensating) एवं गैर दाब पूरक (Non Pressure Compensating) ड्रिपर

बाई पास वाल्व, एसेम्बली – यदि जलस्रोत से आवश्यकता से अधिक जल प्राप्त हो रहा है तो बाई पास एसेम्बली के माध्यम से अवशेष जल को अन्यत्र प्रयोग किया जा सकता है तथा आवश्यक डाब को नियंत्रित किया जाता है।

फिल्टर – फिल्टर, ड्रिप सिंचाई तंत्र का अति आवश्यक अवयव है, इसे टपक सिंचाई तंत्र का हृदय भी कहा जाता है। फिल्टर का प्रयोग पानी में उपस्थित अशुद्धियों को छानने में किया जाता है। चार प्रकार के फिल्टर का उपयोग ड्रिप प्रणाली में किया जाता है। फिल्टर का चुनाव जल में निलम्बित कणों के आकार, निलंबित अशुद्धियों का प्रकार, निलंबित ठोस इकट्ठा करने की क्षमता और जल के आपेक्षित प्रवाह की दर पर किया जाता है।

चित्र 1.11 सैंड/मीडिया फिल्टर

सैंड/मीडिया फिल्टर – टैंक में भरे हुए छोटे और तेज किनार वाले मीडिया (रेत) के द्वारा पानी छनता है। पानी मीडिया कण के बीच में छोटे स्थानों के मध्य से

गुजरता है। जब गंदगी इन रिक्त स्थानों से नही गुजर पाती है, तो वही रूक जाती है। मीडिया फिल्टर का उपयोग पानी में मौजूद जैविक पदार्थों को छानने में होता है। मीडिया 0.7 मिमी से 1.2 मिमी आकार के सिलिका सैंड/क्वार्ट्स कण होते हैं। अधिकतम दाब रेंज 10 किलो ग्राम प्रति सेमी है। इन फिल्टर का बी आई एस प्रमाणीकरण आई एस : 140606:1998 है।

हाइड्रोसाक्लोन फिल्टर

इस फिल्टर का उपयोग मुख्यतः पानी में उपस्थित रेत के कणों को छानने के लिए होता है। जब गंदा पानी फिल्टर के अंदर प्रवेश करता है, तब अंदर की सतह के चारों ओर घूमता है। अभिकेन्द्री बल के कारण रेत के कण बाहरी सतह से होते हुए फिल्टर के निचले भाग में पहुंच जाते हैं। तथा साफ पानी ऊपर की और आगे की तरफ बढ़ जाता है। ये फिल्टर बी आई एस प्रमाणीकृत है (IS:14743:1999)।

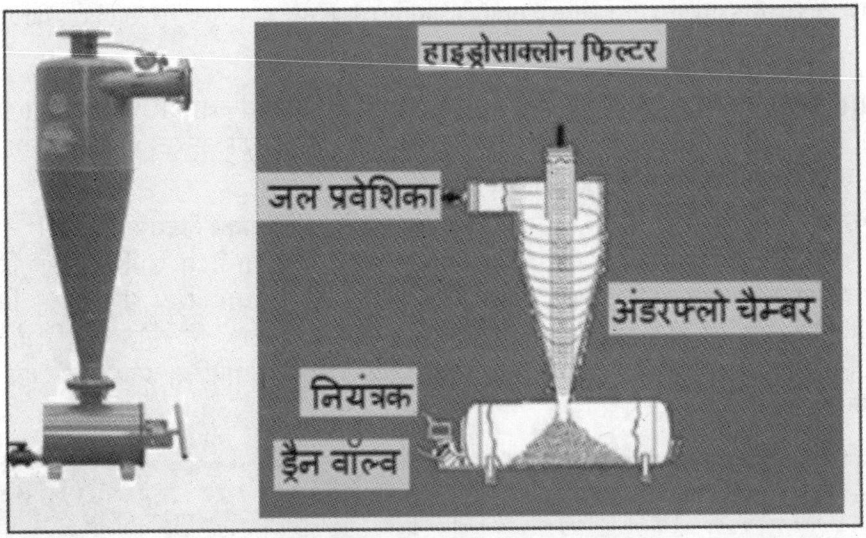

चित्र 1.12 स्क्रीन फिल्टर

स्क्रीन फिल्टर

स्क्रीन फिल्टर बहुत अधिक बारीक रेत व बड़े आकार के अकार्बनिक कणों को हटाने के लिए अनुमोदित है। जहाँ पर सतही जल का उपयोग होता है, सैण्ड फिलटर के द्वारा कार्बनिक कणों को दूर करने के बाद स्क्रीन फिल्टर द्वितीय फिल्टर के रूप में उपयोग करते हैं। हालाँकि जहाँ कुएँ के पानी का सिंचाई में उपयोग होता है वहॉ प्राथमिक फिल्टर के रूप में उपयोग किए जा सकते हैं। अथवा हाइडोसाइक्लोन फिल्टर के साथ द्वितीय फिल्टर के रूप में उपयोग किए जा सकते हैं। यह फिल्टर धातु, प्लास्टिक या संश्लेषित कपड़े से बने होते हैं। ये फिल्टर बी आई एस प्रमाणित (IS:12785:1994) होते हैं।

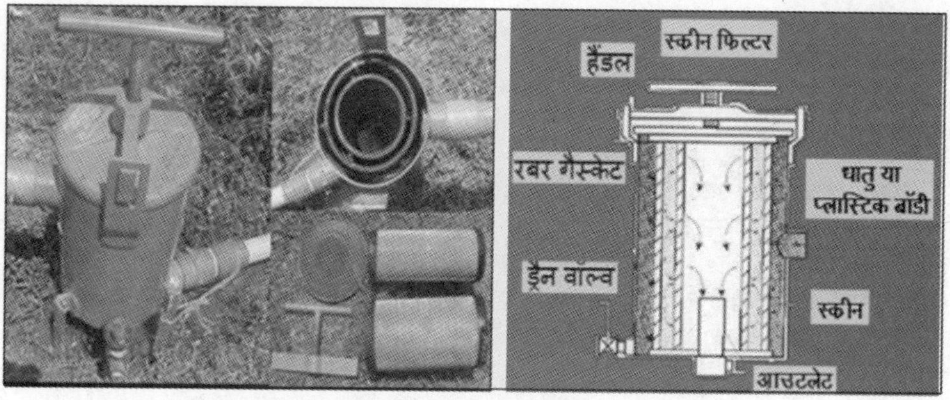

चित्र **1.13** स्क्रीन फिल्टर

डिस्क फिल्टर

डिस्क फिल्टर स्क्रीन एवं मीडिया फिल्टर के मध्य का होता है जिसमें दोनों के गुण होते हैं। यह फिल्टर पानी में मौजूद रेत और कार्बनिक पदार्थ दोनों को हटाने में अच्छा है। डिस्क फिल्टर गोल डिस्क के जमाव का बना होता है। प्रत्येक डिस्क के अग्रभाग विभिन्न आकार के छोटे दरार से आच्छादित होते हैं। इन दरारों की वजह से जब डिस्क को एक साथ रखा जाता है, वे उनके मध्य में छोटी जगह बनाते हैं। जब पानी डिस्क से गुजरता है, तो कण छोटी स्थानों से बड़े होने की वजह से छनकर रूक जाते हैं। पानी में मौजूद जैविक कण तेज धार होने की वजह से रूक जाते हैं। फिल्टर के स्वतः सफाई के लिए डिस्क एक दूसरे से अलग हो जाते हैं जो फ्लश निकास द्वार (आउटलेट) से गंदगी को बाहर निकाल देता है।

चित्र **1.14** डिस्क फिल्टर

फर्टिगेशन यंत्र (रसायन एवं खाद देने की प्रणाली)

टपक सिंचाई प्रणाली में जल के साथ–साथ उर्वरकों को भी सीधे पौधों के पास तक पहुँचाया जा सकता है। इस प्रणाली द्वारा जल में 100 प्रतिशत घुलनशील खाद को

ही दिया जा सकता है। उर्वरकों के घोल को अन्तःक्षेपित करने के लिए तीन प्रकार के यंत्र उपलब्ध है।

उर्वरक टंकी

इस प्रणाली में खाद को घोलकर टैंक में डाल दिया जाता है और एक नियंत्रित दाब पर ड्रिप प्रणाली में छोड़ दिया जाता है जिससे खाद और पानी मिलकर पौधों तक पहुँचते हैं। यह टैंक बाइपास लाइन के माध्यम से मुख्य सिंचाई लाइन से जोड़ा जाता है। इसके प्रचालन में बिजली की खपत बहुत कम होती है तथापि फर्टिगेशन के दौरान उर्वरकों का प्रयोग निरंतर नही होता अतः उर्वरक के घोल पर इसका सख्त नियंत्रण नही रहता।

चित्र 1.15 उर्वरक टंकी

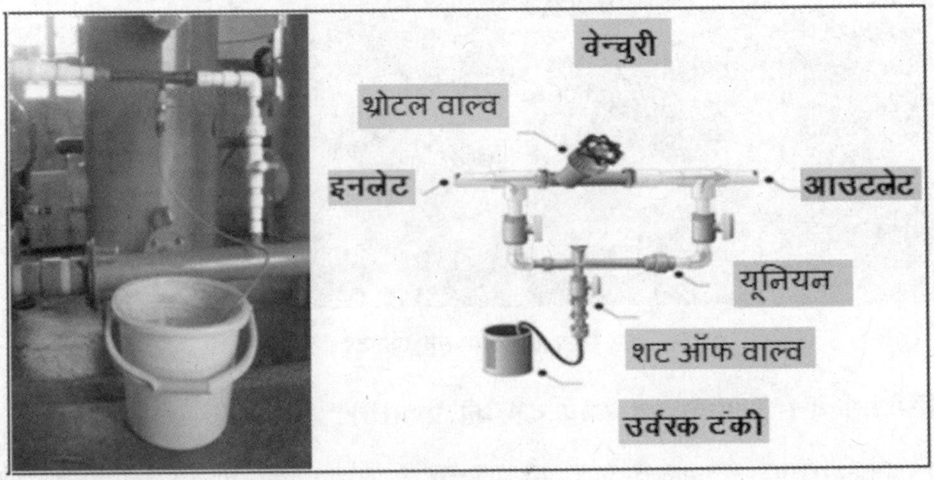

चित्र 1.16 वेन्चुरी

वेन्चुरी

यह प्रणाली बहुत ही सरल तथा सिंचाई के पानी में द्रव्य उर्वरक का समान प्रवाह बनाए रखने में सहायक है। यह दाब के अन्तर पर चलने वाला यंत्र है। यह अत्यन्त सरल विधि है, जिसे किसान आसानी से उपयोग कर सकता है। इस प्रणाली में खाद को किसी पात्र में घोल दिया जाता है तथा वेन्चुरी के खाद खीचनें वाले हिस्से को खाद के घोल में डाल दिया जाता है। वाल्व के द्वारा पानी का दाब नियंत्रित किया जाता है, जिससे खाद खींचना प्रारंभ हो जाता है और पानी में मिलकर पौधों तक पहुँच जाता है।

1.8 फर्टिगेशन प्रणाली

फर्टिगेशन वह प्रणाली है जिसमे जल के साथ–साथ उर्वरकों को भी पौधों तक पहुँचाया जाता है। उर्वरक सीधे उस क्षेत्र तक पहुँचाया जाता है, जहाँ पौधों की अधिकांश जड़े विकसित होती है। फर्टिगेशन उर्वरक देने की सर्वोत्तम तथा अत्याधुनिक विधि है। आरम्भ तथा अंत के एक चौथाई सिंचाई समय मे ड्रिप सिंचाई तंत्र से केवल जल ही देना चाहिए और बीच के दो चौथाई समय के लिए ही उर्वरक देने वाले यंत्र को चलाना चाहिए। अंत के एक चौथाई समय में केवल पानी चलाने से तंत्र में जमा उर्वरक आदि जल के साथ बाहर निकल जाते हैं और ड्रिप तंत्र के विभिन्न अवयवों में अवरोधन की समस्या कम हो जाती है।

1.8.1 फर्टिगेशन के लाभ

1. फसल में विकास के चरण, मृदा एवं जलवायु के अनुसार पोषक तत्वों की मात्रा एवं आवृत्ति को समायोजित किया जा सकता है।
2. उर्वरकों का प्रयोग उस क्षेत्र तक सीमित रखा जाता है, जहाँ पौधो की अधिकांश जड़े विकसित होती हैं।
3. उर्वरक की बचत होती है।
4. पोषक तत्वों की सघनता में समय के साथ होने वाले उतार चढ़ाव को कम किया जा सकता है।
5. खाद देने के लिए अलग से मजदूर की आवश्यकता नही होती है, जिससे मजदूर की बचत होती है।
6. इस प्रणाली से खाद देने पर पौधे आसानी से उर्वरकों को ग्रहण कर लेते हैं, जिससे उनकी पैदावार एक समान व अच्छी होती है।
7. इस प्रणाली से सूक्ष्म पोषक तत्वों को भी सभी पौधों को एक साथ समान मात्रा में पूरी दक्षता के साथ दिया जा सकता है।
8. बरसात के मौसम में गीली मिट्टी में सतह को नुकसान पहुँचाए बिना उर्वरकों का प्रयोग किया जा सकता है।
9. पोषक तत्वों को मिट्टी में गहराई तक पहुँचाया जा सकता है।
10. फसल की पत्तियों पर उर्वरकों का प्रयोग नही होता, जिस वजह से पौधों के तने तथा पत्तियों को कोई नुकसान नही पहुँचता है।

1.8.2 फर्टिगेशन में सावधानियाँ

1. उर्वरको को उनकी संगति के अनुसार मिलाना चाहिए जिससे वे आपस में रासायनिक क्रिया करके अवक्षेपण की स्थिति उत्पन्न न कर सकें (सारणी 2.1)।
2. फास्फोरस युक्त उर्वरकों को केल्शियम युक्त अन्य उर्वरकों के साथ न मिलाएँ।
3. एसिड को हमेशा पानी में डालें, न की पानी को एसिड में।
4. प्रयोग किए जाने वाले उर्वरकों की घुलनशीलता व अनुकूलता की जाँच हमेशा करें (सारणी 2.2)।
5. पानी में 100 प्रतिशत घुलनशील खादों का ही उपयोग करें। ड्रिप प्रणाली से खाद देने के लिए बाजार में 100 प्रतिशत घुलनशील खाद विभिन्न संयोजन में उपलब्ध है। (सारणी 2.3)।

तालिका 1.5 जल में घुलनशील उर्वरक

उर्वरक का नाम	नाइट्रोजन	फास्फोरस	पोटाश
मोनो अमोनियम फास्फेट	12	61	0
मोनो पोटेशियम फास्फेट	0	52	34
पोटेशियम नाइट्रेट	15	0	46
सल्फेट पोटाश	0	0	50
फास्फोरिक एसिड	0	52	0
पॉली फीड	19	19	19

तालिका 1.6 खुले क्षेत्र की सब्जियों वाली फसलों में उर्वरकों की मात्रा

फसल	नाइट्रोजन (कि.ग्रा/है.)	फास्फोरस (कि.ग्रा/है.)	पोटाश (कि.ग्रा/है.)
टमाटर	111	67	133
मिर्च	126	76	132
बेंगन	109	63	111
प्याज	124	75	143
ककड़ी	139	84	151
पत्तागोभी	76	46	83
फूलगोभी	76	46	83
करेला	87	52	139
गिल्की	87	52	139
लौकी	87	52	139

तालिका 1.7 पॉलीहाउस के अंदर सब्जियों एवं फूलों में उर्वरक की आवश्यकता (1000 वर्गमीटर)

फसल	नाइट्रोजन (कि.ग्रा/है.)	फास्फोरस (कि.ग्रा/है.)	पोटाश (कि.ग्रा/है.)
टमाटर	35	12	39
चेरी टमाटर	35	12	39
शिमला मिर्च	32	15	36
ककड़ी	15	7	16
गुलाब	28	17	25
झरबेरा	17	12	17
कार्नेशन	14	8	16
क्राईसेन्थिमम	21	13	19
लिलियम	17	11	17

स्त्रोत : इफकों (2010)

1.8.3 फर्टिगेशन के लिए उपयुक्त उर्वरकों की विशेषताएँ

1. ऐसे उर्वरकों का चयन करना चाहिए जो पौधों को तुरन्त प्राप्त हो सके।
2. पानी में पूर्ण रूप से घुलनशील होने चाहिए।
3. ऐसे उर्वरकों का चयन करना चाहिए जो फिल्टर व इमीटर्स को चोक होने न दे पाएँ।
4. उर्वरक में अशुद्धियों का प्रतिशत कम (<0.02%) होना चाहिए।
5. ऐसे उर्वरकों का प्रयोग करना चाहिए जो अन्य उर्वरकों के साथ मिलकर कोई हानिकारक रासायनिक अभिक्रिया न करें।

1.8.4 उर्वरक की मात्रा की गणना

उदाहरण: माना की टमाटर की फसल के लिए नाइट्रोजन, फास्फोरस तथा पोटेशियम अनुशासित मात्रा का अनुपात 150:120:200 कि.ग्रा. प्रति हैक्टेयर है। तो यूरिया, सिंगल सुपर फास्फेट एवं म्यूरेट आफ पोटाश की कितनी मात्रा एक हैक्टेयर क्षेत्र के लिए आवश्यक होगी?

नाइट्रोजन की मात्रा की गणना

यूरिया :

1 कि.ग्रा नाइट्रोजन = 2.17 कि.ग्रा यूरिया

इसलिए 150 कि. ग्रा. नाइट्रोजन = 2.17×150

= 326 कि.ग्रा./हैक्टेयर यूरिया की आवश्यकता होगी।

एस एस पी :

1 कि.ग्रा. (फास्फोरस) P_2O_5 = 6.25 कि. ग्रा एस एस पी

इसलिए 120 कि.ग्रा. (फास्फोरस) P_2O_5 = 6.25 X 120

= 750 कि.ग्रा/हैक्टेयर एस एस पी की आवश्यकता होगी।

एमओपी :

1 कि.ग्रा. (पोटेशियम) K_2O = 1.66 कि.ग्रा एस एस पी

इसलिए 200 कि.ग्रा. (पोटेशियम) K_2O = 1.66 X 200

= 333 कि.ग्रा/हैक्टेयर एमओपी की आवश्यकता होगी।

विधि 2

यूरिया : हम जानते हैं की 100 कि.ग्रा यूरिया में 46 प्रतिशत नाइट्रोजन उपस्थित होता है। इसलिए 150 कि.ग्रा. नाइट्रोजन $= \frac{150}{60} \times 100$

= 326 कि.ग्रा प्रति है. यूरिया की आवश्यकता होगी।

एसएसपी : हम जानते हैं की 100 कि.ग्रा एसएसपी में 16 प्रतिशत फास्फोरस उपस्थित होता है। इसलिए 120 कि.ग्रा. फास्फोरस $= \frac{120}{16} \times 100$

= 750 कि.ग्रा प्रति है. एसएसपी की आवश्यकता होगी।

एमओपी : हम जानते हैं की 100 कि.ग्रा एमओपी में 60 प्रतिशत पोटेशियम उपस्थित होता है। इसलिए 200 कि.ग्रा. पोटेशियम $= \frac{200}{60} \times 100$

= 333 कि.ग्रा प्रति है. एमओपी की आवश्यकता होगी।

तालिका 1.8 विभिन्न उर्वरकों की संगति

उर्वरक	यूरिया	अमोनियम नाइट्रेट	अमोनियम सल्फेट	केल्शियम नाइट्रेट	मोनो अमोनियम फास्फेट	मोनो पोटेशियम फास्फेट	पोटैशियम नाइट्रेट
यूरिया	–	हाँ	हाँ	हाँ	हाँ	हाँ	हाँ
अमोनियम नाइट्रेट	हाँ	–	हाँ	हाँ	हाँ	हाँ	हाँ
अमोनियम सल्फेट	हाँ	हाँ	–	सीमित	हाँ	हाँ	हाँ
केल्शियम नाइट्रेट	हाँ	हाँ	सीमित	–	नहीं	नहीं	हाँ
मोनो अमोनियम फास्फेट	हाँ	हाँ	हाँ	नहीं	–	हाँ	हाँ
मोनो पोटेशियम फास्फेट	हाँ	हाँ	हाँ	नहीं	हाँ	–	हाँ
पोटैशियम नाइट्रेट	हाँ	हाँ	सीमित	हाँ	हाँ	हाँ	–

तालिका 1.9 विभिन्न तापों पर उर्वरकों की पानी में विलयता

उर्वरक ग्राम/ली.	तापमान °C					
	0°	5°	10°	20°	25°	30°
यूरिया	680	780	850	1060	1200	1330
अमोनियम नाइट्रेट	–	–	450	510	570	–
अमोनियम सल्फेट	700	715	730	750	770	780
केल्शियम नाइट्रेट	–	–	950	1200	1500	–
पोटैशियम सल्फेट	70	80	90	110	120	130
पोटैशियम क्लोराइड	280	290	310	340	350	370
पोटैशियम नाइट्रेट	130	–	310	320	370	460
मोनो अमोनियम फास्फेट	227	–	295	374	–	464
मोनो पोटेशियम फास्फेट	–	–	180	230	–	290
एन. पी. के. मिश्रण	–	–	210	330	–	480

तालिका 1.10 उर्वरकों में पोषक तत्वों की प्रतिशत मात्रा

यौगिक/मिश्रण	नाइट्रोजन, (प्रतिशत)	फास्फोरस, (प्रतिशत)	पोटाश, (प्रतिशत)
अमोनियम सल्फेट	20.5	–	–
अमोनियम क्लोराइड	26.0	–	–
सोडियम नाइट्रेट	16.0	–	–
केल्शियम नाइट्रेट	5.0–15.0	–	–
अमोनियम नाइट्रेट	33.0–34.0	–	–
मोनोअमोनियम फास्फेट	11.0	48.0	–
डाइअमोनियम फास्फेट	18.0	46.0	–
इफको एन. पी. के. ग्रेड 1	15.0	15.0	15.0
इफको एन. पी. के. ग्रेड 2	12.0	32.0	16.0
यूरिया	46.0	–	–
सुपर फास्फेट (एकल)	–	16.0–18.0	–
सुपर फास्फेट (डबल)	–	32.0	–
सुपर फास्फेट (ट्रिपल)	–	46.0–49.0	–
डाई केल्शियम फास्फेट	–	34.0–39.0	–
म्यूरेट आफ पोटाश	–	–	60.0–62.0
पोटैशियम नाइट्रेट	–	–	44.0–45.0
पोटैशियम सल्फेट	–	–	48.0–52.0

1.9 शीर्ष नियंत्रण इकाई

ड्रिप सिंचाई तंत्र में जल प्रवाह को नियंत्रित करने के लिए कई तरह के प्रवाह नियंत्रक वाल्व लगाए जाते हैं।

1. **नॉन रिटर्न वाल्वः** जल में विपरीत प्रवाह को रोकने के लिए इसका उपयोग होता है। जल में घुलनशील उर्वरक तथा रसायन को जल स्त्रोत में वापस जाने से रोकता है, जिससे जल स्त्रोत सुरक्षित रहते हैं।
2. **बायपासः** पम्प जितना पानी जल स्त्रोत से उठाता है, उतनी मात्रा ड्रिप द्वारा बाहर नहीं निकलता है इसलिए अतिरिक्त पानी को बायपास के द्वारा वापस जल स्त्रोत में डाल दिया जाता है। इस प्रकार दबाब को नियंत्रित करने में इसका उपयोग होता है।
3. **वायु निस्तारक / दाब निस्तारक वाल्बः** वायु निस्तारक वाल्ब तंत्र में उच्चतम बिंदु पर स्थिर होता है तथा पाइप तंत्र में एकत्र वायु के निस्तारण में प्रयुक्त होता है। तंत्र में निश्चित क्षमता से अधिक दाब होने पर उसे निस्तारित करने के लिए दाब निस्तारक वाल्ब प्रयुक्त होता है।
4. **दाबमापीः** सभी पाइपों में समान एवं उचित मात्रा में जल के प्रवाह की जाँच के लिए दाबमापी का प्रयोग किया जाता है। ड्रिप सिंचाई प्रणाली में सामान्यतः दो दाबमापी एक फिल्टर से पहले तथा दूसरा फिल्टर के निकास पर लगाया जाता है, जिससे फिल्टर में हुए अवरोध की जांच हो सके।
5. **पम्पः** पम्प शीर्ष नियंत्रण इकाई का महत्वपूर्ण अवयव है। जल स्त्रोत से जल उठाने के लिए इसका प्रयोग किया जाता है। पम्प की क्षमता का निर्धारण फसलों की जल आवश्यकता, खेत का क्षेत्रफल, बिजली की उपलब्धता एवं प्रति सिंचाई ड्रिप तंत्र के संचालन के समय के आधार पर किया जाता है।

चित्र 1.17 वेन्चुरी कनेक्टर्स वाल्व और सहायक उपकरण

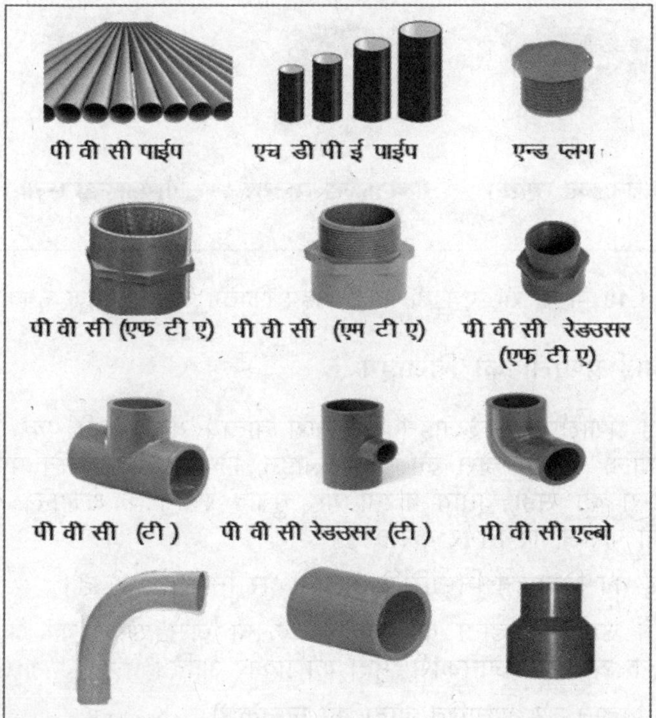

चित्र 1.18 पी वी सी, एच डी पी ई पाईप फिटिंग और सहायक उपकरण

1.10 ड्रिप सिंचाई प्रणाली की डिजाइन

ड्रिप सिंचाई प्रणाली की डिजाइन से हमारा तात्पर्य यह है की एक निश्चित स्थान के लिए लगने वाली सामग्री जैसे की पाइप लाइन, फिल्टर, फर्टिगेशन प्रणाली, लेटरल, ड्रीपर एवं फिटिंग्स का सही चुनाव करना यह चुनाव स्थान के क्षेत्रफल के साथ–साथ लगाई जाने वाली फसल पर निर्भर करता है।

ड्रिप सिंचाई की डिजाइन निम्नलिखित बातों पर निर्भर करती है।

1. क्षेत्र में उपस्थित डाटा को एकत्रित करना जैसे स्थान का क्षेत्रफल, ढलान, पानी के स्रोत की जानकारी, मृदा का प्रकार आदि।
2. शस्य विज्ञान पर आधारित डाटा की जानकारी

   अ. ड्रीपर के प्रकार का चुनाव

ब. ड्रीपर का प्रवाह

स. दो ड्रीपर के मध्य की दूरी

द. सिंचाई अंतराल

3. हाइड्रोलिक मापक पर आधारित डिजाइन

अ. ड्रीपर का चुनाव (पी सी/नॉन पी सी)

ब. क्षेत्र को विभाजित किए हुए खण्डों की डिजाइन

स. पाइप लाइन की डिजाइन (मुख्य पाइप लाइन/उप मुख्य पाइप लाइन)

द. पंप का चुनाव (पंप का चुनाव प्रणाली के कुल प्रवाह तथा शीर्ष हानि पर निर्भर करता है)।

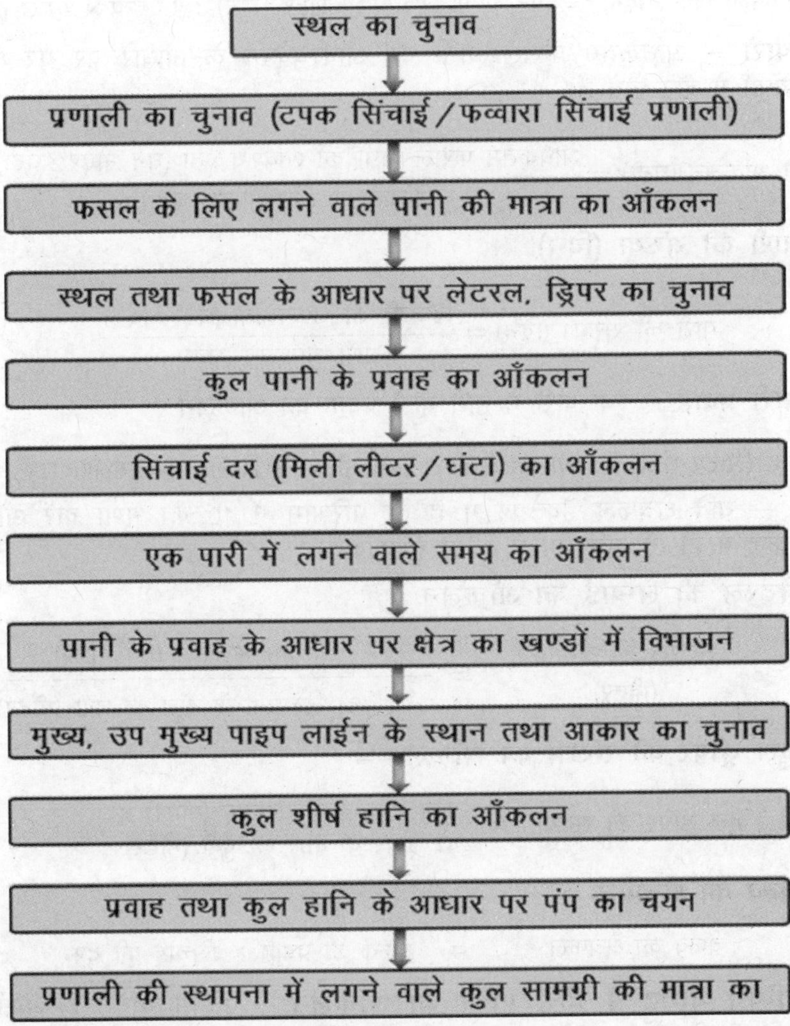

चित्र 1.19 ड्रिप सिंचाई तंत्र के डिजाइन के चरण

1. सिंचाई दर – सिंचाई दर पानी के प्रवाह की वह दर है जिसे एक निश्चित अंतराल में दिया जाता है इसे गहराई से प्रदर्शित करते हैं। इसका मात्रक मिली मीटर/घंटा है।

$$\text{सिंचाई दर (मीटर/घंटा)} = \frac{\text{ड्रीपर का प्रवाह (लीटर/घंटा)}}{\text{ड्रीपर के बीच की दूरी (मीटर)} \times \text{लेटरल के बीच की दूरी (मीटर)}}$$

2. फसल जल की आवश्यकता = फसल को अपने परिपक्व अंतराल में प्रतिदिन लगने वाले अधिकतम पानी की आवश्यकता जो कि अधिकतम स्वेद दर पर आधारित होती है। इसका मात्रक मिली मीटर/दिन होता है। विभिन्न फसलों की जल आवश्यकता तालिका में दर्शाई गई है।

$$\text{स्वेद दर (मिली मीटर/दिन)} = \text{पेन वाष्पीकरण (मिली मीटर/दिन)} \times \text{पेन तत्व} \times \text{फसल गुणांक}$$

3. पारी – अधिकतम फसल पानी की आवश्यकता के आधार पर पूरे क्षेत्र को विभिन्न खण्डों में बाँट लेते हैं।

$$\text{पारी आंकलन (घंटा)} = \frac{\text{अधिकतम फसल पानी की आवश्यकता (घन मीटर/घंटा)}}{\text{सिंचाई दर (घन मीटर/घंटा)}}$$

4. पारी की संख्या (दिन)

$$\text{पारी की संख्या (दिन)} = \frac{\text{बिजली की उपलब्धता (घंटा/दिन)}}{\text{पारी आंकलन (घंटा)}}$$

5. पारी प्रवाह – एक पारी में होने वाले प्रवाह का आँकलन

$$\text{पारी प्रवाह (लीटर घंटा)} = \text{पारी का क्षेत्रफल (वर्ग मीटर)} \times \text{सिंचाई दर (मिली मीटर/घंटा)}$$

नोट – यदि क्षेत्रफल हैक्टेयर में है तो परिणाम में 10 का गुणा करें और यदि क्षेत्रफल एकड़ में हो तो, परिणाम में 4 का गुणा करें।

6. लेटरल की लम्बाई का आँकलन =

$$\text{लेटरल की लम्बाई (मीटर)} = \frac{\text{कुल क्षेत्रफल (वर्ग मीटर)}}{\text{दो लेटेरल्स के बीच की दुरी (मीटर)}}$$

7. कुल ड्रीपर की संख्या का आँकलन =

$$\text{कुल ड्रीपर की संख्या} = \frac{\text{कुल लेटरल की लम्बाई (मीटर) x}}{\text{दो ड्रीपर के बीच की दुरी (मीटर)}}$$

8. वाल्व का क्षेत्रफल =

$$\text{वाल्व का क्षेत्रफल} = \text{वाल्व का प्रवाह} \times \text{सिंचाई की दर}$$

9. पम्पिंग यूनिट में हॉर्स पॉवर का आँकलन – पम्पिंग यूनिट के हॉर्स पॉवर का आँकलन करने से पूर्व सिंचाई प्रणाली के विभिन्न अव्यव से हुए शीर्ष हानि का

आँकलन करना पड़ता है मुख्य लाइन और उप मुख्य लाइन से हुए शीर्ष हानि का विवरण तालिका में दिया गया है।

$$\text{हॉर्स पावर (HP)} = \frac{\text{कुल प्रवाह (लीटर प्रति सेकंड)} \times \text{कुल शीर्ष (मीटर)}}{\text{पंप दक्षता (0.65)} \times 75}$$

तालिका 1.11 अधिकतम पानी की आवश्यकता

फसल	अधिकतम पानी की आवश्यकता मिलीमीटर दिन	फसल	अधिकतम पानी की आवश्यकता मिलीमीटर दिन
आम	2.3	मिर्च	7.0
चीकू	2.3	हल्दी	6.5
गुलाब	6.0	सब्जियाँ	7.0
नारियल	2.5	अदरक	6.0
काजू	3.0	कपास	6.0
गन्ना	7.0	फूल	7.0
संतरे	3.0	तंबाकू	6.0
नीबू	3.0	मूंगफली	6.0
अमरूद	3.5	सूरजमुखी	6.0
एप्पल	3.0	शहतूत	5.0
बेर	3.3	अश्वगंधा	5.0
अनार	4.0	ड्रमस्टिक	4.0
केले	7.0	सुपारी	4.0
पपीता	6.0	सागौन	4.0
पत्तेदार सब्जियाँ	7.0	अंजीर	2.5
प्याज	7.0		

1.10.1 सब्जी वाली फसलों के लिए ड्रिप सिंचाई प्रणाली की डिजाईन

उदाहरण – दो हैक्टेयर क्षेत्र में टमाटर की फसल के लिए ड्रिप सिंचाई डिजाईन का गणतीय आँकलन।

उपलब्ध डाटा

फसल	–	टमाटर
क्षेत्रफल	–	2 हैक्टेयर
दुरी	–	5 फीट x 5 फीट

फसल पानी आवश्यकता	–	7 मिली लीटर/दिन
कतार की दिशा	–	उत्तर – दक्षिण
बिजली की उपलब्धता	–	10 घंटा
पानी का स्त्रोत	–	कुआँ
मोटर की गहराई	–	45 फीट

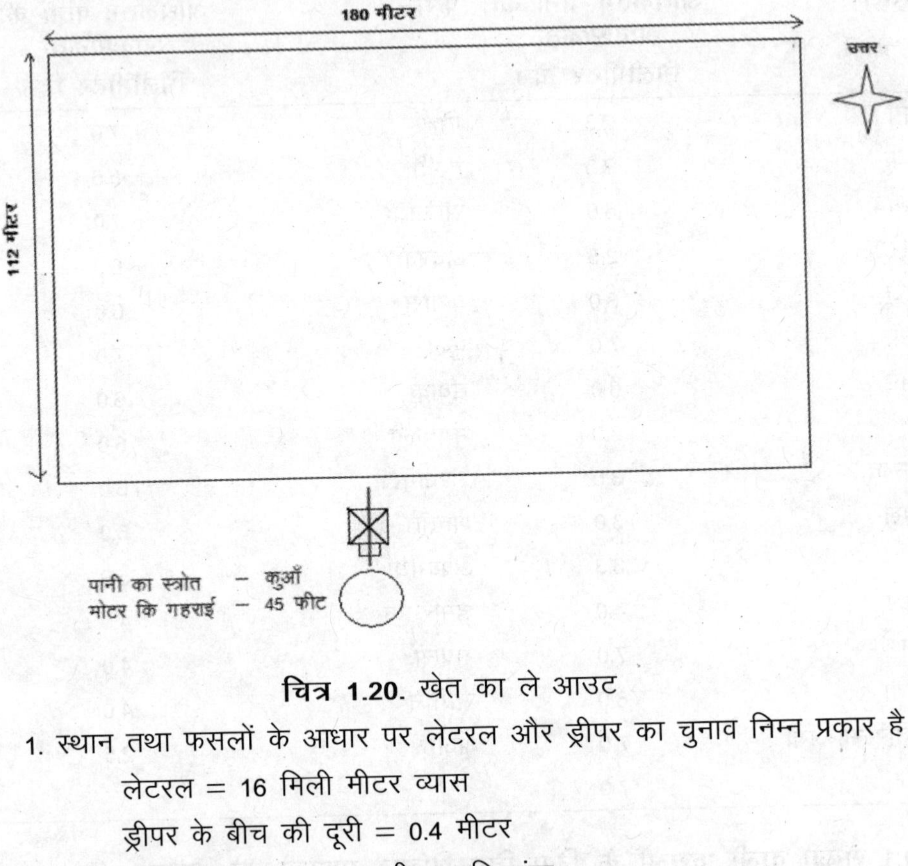

चित्र 1.20. खेत का ले आउट

1. स्थान तथा फसलों के आधार पर लेटरल और ड्रीपर का चुनाव निम्न प्रकार है।

    लेटरल = 16 मिली मीटर व्यास

    ड्रीपर के बीच की दूरी = 0.4 मीटर

    ड्रीपर का प्रवाह – 2.1 लीटर प्रति घंटा

2. स्थल का रेखाचित्र ऊपर दर्शाया गया है। सर्वप्रथम हम स्थान के क्षेत्रफल का आँकलन करते हैं।

= क्षेत्रफल = लम्बाई × चौड़ाई

= 180 X 112

= 20160 वर्ग मीटर (4047 वर्ग मीटर = एकड़)

= 4.98 एकड़ = 5 एकड़ (2.48 = 1 हैक्टेयर)

= 2.016 हैक्टेयर

तालिका 1.11 में सब्जियों के लिए अधिकतम फसल जल आवश्यकता की सूची दर्शाई गई है। जिसके अनुसार

फसल जल आवश्यकता = 7 मिली मीटर/दिन

सिंचाई दर =

$$\text{सिंचाई दर} = \frac{\text{ड्रीपर का प्रवाह (लीटर/घंटा)}}{\text{ड्रीपर के बीच की दुरी (मीटर)} \times \text{लेटरल के बीच की दुरी (मीटर)}}$$

हमे ज्ञात है कि

ड्रीपर का प्रवाह = 2.1 लीटर प्रति घंटा

ड्रीपर के बीच की दुरी = 0.4 मीटर

लेटरल के बीच की दुरी = 1.5 मीटर

$$\text{सिंचाई दर} = \frac{21}{0.4 \times 15} = 3.5 \text{ मिली मीटर/दिन}$$

सिंचाई दर के आधार पर हम प्रणाली में होने वाले कुल प्रवाह ज्ञात कर सकते हैं।

कुल प्रवाह (लीटर/घंटा) = कुल क्षेत्रफल (वर्ग मीटर) x सिंचाई दर

= 20160 × 3.5

= 70560 लीटर/घंटा

3. प्रत्येक पारी में सिंचाई की अवधि का आँकलन

$$\text{पारी आँकलन (घंटा)} = \frac{\text{अधिकतम फसल पानी की आवश्यकता (मिली मीटर/दिन)}}{\text{सिंचाई दर (मिली मीटर/दिन)}}$$

$$= \frac{7}{3.5}$$

= 2 घंटा

4. पानी की उपलब्धता/पंप की क्षमता/बिजली की उपलब्धता के अनुसार पारी की संख्या का आँकलन

$$\text{पारी की संख्या (दिन)} = \frac{\text{बिजली की उपलब्धता (घंटा/दिन)}}{\text{पारी आँकलन (घंटा)}}$$

$$\text{पारी की संख्या (दिन)} = \frac{10}{2}$$

= 5 पारी

एक पारी में पानी के प्रवाह की औसत दक्षता =

$$\text{एक पारी में पानी के प्रवाह} = \frac{\text{कुल क्षमता (लीटर / घंटा)}}{\text{पारी की संख्या}}$$

$$= \frac{70560}{5}$$

= 14112 लीटर / घंटा

= 14.11 (घन मीटर / घंटा)

तालिका 1.13ब में विभिन्न आकार तथा दुरी के ड्रीपर के आधार पर लेटरल लाइन की अधिकतम अनुमत लम्बाई को दर्शाया गया है। हमारे प्रणाली की डिजाईन में उपयोग होने वाली ड्रिप लाइन का आकार 16 मिली मीटर है तथा दो ड्रीपर के मध्य की दुरी 0.4 मीटर है।

तालिका का अध्ययन करने से यह स्पष्ट होता है कि अधिकतम अनुमानित लम्बाई 76 मीटर होगी।

तालिका 1.12 घर्षण हानि और पाइप में वेग

(अ) 40 मिमी व्यास – 6 कि.ग्रा. / सेमी^{2} पाइप की लंबाई 100 मीटर

प्रवाह (घन मीटर / घंटा)	शीर्ष क्षति मुख्य (मीटर)	वेग (मीटर / सेकंड)	शीर्ष क्षति उप मुख्य (मीटर)
2	0.88	0.52	0.35
2.25	1.10	0.58	0.44
2.5	1.33	0.65	0.53
2.75	1.59	0.71	0.64
3	1.87	0.78	0.75
3.25	2.17	0.84	0.87
3.5	2.48	0.91	0.99
3.75	2.82	0.97	1.13
4	3.18	1.04	1.27
4.25	3.56	1.10	1.42
4.5	3.96	1.17	1.58
4.75	4.37	1.23	1.75
5	4.81	1.30	1.92
5.25	5.26	1.36	2.11
5.5	5.74	1.43	2.29

5.75	6.23	1.49	2.49
6	6.74	1.56	2.70
6.25	7.27	1.62	2.91
6.5	7.82	1.68	3.13
6.75	8.38	1.75	3.35
7	8.97	1.81	3.59
7.25	9.57	1.88	3.83
7.5	10.19	1.94	4.08
7.75	10.83	2.01	4.33
8	11.48	2.07	4.59
8.25	12.16	2.14	4.86
8.5	12.85	2.20	5.14
8.75	13.55	2.27	5.42
9	14.28	2.33	5.71
9.25	15.02	2.40	6.01
9.5	15.78	2.46	6.31

(ब) 50 मिमी व्यास – 6 कि. ग्रा./सेमी^{2} पाइप की लंबाई 100 मीटर

प्रवाह (घन मीटर/घंटा)	शीर्ष क्षति मुख्य (मीटर)	वेग (मीटर /सेकंड)	शीर्ष क्षति उप मुख्य (मीटर)
2	0.32	0.33	0.13
2.5	0.49	0.41	0.19
3	0.68	0.49	0.27
3.5	0.91	0.58	0.36
4	1.16	0.66	0.46
4.5	1.44	0.74	0.58
5	1.75	0.82	0.70
5.5	2.09	0.91	0.84
6	2.46	0.99	0.98
6.5	2.85	1.07	1.14
7	3.27	1.15	1.31
7.5	3.72	1.24	1.49
8	4.19	1.32	1.67
8.5	4.68	1.40	1.87
9	5.21	1.48	2.08

9.5	5.76	1.56	2.30
10	6.33	1.65	2.53
10.5	6.93	1.73	2.77
11	7.55	1.81	3.02
11.5	8.20	1.89	3.28
12	8.87	1.98	3.55
12.5	9.57	2.06	3.83
13	10.29	2.14	4.12
13.5	11.04	2.22	4.41
14	11.80	2.31	4.72
14.5	12.60	2.39	5.04
15	13.41	2.47	5.37
15.5	14.25	2.55	5.70
16	15.12	2.64	6.05

(स) 63 मिमी व्यास – 6 कि. ग्रा./सेमी^{2} पाइप की लंबाई 100 मीटर

प्रवाह (घन मीटर/घंटा)	शीर्ष क्षति मुख्य (मीटर)	वेग (मीटर /सेकंड)	शीर्ष क्षति उप मुख्य (मीटर)
5	0.51	0.50	0.20
5.5	0.61	0.55	0.24
6	0.71	0.59	0.29
6.5	0.83	0.64	0.33
7	0.95	0.69	0.38
7.5	1.08	0.74	0.43
8	1.22	0.79	0.49
8.5	1.36	0.84	0.54
9	1.51	0.89	0.60
9.5	1.67	0.94	0.67
10	1.84	0.99	0.73
10.5	2.01	1.04	0.80
11	2.19	1.09	0.88
11.5	2.38	1.14	0.95
12	2.58	1.19	1.03
12.5	2.78	1.24	1.11
13	2.99	1.29	1.19
13.5	3.20	1.34	1.28
14	3.43	1.39	1.37
14.5	3.66	1.44	1.46

15	3.89	1.49	1.56
15.5	4.14	1.54	1.65
16	4.39	1.59	1.76
16.5	4.64	1.64	1.86
17	4.91	1.69	1.96
17.5	5.18	1.73	2.07
18	5.46	1.78	2.18
18.5	5.74	1.83	2.30
19	6.03	1.88	2.41
19.5	6.33	1.93	2.53
20	6.63	1.98	2.65

(द) 75 मिमी व्यास – 6 कि. ग्रा./सेमी^{2} पाइप की लंबाई 100 मीटर

प्रवाह (घन मीटर/घंटा)	शीर्ष क्षति मुख्य (मीटर)	वेग (मीटर/सेकंड)	शीर्ष क्षति उप मुख्य (मीटर)
5	0.22	0.35	0.09
6	0.30	0.42	0.12
7	0.41	0.49	0.16
8	0.52	0.56	0.21
9	0.65	0.63	0.26
10	0.78	0.70	0.31
11	0.94	0.77	0.37
12	1.10	0.84	0.44
13	1.28	0.91	0.51
14	1.46	0.98	0.59
15	1.66	1.05	0.67
16	1.87	1.12	0.75
17	2.10	1.19	0.84
18	2.33	1.26	0.93
19	2.58	1.33	1.03
20	2.83	1.40	1.13
21	3.10	1.47	1.24
22	3.38	1.54	1.35
23	3.67	1.61	1.47
24	3.97	1.68	1.59
25	4.28	1.75	1.71
26	4.61	1.82	1.84
27	4.94	1.89	1.98

28	5.28	1.96	2.11
29	5.64	2.03	2.26
30	6.00	2.10	2.40
31	6.38	2.17	2.55
32	6.77	2.24	2.71
33	7.16	2.31	2.87
34	7.57	2.38	3.03
35	7.99	2.45	3.19

(क) 90 मिमी व्यास – 6 कि. ग्रा./सेमी^{2} पाइप की लंबाई 100 मीटर

प्रवाह (घन मीटर/घंटा)	शीर्ष क्षति मुख्य (मीटर)	वेग (मीटर/सेकंड)	शीर्ष क्षति उप मुख्य (मीटर)
6	0.12	0.29	0.05
7	0.17	0.34	0.07
8	0.21	0.39	0.09
9	0.26	0.44	0.11
10	0.32	0.48	0.13
11	0.38	0.53	0.15
12	0.45	0.58	0.18
13	0.52	0.63	0.21
14	0.60	0.68	0.24
15	0.68	0.73	0.27
16	0.77	0.78	0.31
17	0.86	0.82	0.34
18	0.96	0.87	0.38
19	1.06	0.92	0.42
20	1.16	0.97	0.46
21	1.27	1.02	0.51
22	1.39	1.07	0.55
23	1.50	1.11	0.60
24	1.63	1.16	0.65
25	1.76	1.21	0.70
26	1.89	1.26	0.76
27	2.02	1.31	0.81
28	2.17	1.36	0.87
29	2.31	1.41	0.92
30	2.46	1.45	0.98
31	2.61	1.50	1.05

32	2.77	1.55	1.11
33	2.94	1.60	1.17
34	3.10	1.65	1.24
35	3.27	1.70	1.31
36	3.45	1.74	1.38
37	3.63	1.79	1.45
38	3.81	1.84	1.52
39	4.00	1.89	1.60
40	4.19	1.94	1.68
41	4.39	1.99	1.76
42	4.59	2.04	1.84
43	4.79	2.08	1.92

(ख) 110 मिमी व्यास – 6 कि. ग्रा. /सेमी^{2} पाइप की लंबाई 100 मीटर

प्रवाह (घन मीटर/घंटा)	शीर्ष क्षति मुख्य (मीटर)	वेग (मीटर/सेकंड)	शीर्ष क्षति उप मुख्य (मीटर)
10	0.12	0.32	0.05
12	0.17	0.39	0.07
14	0.22	0.45	0.09
16	0.29	0.52	0.11
18	0.36	0.58	0.14
20	0.43	0.65	0.17
22	0.51	0.71	0.21
24	0.60	0.77	0.24
26	0.70	0.84	0.28
28	0.80	0.90	0.32
30	0.91	0.97	0.37
32	1.03	1.03	0.41
34	1.15	1.10	0.46
36	1.28	1.16	0.51
38	1.42	1.23	0.57
40	1.56	1.29	0.62
42	1.71	1.36	0.68
44	1.86	1.42	0.74
46	2.02	1.48	0.81
48	2.18	1.55	0.87
50	2.36	1.61	0.94
52	2.53	1.68	1.01

54	2.72	1.74	1.09
56	2.91	1.81	1.16
58	3.10	1.87	1.24
60	3.30	1.94	1.32
62	3.51	2.00	1.40
64	3.72	2.07	1.49
66	3.94	2.13	1.58
68	4.16	2.20	1.67
70	4.39	2.26	1.76
72	4.63	2.32	1.85
74	4.87	2.39	1.95
76	5.11	2.45	2.05
78	5.37	2.52	2.15

तलिका 1.13 विभिन्न ड्रिप लाइनों की अनुमत लंबाई

(अ) ड्रिप लाइन 12 मिमी व्यास

12 मिमी व्यास वाली ड्रिप लाइनों की अनुमत लंबाई

ड्रिप लाइन का प्रकार	प्रवाह भिन्नता (प्रतिशत)	ड्रिपर के बीच की दूरी								
		0.3	**0.4**	**0.5**	**0.6**	**0.7**	**0.75**	**0.8**	**0.9**	**1**
1.3 (लीटर / घंटा)	7.5	49	60	71	81	90	95	99	108	116
	10	54	68	80	91	101	106	112	121	130
1.9 (लीटर / घंटा)	7.5	37	46	54	62	69	73	76	82	88
	10	41	51	61	69	77	81	84	92	99
2.75 (लीटर / घंटा)	7.5	29	36	43	49	55	57	60	65	70
	10	32	40	48	54	60	64	67	72	78

(ब) ड्रिप लाइन 16 मिमी व्यास

16 मिमी व्यास वाली ड्रिप लाइनों की अनुमत लंबाई

ड्रिप लाइन का प्रकार	प्रवाह भिन्नता (प्रतिशत)	ड्रिपर के बीच की दूरी								
		0.3	**0.4**	**0.5**	**0.6**	**0.7**	**0.75**	**0.8**	**0.9**	**1**
1.4 (लीटर / घंटा)	7.5	82	101	117	133	148	155	162	175	188
	10	92	113	132	150	166	174	182	197	212
2.10 (लीटर / घंटा)	7.5	62	76	88	100	111	117	122	132	142
	10	69	85	99	112	125	131	136	148	159

2.9 (लीटर/घंटा)	7.5	50	62	72	82	91	95	99	107	115
	10	56	69	81	91	101	106	111	120	130
4 (लीटर/घंटा)	7.5	41	50	59	67	74	78	81	88	95
	10	46	57	66	75	84	87	91	99	106

(स) ड्रिप लाइन 20 मिमी व्यास

20 मिमी व्यास वाली ड्रिप लाइनों की अनुमत लंबाई

ड्रिप लाइन का प्रकार	प्रवाह भिन्नता (प्रतिशत)	ड्रिपर के बीच की दूरी								
		0.3	0.4	0.5	0.6	0.7	0.75	0.8	0.9	1
1.4 (लीटर/घंटा)	7.5	125	152	176	199	220	230	240	259	278
	10	141	171	198	224	248	259	270	292	312
2.10 (लीटर/घंटा)	7.5	97	117	136	154	170	178	186	200	214
	10	109	132	153	173	191	200	208	225	241
3 (लीटर/घंटा)	7.5	77	93	109	122	135	142	147	159	171
	10	86	105	122	137	152	159	166	179	192
4 (लीटर/घंटा)	7.5	64	78	90	101	113	118	123	132	142
	10	72	87	102	114	127	132	138	149	160

5. कुल क्षेत्र को विभिन्न खण्डों/पारी में विभाजित करते हैं एक पारी के प्रवाह के हिसाब से वाल्व के आकार का चयन किया जाता है। हमने अपने स्थल को पाँच भागों में विभाजित किया है।

नीचे दी हुई तालिका (1.14) में वाल्व के प्रवाह के अनुसार वाल्व के आकार का विवरण दिया गया है।

तालिका 1.14 वाल्व के प्रवाह के अनुसार वाल्व के आकर

वाल्व (इंच)	वाल्व प्रवाह (घन मीटर/घंटा)
1.5"	4–8
2 "	9–20
3 "	25–40

ऊपर हमने एक पारी की क्षमता का आँकलन किया है ।

जिसका मान = 14.11 घन मीटर/घंटा है।

पारी की क्षमता के हिसाब से हमें 2" वाल्व की आवश्यकता होगी।

(6) वाल्व की संख्या – पी पी बाल वाल्व, पी वी सी फ्लश वाल्व का आकार उप मुख्य लाइन के आकार के सामान होता है। स्थल तथा डिजाईन के साथ–साथ वाल्व का आकार बदल सकता है।

(7) उप मुख्य लाइन के आकार एवं क्लास का चयन – उप मुख्य के क्लास और आकार का चुनाव भी वाल्व के प्रवाह के ऊपर निर्भर करता है। नीचे दिए हुए तालिका (1.15) में पानी के प्रवाह (घन मीटर/घंटा) के अनुसार पाइप के आकार का विवरण किया गया है।

तालिका 1.15 पानी के प्रवाह (घन मीटर/घंटा) के अनुसार पाइप के आकार का विवरण

मुख्य पाइप लाइन/उप मुख्य पाइप लाइन (मिली)	प्रवाह (घन मीटर/घंटा)
63	10–17
75	28–25
90	26–35
110	>35

हम जानते हैं की वाल्व का प्रवाह 14.11 घन मीटर प्रति घंटा है। ऊपर दी हुई तालिका का अनुसरण करने से यह स्पष्ट होता है कि उप मुख्य लाइन का आकार 63 मिली मीटर/4 कि. ग्रा./वर्ग से.मी. होगा।

8. उप मुख्य लाइन में होने वाले शीर्ष हानि का आँकलन

पहली पारी के लिए – लम्बाई (मीटर)

= 36 मीटर

पाइप लाइन से होने वाले शीर्ष हानि का विवरण तालिका (1.12 स) में दिया गया है यह विवरण हर 100 मीटर लम्बाई के पाइप के लिए है। तालिका का अध्ययन करने से यह स्पष्ट होता है कि 14.11 घन मीटर/घंटा पानी के प्रवाह के लिए 63 मिली मीटर पाइप लाइन के लिए कुल शीर्ष हानि 1.36 मीटर है (यह शीर्ष हानि 100 मीटर लम्बाई के पाइप के लिए है)।

इसलिए 36 मीटर लम्बाई के पाइप के लिए कुल शीर्ष हानि

= (1.36/100) x 36

= 0.49 मीटर

दूसरी पारी के लिए = लम्बाई (मीटर)

= 36 मीटर

इसीलिए शीर्ष हानि दूसरी पारी के लिए भी 0.49 मीटर होगी।

चूँकि सारी पारी में उप मुख्य पाइप लाइन की लम्बाई 36 मीटर है इसीलिए शीर्ष हानि सभी पारियों के लिए 0.49 होगी।

उप मुख्य लाइन से हुई कुल शीर्ष हानि

= प्रथम पारी से शीर्ष हानि + दूसरी पारी से शीर्ष हानि + तीसरी पारी से शीर्ष हानि + चौथी पारी से शीर्ष हानि + पांचवी पारी से शीर्ष हानि

= 0.49 +0.49 + 0.49 + 0.49 + 0.49

= 2.45 मीटर

(9) मुख्य लाइन में होने वाले शीर्ष हानि का आँकलन

डिजाईन में सुरक्षा की दृष्टि से मुख्य लाइन का आकार, उप मुख्य लाइन के आकार से एक आकार बड़ा रखा जाता है।

इसीलिए मुख्य लाइन का आकार 75 मिली मीटर/4 कि.ग्रा./वर्ग से.मी. का चयन करते हैं।

मुख्य पाइप लाइन के द्वारा होने वाला शीर्ष हानि का आँकलन

प्रथम पारी के लिए = लम्बाई

= 56 मीटर + 36 मीटर + 10 मीटर (अतिरिक्त)

= 102 मीटर

मुख्य लाइन में शीर्ष हानि = 1.46 मीटर शीर्ष हानि 75 मिली मीटर के 100 मीटर लम्बे पाइप से होती है जिसका विवरण तालिका (1.12द) में दिया गया है।

इसीलिए 102 मीटर के लिए शीर्ष हानि = 1.48 मीटर

दूसरी पारी के लिए मुख्य पाइप लाइन की लम्बाई =61 मीटर

मुख्य पाइप लाइन में शीर्ष हानि = ऊपर बताया गया है की 1.46 मीटर शीर्ष हानि 100 मीटर लम्बाई के पाइप से होती है।

इसीलिए 61 मीटर की लम्बाई वाले पाइप से शीर्ष हानि = 0.89 मीटर

तीसरी पारी में शीर्ष हानि – 61 मीटर

चूँकि तीसरी पारी को चलाने के लिए वाल्व दूसरी पारी के वाल्व के नजदीक लगे हैं जैसा कि चित्र में दर्शाया गया है। इसीलिए पाइप की लम्बाई 61 मीटर ही होगी जिससे होने वाले शीर्ष हानि का मान भी 0.89 मीटर होगा।

चौथी पारी के लिए – मुख्य पाइप लाइन की लम्बाई 102 मीटर

इसीलिए 102 मीटर लम्बाई के मुख्य पाइप लाइन के लिए शीर्ष हानि = 1.48 मीटर

पंचम पारी के लिए – मुख्य पाइप लाइन की लम्बाई 138 मीटर है।

इसीलिए 138 मीटर से होने वाली शीर्ष हानि

= (1.46/100) 138

= 2.014 मीटर होगी

मुख्य पाइप लाइन से हुई कुल शीर्ष हानि

= प्रथम पारी से शीर्ष हानि + दूसरी पारी से शीर्ष हानि + तीसरी पारी से शीर्ष हानि + चौथी पारी से शीर्ष हानि + पाँचवी पारी से शीर्ष हानि

= 1.48 + 0.89 + 0.89 + 1 48 + 2.014

= 6.75 मीटर

पानी के स्रोत के प्रकार, अधिकतम पारी के प्रवाह तथा कुल शीर्ष हानि का आँकलन करने के बाद फिल्टर के प्रकार तथा फिल्टर के आकार का चयन करते हैं।

नीचे दी हुई तालिका में अशुद्धि के आधार पर विभिन्न प्रकार के फिल्टर का वर्गीकरण किया गया है, फिल्टर्स के विषय में विस्तृत जानकारी पहले दी (13–15) गई है।

तालिका 1.16 अशुद्धि के आधार पर विभिन्न प्रकार के फिल्टर

अशुद्धि का प्रकार	**फिल्टर का प्रकार**
विभिन्न ठोस एवं रेत के कण	स्क्रीन फिल्टर
बारीक मिट्टी तथा रेत के पतले कण	डिस्क फिल्टर
बारीक मिट्टी तथा कार्बनिक पदार्थ	ग्रेवल फिल्टर
रेत	ह्यड्रॉयक्लोन फिल्टर

चूँकि हमारे डिजाईन में पानी का स्रोत कुआँ है। अतः हमें पानी को छानने के लिए प्राथमिक फिल्टर के रूप में ग्रेवल फिल्टर तथा द्वितीयक फिल्टर के रूप में डिस्क फिल्टर का उपयोग करें।

तालिका 1.17 पानी के प्रवाह के हिसाब से फिल्टर का वर्गीकरण

ग्रेवल फिल्टर	**हाइड्रो सायक्लोन फिल्टर**	**डिस्क फिल्टर**	**स्क्रीन फिल्टर**
1.5″ = 10 घन मीटर / घंटा	2″ = 20 घन मीटर / घंटा	1.5″ = 10 घन मीटर / घंटा	1.5″ = 10 घन मीटर / घंटा
2″ = 20 घन मीटर / घंटा	3″ = 30 घन मीटर / घंटा	2″ = 25 घन मीटर / घंटा	2″ = 20 घन मीटर / घंटा
2.5″ = 30 घन मीटर / घंटा		3″ = 45 घन मीटर / घंटा	2.5″ = 30 घन मीटर / घंटा
3″ = 40 घन मीटर / घंटा			3″ = 40 घन मीटर / घंटा

चूँकि एक पारी का प्रवाह 14.11 घन मीटर प्रति घंटा है अतः ऊपर दी गई दो तालिकाओं का अध्ययन करने से यह स्पष्ट होता है कि हमें एक 2″ (20 घन मीटर प्रति घंटा) की क्षमता का ग्रेवल फिल्टर तथा 2″ (25 घन मीटर प्रति घंटा) क्षमता का डिस्क फिल्टर लगेंगें।

(10) प्रणाली से हुए कुल शीर्ष हानि का आँकलन

इसके अन्दर विभिन्न बिन्दु इस प्रकार हैं।

(अ) उप मुख्य पाइप लाइन के इनलेट पर दाब की आवश्यकता – यह निम्नलिखित मापकों का योग होता है।

- ड्रीपर का न्यूनतम परिचालन दाब = 10 मीटर
- लेटरल से शीर्ष हानि = 1 मीटर
- उप मुख्य पाइप लाइन से शीर्ष हानि = 0.49 मीटर
- ढलान = 0

(ब) हेड यूनिट के आउटलेट में दाब – यह निम्नलिखित मापकों का योग होता है।

- वाल्व से शीर्ष हानि = 2 मीटर
- फिटिंस से शीर्ष हानि = 2 मीटर
- मुख्य पाइप लाइन से शीर्ष हानि = 2.014 मीटर
- ढलान = 0

(स) हेड यूनिट के इनलेट में दाब – यह निम्नलिखित मापकों का योग होता है।

- प्राथमिक फिल्टर में शीर्ष हानि = 4 मीटर
- फर्टिगेशन उपकरण में शीर्ष हानि = 4 मीटर
- द्वितीयक फिल्टर से शीर्ष हानि = 4 मीटर

(द) प्रणाली में होने वाली कुछ अन्य हानियाँ – इसके अंतर्गत निम्नलिखित बातें आती हैं।

- पानी की स्त्रोत की गहराई = 45 फीट = 13.5 मीटर
- लंबित पाइप में शीर्ष हानि = 2 मीटर
- सुरक्षा गुणांक = 2 मीटर

(11) उपयुक्त पंप का चुनाव – ऊपर किए हुए शीर्ष हानि तथा प्रवाह के आँकलन के आधार पर पंप का चुनाव किया जाता है ।

$$\text{हॉर्स पवार} = \frac{\text{कुल प्रवाह (लीटर प्रति सेकंड) x कुल शीर्ष (मीटर)}}{0.65 \text{ x } 75}$$

$$= \frac{3.92 \times 47.0}{0.65 \times 75}$$

$$= 3.77 \text{ HP}$$

तालिका 1.18 सिंचाई डाटा

सिंचाई डाटा	
फसल	टमाटर
ड्रीपर का प्रकार	इनलाइन
सिंचाई का प्रकार	टपक सिंचाई
ड्रीपर के बीच की दुरी (मीटर)	0.4
लेटरल की संख्या एक बैड में	1
लेटरल के बीच की दुरी	1.5
ड्रीपर का प्रवाह	1.1 लीटर / घंटा
अधिकतम फसल जल आवश्यकता	7 मिली मीटर / दिन
सिंचाई चक्र	1
सिंचाई अंतराल	1
एक पारी का समय	2
कुल बिजली की उपलब्धता	10
कुल पारी	5
अधिकतम पारी का क्षेत्र (एकड़)	0.99
अधिकतम पारी का प्रवाह (घन मीटर / घंटा)	14.11
कुल क्षेत्र (एकड़)	4.98
पानी का स्त्रोत	कुआँ

तालिका 1.19 परिचालन अनुसूची

पारी क्रमांक	वाल्व	खण्ड	वाल्व क्षेत्र (वर्ग मी.)	वाल्व क्षेत्र (एकड)	वाल्व प्रवाह (मीटर प्रति घंटा)	पारी क्षेत्र	पारी प्रवाह (मीटर प्रति घंटा)	परिचालन समय
1	वाल्व 1	1.1	4032	0.99	14.11	0.99	14.11	2
2	वाल्व 2	2.1	4032	0.99	14.11	0.99	14.11	2
3	वाल्व 3	3.1	4032	0.99	14.11	0.99	14.11	2
4	वाल्व 4	4.1	4032	0.99	14.11	0.99	14.11	2
5	वाल्व 5	5.1	4032	0.99	14.11	0.99	14.11	2
कुल	5	5	20160	4.95	70.55	4.95	70.55	10

तालिका 1.20 पंप ड्यूटी गणना

	पंप ड्यूटी गणना					
क्रम.	**पारी क्रमांक**	**1**	**2**	**3**	**4**	**5**
	वाल्व	**वाल्व 1**	**वाल्व 2**	**वाल्व 3**	**वाल्व 4**	**वाल्व 5**
1	ड्रिपर्स का न्यूनतम परिचालन दाब (मीटर)	10	10	10	10	10
2	लेटरल से शीर्ष हानि (मीटर)	1	1	1	1	1
3	उपमुख्य लाइन से शीर्ष हानि (मीटर)	0.49	0.49	0.49	0.49	0.49
4	ढलान (मीटर)	0	0	0	0	0
5	उप मुख्य लाइन पर दाब की आवश्यकता (मीटर)	11.49	11.49	11.49	11.49	11.49
6	वाल्व से शीर्ष हानि (मीटर)	2	2	2	2	2
7	फिटिंस से शीर्ष हानि (मीटर)	2	2	2	2	2
8	मुख्य लाइन में शीर्ष हानि (मीटर)	1.48	0.89	0.89	1.48	2.014
9	ढलान (मीटर)	0	0	0	0	0
10	हेड यूनिट के आउटलेट में दाब (मीटर)	16.97	16.38	16.38	16.97	17.50
11	प्राथमिक फिल्टर से शीर्ष हानि (मीटर)	4	4	4	4	4
12	फर्टिशन उपकरण से शीर्ष हानि (मीटर)	4	4	4	4	4
13	द्वितीयक फिंल्टर से शीर्ष हानि (मीटर)	4	4	4	4	4
14	हेड यूनिट के इनलेट में दाब (मीटर)	28.97	28.38	28.38	28.97	29.50
15	पानी के स्त्रोत की हराई (मीटर)	13.5	13.5	13.5	13.5	13.5
16	लंबवत पाइप से शीर्ष हानि (मीटर)	2	2	2	2	2
17	सुरक्षा गुणांक (मीटर)	2	2	2	2	2
18	कुल शीर्ष (मीटर)	46.47	45.88	45.88	46.47	47.0
19	वाल्व प्रवाह दर (घन मीटर/घंटा)	14.11	14.11	14.11	14.11	14.11
20	पारी प्रवाह दर (घन मीटर/घंटा)	14.11	14.11	14.11	14.11	14.11
पंप क्षमता का आँकलन						
	पारी क्रमांक	**1**	**2**	**3**	**4**	**5**
	प्रवाह (घन मीटर/घंटा)	14.11	14.11	14.11	14.11	14.11
	प्रवाह (लीटर/सेकेण्ड)	3.92	3.92	3.92	3.92	3.92
	शीर्ष (मीटर)	46.47	45.88	45.88	46.47	47.0
	पंप का हॉर्स पावर	3.73	3.68	3.68	3.73	3.77

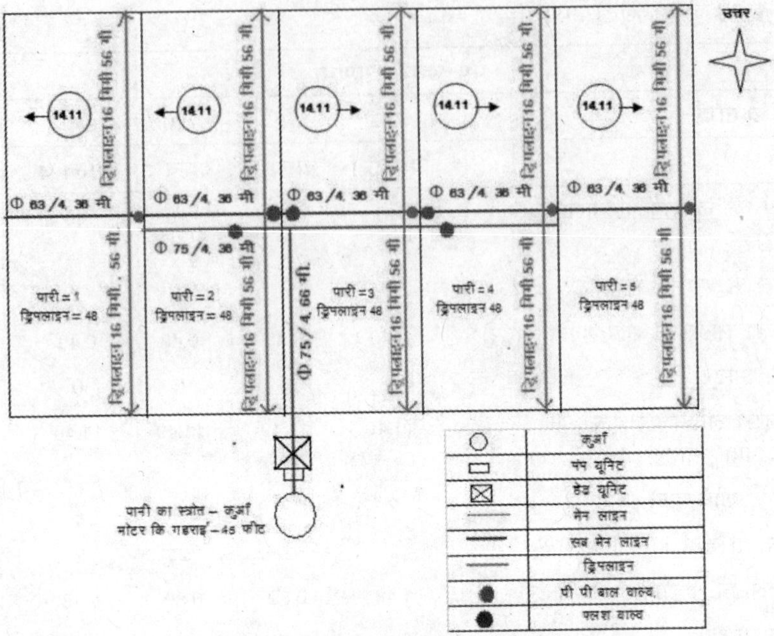

चित्र 1.21 डिजाईन किया हुआ खेत

1.10.2 फलों वाली फसलों के लिए ड्रिप सिंचाई प्रणाली की डिजाईन

उदाहरण – 3 हैक्टेयर क्षेत्र में पपीता की फसल के लिए ड्रिप सिंचाई डिजाईन का गणतीय आँकलन।

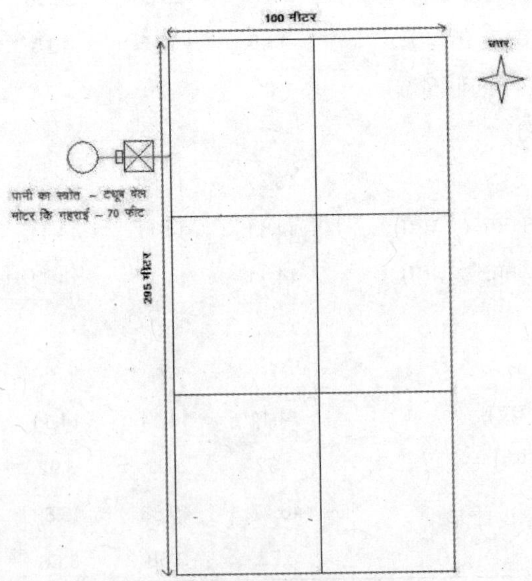

चित्र 1.22 खेत का ले आउट

फसल	–	पपीता
क्षेत्रफल	–	3 हैक्टेयर
दुरी	–	8 फीट 7 फीट
फसल पानी आवश्यकता	–	6 मिली लीटर/दिन
कतार की दिशा	–	उत्तर – दक्षिण
बिजली की उपलब्धता	–	6 घंटा
पानी का स्त्रोत	–	ट्यूब वेल
मोटर की गहराई	–	70 फीट

(1) स्थान तथा फसलों के आधार पर लेटरल और ड्रीपर का चुनाव निम्न प्रकार है।

लेटरल = 16 मिली मीटर

ड्रीपर के बीच की दुरी = 0.4 मीटर

ड्रीपर का प्रकार = प्रेशर कपइंसटिग ऑनलाइन ड्रीपर

लेटरल लाइन की संख्या = दो

एक पोधे में ड्रीपर की संख्या = चार

ड्रीपर का प्रवाह – 4 लीटर प्रति घंटा

(2) स्थल का रेखाचित्र ऊपर दर्शाया गया है। सर्वप्रथम हम स्थान के क्षेत्रफल का आँकलन करते हैं।

= क्षेत्रफल = लम्बाई x चौड़ाई

$= 295 \times 100$

= 29500 वर्ग मीटर

= 7.28 एकड़

2.95 हैक्टेयर = 3 हैक्टेयर

तालिका (1.11) में सब्जियों के लिए अधिकतम फसल जल आवश्यकता की सूची दर्शाई गई है जिसके अनुसार

फसल जल आवश्यकता = 6 मिली मीटर/दिन

(3) ड्रीपर तथा लेटरल की दूरी का आँकलन

चूंकि एक बैड में दो लेटरल लाइन बिछी हुई हैं इसीलिए एक लेटरल लाइन में लगने वाले ड्रीपर की संख्या दो होगी

$$\text{लेटरल के बीच की दुरी} = \frac{\text{पौधों के मध्य दुरी}}{\text{एक पौधों में ड्रीपर की संख्या (एक लेटरल में)}}$$

$$= \frac{2.13}{2} = 1.065 \text{ मीटर}$$

$$\text{लेटरल के बीच की दुरी} = \frac{\text{कतारों के बीच की दुरी}}{\text{एक कतार में लेटरल की संख्या}}$$

$$\text{लेटरल के बीच की दुरी} = \frac{2.13}{2} = 1.2 \text{ मीटर}$$

(4) कुल पौध घनत्व

$$\text{कुल पौध घनत्व} = \frac{\text{कुल क्षेत्रफल (वर्ग मीटर)}}{\text{पौधों से पौधों की दुरी} \times \text{कतारों से कतारों की दुरी}}$$

$$= \frac{29500}{2.13 \times 2.4} = 5784 \text{ नंबर}$$

(5) उपलब्ध पानी का आँकलन (लीटर/घंटा)

$$\text{उपलब्ध पानी का आँकलन (लीटर/घंटा)} = \frac{\text{क्षेत्रफल (वर्ग मीटर) x अधिकतम पानी की आवश्यकता (मिली मीटर/दिन)}}{\text{बिजली की उपलब्धता (घंटा)}}$$

$$= \frac{29500 \times 6}{6} = 29500 \text{ लीटर प्रति घंटा}$$

प्रत्येक पौधे के लिए उपलब्ध पानी (लीटर प्रति घंटा)

$$= \frac{\text{कुल उपलब्ध पानी की मात्रा (लीटर/घंटा)}}{\text{कुल पौधो की संख्या}}$$

$$= \frac{29500}{5784} = 5.10 \text{ लीटर प्रति घंटा}$$

एक पौधे को प्रतिदिन लने वाले जल की आवश्यकता

= पौधे का कुल क्षेत्रफल × पौधे की अधिकतम जल आवश्यकता

= 2.13 × 2.4 × 6

= 31 लीटर/दिन

कुल जल का प्रवाह (लीटर/घंटा)

= पौध घनत्व × एक पौधे में लगने वाले ड्रीपर की संख्या × एक ड्रीपर का प्रवाह

= 5784 × 4 × 4

= 92544 लीटर/घंटा

6. सिंचाई दर

$$\text{सिंचाई दर} = \frac{\text{एक पौधे के लिए लगे ड्रीपर का कुल प्रवाह (लीटर प्रति घंटा)}}{\text{एक पौधे का क्षेत्रफल}}$$

$$= \frac{4 \times 4}{5.17} = 3.09 = 3.09 \text{ मिली मीटर / दिन}$$

3. प्रत्येक पारी में सिंचाई की अवधि का आँकलन

$$\text{पारी आँकलन (घंटा)} = \frac{\text{अधिकतम फसल पानी की आवश्यकता (मिली मीटर / दिन)}}{\text{सिंचाई दर (मिली मीटर / दिन)}}$$

$$= \frac{6}{3.09} = 1.94 \text{ घंटा}$$

4. पानी की उपलब्धता / पंप की क्षमता / बिजली की उपलब्धता के अनुसार पारी की संख्या का आँकलन

$$\text{पारी की संख्या (दिन)} = \frac{\text{बिजली की उपलब्धता (घंटा)}}{\text{पारी आँकलन (घंटा)}}$$

$$= \frac{6}{1.94} = 3 \text{ पारी}$$

एक पारी में पानी के प्रवाह की औसत दक्षता =

$$\text{एक पारी में पानी के प्रवाह} = \frac{\text{कुल क्षमता (लीटर / घंटा)}}{\text{पारी की संख्या}}$$

$$= \frac{92544}{3} = 30848 \text{ (लीटर / घंटा)}$$

$$= 30.84 \text{ (घन मीटर / घंटा)}$$

तालिका (1.21 ब) में विभिन्न आकार तथा दुरी के ड्रीपर के आधार पर लेटरल लाइन की अधिकतम अनुमत लम्बाई को दर्शाया गया है। हमारे प्रणाली की डिजाईन में उपयोग होने वाली ड्रिप लाइन का आकार 16 मिली मीटर है तथा दो ड्रीपर के मध्य की दूरी 1.07 मीटर है।

तालिका 1.21 ड्रिप लाइनों की अनुमत लंबाई (नॉन प्रेशर कम्पेंसटिंग ऑन लाइन ड्रीपर)

तालिका 1.21(अ) ड्रिप लाइन का व्यास = 16 मिली मीटर

		ड्रिप लाइन की लम्बाई समतल क्षेत्र में									
प्रवाह (लीटर / घंटा)	व्यास (मिली मीटर)	ड्रिपर के बीच की दूरी (मीटर)									
		0.3	0.4	0.5	0.6	0.8	1	1.25	1.5	2	2
1	12	51	65	77	88	109	129	151	171	208	208
	16	85	106	125	143	159	186	216	244	298	298
2	12	33	42	51	58	72	86	100	114	140	140
	16	54	67	79	90	111	130	152	172	208	208
4	12	22	28	34	39	47	57	67	76	94	94
	16	38	48	56	64	78	92	107	121	146	146
8	12	13	17	20	23	29	34	40	46	56	56
	16	22	28	33	38	46	54	62	72	86	86

तालिका 1.21(ब) ड्रिप लाइनों की अनुमत लंबाई (प्रेशर कम्पेंसटिंग ऑन लाइन ड्रीपर)

		ड्रिप लाइन की लम्बाई समतल क्षेत्र में									
प्रवाह (लीटर / घंटा)	इनलेट पर दाब (मीटर)	ड्रिपर के बीच की दूरी (मीटर)									
		0-2	0-3	0-4	0-5	0-6	0-8	1	1-25	1-5	2
1-2	10	79	109	136	161	184	227	266	310	351	426
	15	100	139	174	206	235	290	340	397	450	546
	20	115	160	200	238	272	335	393	458	520	632
	25	127	177	222	263	300	371	435	508	576	700
	30	154	215	270	321	367	453	521	621	703	758
2	10	56	78	98	116	133	164	192	223	253	308
	15	72	99	125	148	169	209	245	286	324	394
	20	82	115	144	171	196	241	283	331	375	456
	25	91	127	159	189	217	268	314	366	415	506
	30	105	146	184	218	250	308	362	423	480	548
4	10	36	50	62	74	85	104	123	143	163	198
	15	45	63	80	95	108	134	157	183	208	254
	20	52	73	92	109	125	155	182	212	241	294
	25	58	81	102	121	138	171	201	235	267	324
	30	62	87	110	131	150	185	218	255	289	352

8	10	23	32	40	47	54	67	79	92	105	128
	15	29	40	51	61	69	86	101	118	135	164
	20	33	46	58	70	80	99	117	136	154	188
	25	37	51	65	77	88	110	129	151	171	210
	30	40	56	70	84	96	119	140	163	186	226

तालिका का अध्ययन करने से यह स्पष्ट होता है की अधिकतम अनुमत लम्बाई 135 मीटर होगी।

5. कुल क्षेत्र को विभिन्न खण्डों में विभाजित करते हैं।

खण्डों की डिजाईन – खण्डों के प्रवाह के आधार पर वाल्व के आकार का चयन करते हैं।

खेत के क्षेत्रफल के हिसाब से पुरे डिजाईन के 6 खंडो में विभाजित किया गया है। नीचे दी हुई तालिका में वाल्व के प्रवाह के अनुसार वाल्व के आकार का विवरण दिया गया हे।

प्रणाली का कुल प्रवाह = 92544 लीटर प्रति घंटा

= 92.54 घन मीटर/घंटा

एक खंड से प्रवाह = 92.54/6

= 15.42 घन मीटर

एक खण्ड की क्षमता के हिसाब से हमें 2" वाल्व की आवश्यकता होगी।

6. वाल्व की संख्या – पी पी बाल वाल्व, पी वी सी फ्लश वाल्व का आकार उप मुख्य लाइन के आकार के सामान होता है । स्थल तथा डिजाईन के साथ – साथ वाल्व का आकार बदल सकता हे।

7. उप मुख्य लाइन के आकार एवं क्लास का चयन – उप मुख्य के क्लास और आकार का चुनाव भी वाल्व के प्रवाह के ऊपर निर्भर करता हे। नीचे दी हुई तालिका में पानी के प्रवाह (घन मीटर/घंटा) के अनुसार पाइप के आकार का वर्गीकरण किया गया है। हम जानते हैं की वाल्व का प्रवाह 15.42 घन मीटर/घंटा हे। ऊपर दी हुई तालिका का अनुसरण करने से यह स्पष्ट होता है की उप मुख्य लाइन का आकार 63 मिली मीटर/4 कि. ग्रा./वर्ग से.मी. होगा।

8. उप मुख्य लाइन में होने वाले शीर्ष हानि का आँकलन –

पहली पारी के लिए – लम्बाई (मीटर)

= 50 मीटर

पाइप लाइन से होने वाले शीर्ष हानि का विवरण तालिका (1.12 अ) दिया गया है यह विवरण हर 100 मीटर लम्बाई के पाइप के लिए है। तालिका का अधयन्न करने से यह स्पष्ट होता है की 15 घन मीटर/घंटा पानी के प्रवाह के लिए 63 मिली मीटर पाइप लाइन के लिए कुल शीर्ष हानि 1.65 मीटर है। (यह शीर्ष हानि 100 मीटर लम्बाई के पाइप के लिए है)।

इसीलिए 36 मीटर लम्बाई के पाइप के लिए कुल शीर्ष हानि

= (1.36 / 100) X 50

= 0.83 मीटर

दूसरी पारी के लिए = लम्बाई (मीटर)

= 50 मीटर

इसीलिए शीर्ष हानि दूसरी पारी के लिए भी 0.83 मीटर होगी।

चूँकि सारी पारी में उप मुख्य पाइप लाइन की लम्बाई 50 मीटर है इसीलिए शीर्ष हानि सभी पारियों के लिए 0.83 होगी।

उप मुख्य लाइन से हुई कुल शीर्ष हानि

= प्रथम पारी से शीर्ष हानि +दूसरी पारी से शीर्ष हानि + तीसरी पारी से शीर्ष हानि

= 0.83 +0.83 + 0.83

= 2.49 मीटर

9. मुख्य लाइन में होने वाले शीर्ष हानि का आँकलन

डिजाईन में सुरक्षा की दृष्टि से मुख्य लाइन का आकार, उप मुख्य लाइन के आकार से एक आकार बड़ा रखा जाता हे।

प्रथम पारी से शीर्ष हानि

तालिका (1.12 स,द) का अनुसरण करने से यह निष्कर्ष निकलता है की प्रणाली में एक पारी में होने वाला प्रवाह 30 घन मीटर प्रति घंटा के लिए 90 मिली मीटर / 4 कि. ग्रा. / वर्ग से.मी. आकार के पाइप लाइन तथा प्रत्येक खण्ड से होने वाले प्रवाह 15.42 घन मीटर प्रति घंटा के लिए 75 मिली मीटर / 4 कि. ग्रा. / वर्ग से.मी. आकार की पाइप लाइन का चुनाव करते हैं। जिसे टेलीस्कोपिक डिजाईन कहा जाता है।

लम्बाई = 53 मीटर के लिए 90 मिली मीटर / 4 कि. ग्रा. / वर्ग से.मी.

= 50 मीटर के लिए 75 मीटर मिली मीटर / 4 कि. ग्रा. / वर्ग से.मी.

तालिका (1.12 स,द) का अनुसरण करने से यह निष्कर्ष निकलता है की 30 घन मीटर प्रति घंटा के लिए 90 मिली मीटर / 4 कि. ग्रा. / वर्ग से.मी. आकार के 100 मीटर लम्बाई वाली पाइप से होने वाली हानि = 2.46 मीटर है।

इसीलिए 53 मीटर के पाइप लाइन से शीर्ष हानि = 1.30 मीटर

15.42 घन मीटर प्रति घंटा के लिए 75 मिली मीटर / 4 कि. ग्रा. / वर्ग से.मी. आकार के 100 मीटर लम्बाई वाली पाइप से होने वाली हानि =1.66 मीटर है।

इसीलिए 50 मीटर लम्बाई वाले पाइप के लिए

= 0.83 मीटर प्रथम पारी से कुल शीर्ष हानि = 1.30 + 0.83

= 2.13 मीटर

दूसरी पारी से शीर्ष हानि

दूसरी पारी को चलाने के लिए वाल्व प्रथम वाल्व के समीप लगा है इसीलिए दूसरी पारी में लगे विभिन्न आकार के पाइप की लम्बाई एक सामान होगी। इसीलिए

दूसरी पारी से हुई कुल शीर्ष हानि = 2.13 मीटर

तीसरी पारी से शीर्ष हानि

लम्बाई = 152 मीटर के लिए 90 मिली मीटर / 4 कि. ग्रा. / वर्ग से.मी

50 मीटर = 75 मिली मीटर / 4 कि. ग्रा. / वर्ग से.मी

30 घन मीटर प्रति घंटा के लिए 90 मिली मीटर / 4 कि. ग्रा. / वर्ग से.मी. आकार के 100 मीटर लम्बाई वाली पाइप से होने वाली हानि = 2.46 मीटर है।

इसीलिए 152 मीटर के पाइप लाइन से शीर्ष हानि = 3.73 मीटर

15.42 घन मीटर प्रति घंटा के लिए 75 मिली मीटर / 4 कि. ग्रा. / वर्ग से.मी. आकार के 100 मीटर लम्बाई वाली पाइप से होने वाली हानि=1.66 मीटर है।

इसीलिए 50 मीटर लम्बाई वाले पाइप के लिए

= 0.83 मीटर

तीसरी पारी के लिए कुल शीर्ष हानि = 3.73 + 0.83

= 4.56 मीटर

पानी के स्रोत के प्रकार, अधिकतम पारी के प्रवाह तथा कुल शीर्ष हानि का आँकलन करने के बाद फिल्टर के प्रकार तथा फिल्टर के आकार का चयन करते हैं।

तालिका (1.16) में अशुद्धि के आधार पर विभिन्न प्रकार के फिल्टर का वर्गीकरण किया गया है।

चूँकि हमारे डिजाईन में पानी का स्रोत ट्यूब वेल है। अतः हमें पानी को छानने के लिए प्राथमिक फिल्टर के रूप में हाइड्रो साइक्लोन फिल्टर तथा द्वितीयक फिल्टर के रूप में डिस्क फिल्टर का उपयागे करें।

चूँकि एक पारी का प्रवाह 30.84 घन मीटर प्रति घंटा है अतः ऊपर दी गई दो तालिकाओं का अध्ययन करने से यह स्पष्ट होता है की हम एक 3" (30 घन मीटर प्रति घंटा) की क्षमता का हाइड्रो साइक्लोन फिल्टर तथा 3" (45 घन मीटर प्रति घंटा) क्षमता का डिस्क फिल्टर लेंगे।

10. प्रणाली से हुए कुल शीर्ष हानि का आँकलन – इसके अन्दर विभिन्न बिंदु इस प्रकार हैं।

अ. उप मुख्य पाइप लाइन के इनलेट पर दाब की आवश्यकता – यह निम्नलिखित मापकों का योग होता है।

- ड्रीपर का न्यूनतम परिचालन दाब = 10 मीटर
- लेटरल से शीर्ष हानि = 1 मीटर

- उप मुख्य पाइप लाइन से शीर्ष हानि = 0.83 मीटर
- ढलान = 0

ब. हेड यूनिट के आउटलेट में दाब – यह निम्नलिखित मापकों का योग होता है।

- वाल्व से शीर्ष हानि = 2 मीटर
- फिटिंग्स से शीर्ष हानि = 2 मीटर
- मुख्य पाइप लाइन से शीर्ष हानि = 4.56 मीटर
- ढलान = 0

स. हेड यूनिट के इनलेट में दाब – यह निम्नलिखित मापकों का योग होता है।

- प्राथमिक फिल्टर में शीर्ष हानि = 4 मीटर
- फर्टिगेशन उपकरण में शीर्ष हानि = 4 मीटर
- द्वितीयक फिल्टर से शीर्ष हानि = 4 मीटर

द. प्रणाली में होने वाली कुछ अन्य हानियाँ – इसके अंतर्गत निम्नलिखित बातें आती है।

- पानी की स्त्रोत की हराई = 70 फीट = 21 मीटर
- लम्बित पाइप में शीर्ष हानि = 2 मीटर
- सुरक्षा गुणाक = 2 मीटर

11. उपयुक्त पंप का चुनाव – ऊपर किए हुए शीर्ष हानि तथा प्रवाह के आँकलन के आधार पर पंप का चुनाव किया जाता है ।

$$\text{हॉर्स पावर} = \frac{\text{कुल प्रवाह (लीटर प्रति सैकण्ड)} \times \text{कुल शीर्ष (मीटर)}}{0.65 \times 75}$$

$$= \frac{8.56 \times 57.39}{0.65 \times 75} = 10.05 \text{ ऐच पी}$$

तालिका 1.22 सिंचाई डाटा

सिंचाई डाटा	
फसल	पपीता
ड्रीपर का प्रकार	प्रेसर कपंइसेटिंग
सिंचाई का प्रकार	ऑनलाइन टपक सिंचाई
कतारों के बीच की दुरी	2.44
पौधों के बीच की दुरी	2.13
ड्रीपर के बीच की दुरी (मीटर)	1.07

लेटरल की संख्या एक बैड में	2
लेटरल के बीच की दुरी	1.22
ड्रीपर का प्रवाह	4 लीटर/घंटा
अधिकतम फसल जल आवश्यकता	6 मिली मीटर/दिन
सिंचाई चक्र	1
सिंचाई अंतराल	1
एक पारी का समय	2
कुल बिजली की उपलब्धता	6
कुल पारी	3
अधिकतम पारी का क्षेत्र (एकड़)	2.42
अधिकतम पारी का प्रवाह (घन मीटर/घंटा)	14.11
कुल क्षेत्र (एकड़)	7.28
पानी का स्त्रोत	ट्यूब वेल

तालिका 1.23 परिचालन अनुसूची

परिचालन अनुसूची								
पारी क्रमांक	**वाल्व**	**खण्ड**	**वाल्व क्षेत्र (वर्ग मीटर)**	**वाल्व क्षेत्र (एकड)**	**वाल्व प्रवाह (मीटर प्रति घंटा)**	**पारी क्षेत्र (एकड)**	**पारी प्रवाह (मीटर प्रति घंटा)**	**परिचालन समय**
1	वाल्व 1	1.1	4916	1.21	15.42	2.43	30.84	2
	वाल्व 2	1.2	4916	1.21	15.42			
2	वाल्व 3	2.1	4916	1.21	15.42	2.43	30.84	2
	वाल्व 4	2.2	4916	1.21	15.42			
3	वाल्व 5	3.1	4916	1.21	15.42	2.43	30.84	2
	वाल्व 6	3.2	4916	1.21	15.42			
कुल	6		29500	4.95	92.52	4.95	92.52	6

तालिका 1.24 पंप ड्यूटी गणना

	पंप ड्यूटी गणना			
क्रमांक	**पारी क्रमांक**	**1**	**2**	**3**
	वाल्व	**वाल्व 2**	**वाल्व 4**	**वाल्व 6**
1	ड्रिपर्स का न्यूनतम परिचालन दाब (मीटर)	10	10	10
2	लेटरल से शीर्ष हानि (मीटर)	1	1	1
3	उपमुख्य लाइन से शीर्ष हानि (मीटर)	0.83	0.83	0.83
4	ढलान (मीटर)	0	0	0
5	**उप मुख्य लाइन पर दाब की आवश्यकता (मीटर)**	**11.83**	**11.83**	**11.83**
6	वाल्व से शीर्ष हानि (मीटर)	2	2	2
7	फिटिंग्स से शीर्ष हानि (मीटर)	2	2	2
8	मुख्य लाइन में शीर्ष हानि (मीटर)	2.13	0.83	4.56
9	ढलान (मीटर)	0	0	0
10	**हेड यूनिट के आउटलेट में दाब (मीटर)**	**17.96**	**16.66**	**20.39**
11	प्राथमिक फिल्टर से शीर्ष हानि (मीटर)	4	4	4
12	फर्टिगेशन उपकरण से शीर्ष हानि (मीटर)	4	4	4
13	द्वितीयक फिल्टर से शीर्ष हानि (मीटर)	4	4	4
14	हेड यूनिट के इनलेट में दाब (मीटर)	29.96	28.66	32.39
15	पानी के स्त्रोत की हराई (मीटर)	21	21	21
16	लंबबत पाइप से शीर्ष हानि (मीटर)	2	2	2
17	सुरक्षा गुणांक (मीटर)	2	2	2
18	**कुल शीर्ष (मीटर)**	**54.96**	**53.66**	**57.39**
19	वाल्व प्रवाह दर (घन मीटर/घंटा)	15.42	15.42	15.42
20	पारी प्रवाह दर (घन मीटर/घंटा)	30.84	30.84	30.84
पंप क्षमता का आँकलन				
	पारी क्रमांक	1	2	3
	प्रवाह (घन मीटर/घंटा)	30.84	30.84	30.84
	प्रवाह (लीटर/सेकेण्ड)	8.56	8.56	8.56
	शीर्ष (मीटर)	**54.81**	**53.51**	**57.24**
	पंप का हॉर्स पावर	**9.62**	**9.39**	**10.05**

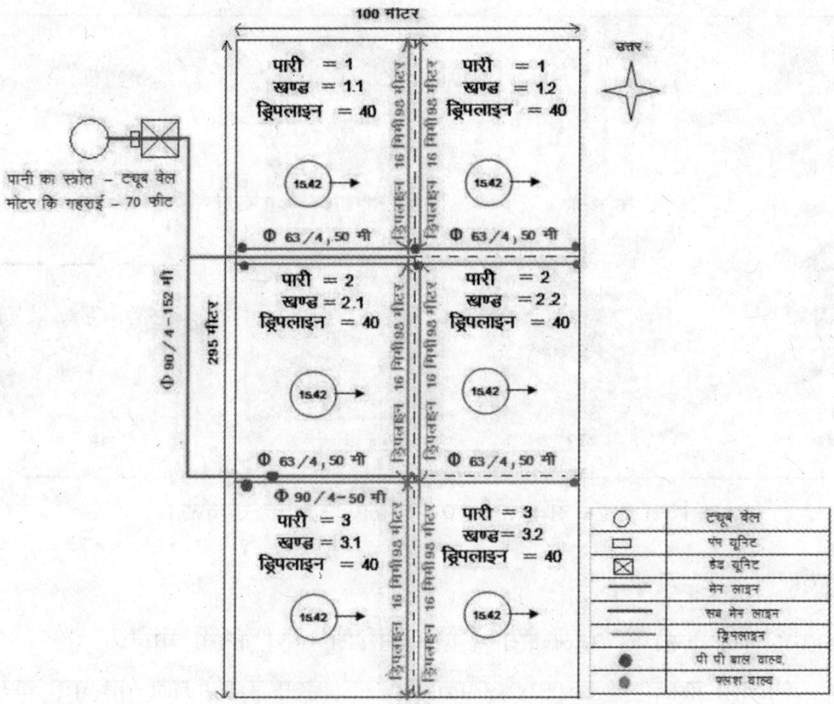

चित्र **1.23** डिजाईन किया हुआ खेत

1.11 प्रणाली की स्थापना के प्रमुख निर्देश

महत्वपूर्ण सूचनाएँ : सिंचाई प्रणाली की कार्यक्षमता उसके कुशल स्थापना प्रक्रिया पर निर्धारित है।

साधनों की आवश्यकता

1. पाइप रेंच (18, 24, 36 इंच)
2. स्पॅनर सेट
3. ड्रिल मशीन ड्रिल बीट्स के साथ
4. हक सॉ
5. मीटर स्केल
6. आरी
7. इजेक्टो पंच और रिफिल्स
8. स्क्रू ड्राइवर
9. कटर
10. मीटर टेप

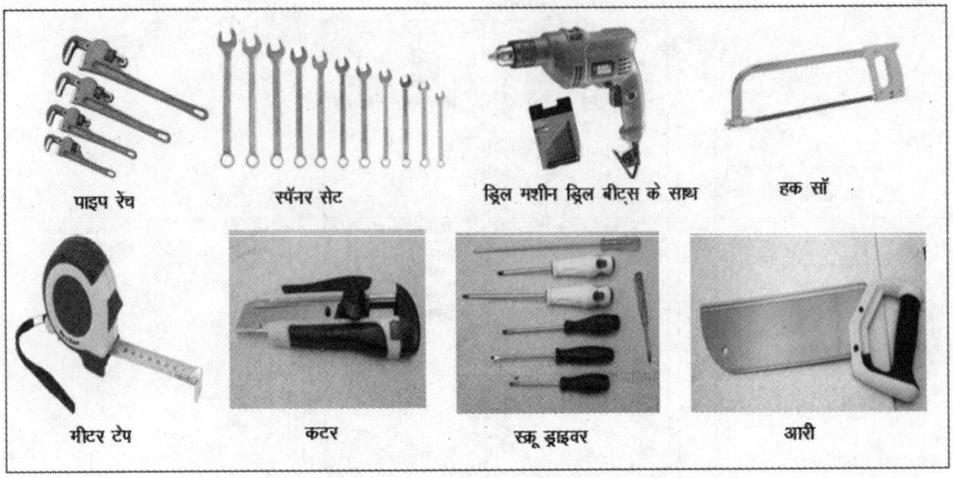

चित्र 1.24 संच संस्थापन के लिए उपयुक्त उपकरण

जाँच सूची

स्थापना शुरू करने से पहले क्षेत्र में निम्नलिखित जाँच करनी चाहिए

1. स्थानीय रचना के अनुसार आपका आरेखन हुआ है की नही यह पता करें।
2. प्रणाली स्थापना के लिए उपर (चित्र 1.24) दिए साधन है या नही।
3. क्षेत्र के आरेखन के अनुसार मुख्य पाइप, उप मुख्य पाइप और फिंटीग की जाँच करनी चाहिए।
4. पंप सेट और हेड यूनिट के संस्थापन के लिए लगने वाले सारे फिटिंग्स की जांच करनी चाहिए।

1.11.1 हेड यूनिट की स्थापना

यदि फिल्टर्स के चुनाव में सैंड मीडिया अथवा हाइड्रोसायक्लोन फिल्टर प्राथमिक फिल्टर के रूप में उपयोग कर रहे हैं तो उसके अनुसार उतना लंबा, चौड़ा और ऊँचा सिमेंट काँक्रीट का चबूतरा बनाना चाहिए और वह एक लेवल में हो इसकी जाँच कर लेनी चाहिए। उसके पूरे सूखने के बाद ही उसके उपर फिल्टर बिठाना चाहिए। सुरक्षा उपकरण जैसे की नॉन रिटर्न वाल्व, प्रेशर रिलीफ वाल्व, प्रेशर रेग्युलेटर, एअर रिलीफ वाल्व उचित स्थान पर एवं वैक्यूम ब्रेकर वाल्व ठीक स्थान पर बैठा लेना चाहिए।

पानी का पंप हेड यूनिट से ठीक तरह से जोडना चाहिए। हेड युनिट में जी आय जोड़ के लिए हेल्डटाईट और पिस्टन का उपयोग करना चाहिए। उससे थ्रेडेड के पेचीदा भाग में होने वाली लिकेज रोक सकते हैं। इस जोड़ के लिए उचित आकार का पाईप रेंच उपयोग में लगाएँ।

सभी जी आय भागों के उपर पेंट लगाकर रखना चाहिए। उससे जंग लगने से रोका जा सकता है। प्रेशर देखने के लिए दबाव मापक योग्य जगह पर या निर्देशों के अनुसार संस्थापित करें।

1.11.2 गड्ढों की खुदाई

1. गड्ढें इतने चौड़े बनाए के इस्तेमाल में आसानी हो। गड्ढें इतने गहरे होने की पाईप अंदर डालने के बाद 60 से. मी. (दो फीट) स्तर तक मिट्टी से ढका जा सके। जिससे निदाई गुड़ाई तथा कृषि उपकरणों का समय पाइप क्षतिग्रस्त न हो।
2. सभी गड्ढों का तल एक समान हो तथा वो नोंकदार पत्थर और जड़ों जैसे कठिन पदार्थों से मुक्त होना चाहिए।
3. खुदाई के वक्त सभी बड़े पत्थर जो पाइपों को नुकसान पहुंचा सकते हैं गड्ढें के सभी किनारों से निकाल देना चाहिए।
4. गड्ढों के तल में नदी की रेत का इस्तेमाल किया जा सकता है।

चित्र 1.25 गड्ढों की खुदाई

1.11.3 पी. व्ही. सी. पाईप का जोड़

आकार (साईज) और श्रेणी के अनुसार पाइप बिछाना चाहिए। दिन में ज्यादा गर्मी के समय पाइप बिठाते समय विशेष सावधानी रखना चाहिए। वरना ठण्डक मिलने से पाइप के सिकुड़ने के कारण जोड़ से निकल सकते हैं। तापमान में होने वाली गिरावट से होने वाली सिकुड़न के कारण पाइप जोड़ से बाहर आ सकती है।

सोल्यूशन लगाने से पहले पाइप का अग्रभाग और पी. व्ही. सी. फिटिंग कपलर के अंदरूनी किनारे ठीक तरह से साफ करें अन्यथा जोड़ के सोल्युशन में मिट्टी की मिलावट से लिकेज होने की संभावना रहती है। पाइप के किनारे को बाहर से ठीक तरह से सोल्युशन लगाना चाहिए, जिससे की पाइप का नोंक सॉकेट के अंदर ठीक तरह एक समान मात्रा में जाए।

चित्र 1.26 पाईप का जोड

1.11.4 पाइपों की जोड़ फिटिंग्स

1. पी. व्ही. सी. पाइपों के कोनों में अगर कोई खुरखुरापन है, तो सोल्यूशन का इस्तेमाल करने से पहले उसें निकाल लें। सोल्यूशन का एक पतला स्तर पाइप और जोड़ के उपरी भाग पर लगाना चाहिए। वह समान मात्रा में फैल सकें इस के लिए पाइपों को धीरें घुमाएँ और तुरंत जोड़े। कुछ समय के लिए कस कर पकडें रखें। पाइप के अंत का भाग सॉकेट के प्रवेश चिन्ह तक अंदर धुसाना चाहिए।
2. सोल्युशन का इस्तेमाल पी. व्ही. सी. फिटिंग के एवं बाल्ब के थ्रेऊँड पार्ट तथा पी. व्ही. सी. फिटिंग की बाहरी सतह पर या बाल्ब पर इस्तेमाल नही करना चाहिए।
3. सोल्युशन हमेशा ठण्डी जगह पर और बच्चों से दूर रखें। जहाँ तक हो सके ज्यादा घुमाव पर एल्वोज की जगह पाइप के व्रक भागों पर पी. व्ही. सी. वेन्डस का इस्तेमाल करें।
4. दिशा बदलाव वाली जगहों पर वाल्व, रिडयुसर और पाइप के आखिरी हिस्से को जगहों पर सहारा दें। इस काम के लिए कॉक्रिट के ब्लॉक्स का इस्तेमाल करें।
5. पूरी जांच होने के बाद गड्ढें भरने की प्रक्रिया शुरू करना इस दौरान गड्ढों में पाइप के लिए हानिकारक किसी भी तरह के पत्थर नही डालना चाहिए।
6. मुख्य पाइप पर एअरवाल्व पाइपलाइन में सब से ऊँची जगह या उतार पर बदलाव की जगह संस्थापित करना चाहिए।
7. नियंत्रण वाल्व जमीन से कम से कम एक फुट की ऊँचाई पर संस्थापित करना चाहिए। वह जमीन में खड़ा और समानान्तर हो, इसका ध्यान रखें।

8. वाल्व से टपकाव रूकाने के लिए अॅडाप्टर के पेंच वाले हिस्से पर टेफलॉन टेप लगाकर वाल्व से जोड़ देना चाहिए। जोड़ने के लिए ज्यादा ताकत का इस्तेमाल नही करना चाहिए।

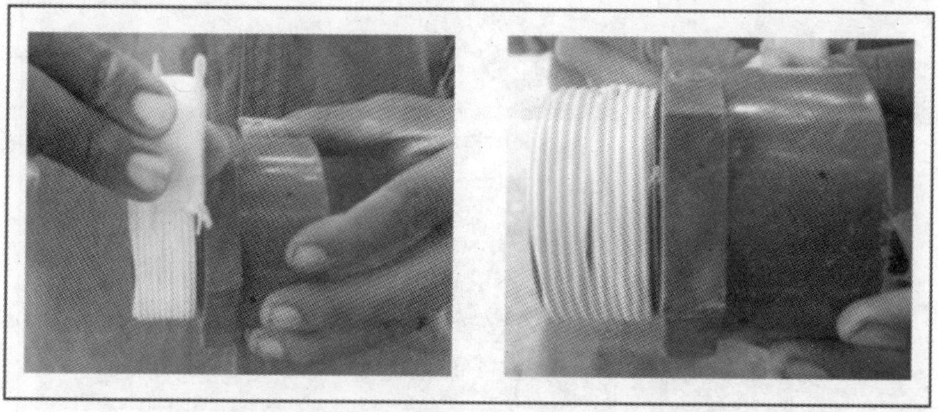

चित्र 1.27 टेफलॉन टेप पाईप का जोड़

1.11.5 ड्रिपलाइन की संस्थापना

1. पी. व्ही. सी. सवमेन पर आवश्यक सही अंतर पर चिन्ह बनाना चाहिए तथा सही मोटाई के ड्रिल विट से चिन्ह के जगह पर छिद्र बनाना चाहिए। टपकाव रोकने के लिए उस छिद्र पर रबर ग्रोमेट का इस्तेमाल करना चाहिए (चित्र 1.28 अ)।
2. रबर ग्रोमेट में स्टार्ट कनेक्टर/टेकऑफ को लगाना चाहिए फिर इसमें आवश्यक लंबाई की प्लेन लेटरल को लगाते हैं (चित्र 1.28 ब)।
3. ध्यान रखना चाहिए कि टेक ऑफ पाइप मेन पाइप पर हमेशा सीधा खड़ा रहे और लैटरल पाइप को गड्ढें में न जाने दे। लैटरल पाइप हमेशा जमीन पर फसल की कतार में होना चाहिए।
4. लेटरल पाइप/ड्रिप लाईन को तेज धार वाले कटर से आपेक्षित लंबाई में काटना चाहिए और उसकी नोंक जमीन में लगाए हुए किसी पक्के सहारे के साथ बांध लें। ताकि वह जमीन पद सीधा खड़ा रह सके। फ्लाशिंग किए बगैर ड्रिप लाईन पर एण्ड केप नही लगाना चाहिए (चित्र 1.28 ड)।
5. सिंचाई प्रणाली में ऑनलाइन ड्रिपर संस्थापित करने के लिए इंजक्टों पंच का इस्तेमाल करना चाहिए। प्लेन लेटरल में बनी हुई लाइन में आवश्यक दुरी पर चिन्ह लगाना चाहिए तथा (चित्र 1.28 घ) इसके अनुसार उस चिन्हित जगह पर पंच की सहायता से छिद्र करना चाहिए तथा इन छिद्रों पर सफलतापूर्वक उचित क्षमता के ड्रीपर को लगाना चाहिए। छिद्र करने के बाद उस स्थान को साफ करना चाहिए जिससे अंदर खुरखुरापन न रहे।

(अ) ड्रिल बिट से छिद्र बनना (ब) रबर ग्रोमेट लगाना (स) स्टार्ट कनेक्टर लगाना
(क) प्लैन लेटरल लगाना (ख) प्लैन लेटरल से लेटरल जोड़ना (ग) एण्ड कैप लगाना
(घ) ऑनलाइन ड्रिपर लगाना (ङ) लेटरल को सहारा देना

चित्र 1.28 ड्रिपलाइन का संस्थापन

1.11.6 टेस्टिंग

1. पाइपलाइन की जोड़ो पर रबर ग्रोमेट एवं स्टार्ट निप्पल में कोई लिकेज तो नही है, यह देखें की लिकेज न दिखने पर ही गड्ढें भरें।
2. ग्रवल फिल्टर प्रायमरी फिल्टर के रूप में इस्तेमाल करते समय वॅक फ्लश करें और गशरूम ठीक ठाक होने की जाँच करें। बालू के प्रमाण और दर्ज की जाँच करें।
3. डिस्क फिल्टर साफ करे और लोडर डिस्क फिल्टर हो तो फिल्टर बॉडी और कप में 6 एम एम का अंतर रखें।
4. खाद की टंकी पूरी तरह साफ करें। सिर्फ पानी में पूरी तरह घूलने वाले खाद का इस्तेमाल करें।
5. खेती के हर भाग में प्रणाली की जाँच करें। सारी सबमेन लाइन्स जरूरी दबाब से फ्लश करें। अगर कही टपकाव है तो उसे तुरंत ठीक करें।

6. एक एक करके या दस बारह लैटरलस एक साथ करें। ड्रिप लाइन्स जरूरी दबाब से फ्लश करने में आसानी होगी।
7. इससे सब कचरा और बालू के कण निकल जाएंगे। लैटरल एवं ड्रिपलाइन के कोने में पानी के दबाब की जाँच करें। दबाब कम से कम एक किग्रा. प्रति वर्ग सेमी रखे। इससे इमीटर्स में से जरूरी दबाब से पानी बहेगा, पानी बंद होने की संभावना कम रहेगी। थोडी देर बाद ही ड्रिपर्स के बहाव की जाँच करें।
8. प्राथमिक एवं द्वितीयक छननी एवं खादीकरण के समय मुख्य लाइनें, उपलाइनें तथा लैटलर्स में दबाव की जाँच करें। दबाव कम करने वाले बाल्व प्रणाली में दाब नियंत्रित करने के लिए इस्तेमाल करें।
9. अगर दाब प्रणाली में दाब सही स्थित नही होता है, तो पंप की जाँच करें। प्रणाली हमेशा सही दबाव में कार्यान्वित करें, ताकि इस का ज्यादा से ज्यादा लाभ मिल सके।
10. जल सिंचन का नया मौसम शुरू होने से पहले प्रणाली में किए गए मरम्मत की जाँच करें।

1.12 मौसम से पहले की जाँच

1.12.1 ध्यान देने योग्य बातें

1. पंप ठीक तरह से कार्यान्वित है या नही इसकी जाँच करें अर्थात् पंप का दबाव और पानी के बहाव की गति की जाँच करें।
2. फिल्टर की जाँच करें यदि ग्रेवल फिल्टर इस्तेमाल कर रहे है तो यह देख लें की सेंड मीडिया फिल्टर में सेंड का लेवल कितना है तथा सैंड फिल्टर में उपयोग होने वाली सेंड के कोनों का नुकीलापन पानी के छनाव के लिए उपयुक्त है या नही। इसकी जाँच करनी चाहिए। तथा जंग लगे हुए स्थानों में पेंट करना चाहिए। यदि डिस्क फिल्टर उपयोग कर रहे तो उसकी डिस्क एक ही रेखा में है या नही इसकी जाँच करें। इससे जुड़ी खराबी, सील्स और ओ–रिंग्ज की भी जाँच करें। स्क्रीन फिल्टर्स को खोलकर जाँच लें। जाली अगर कपड़े प्लास्टिक और स्टील की हो तो उसकी जाँच करें।
3. प्रणाली का कुछ भाग बंद करके दबाव निर्माण करना और गति बढ़ाना अच्छा रहेगा।
4. दबाव व बहाव की जाँच करें अगर प्रणाली की पानी का मीटर जोड़ा है तो पानी के बहाव की पिछले सिंचाई चक्र के बहाव से तुलना संभव की जा सकती है।
5. खेत में सभी फ्लश करें। एक समय एक भाग की करें। फ्लश करते समय कुछ लैटरल्स् के अंत में लगे एण्ड प्लग को खोले एवं अन्य लैटरल्स् के एण्ड केप को बंद रखें। इससे फ्लशिंग को अच्छा दबाव व गति मिलेगी।

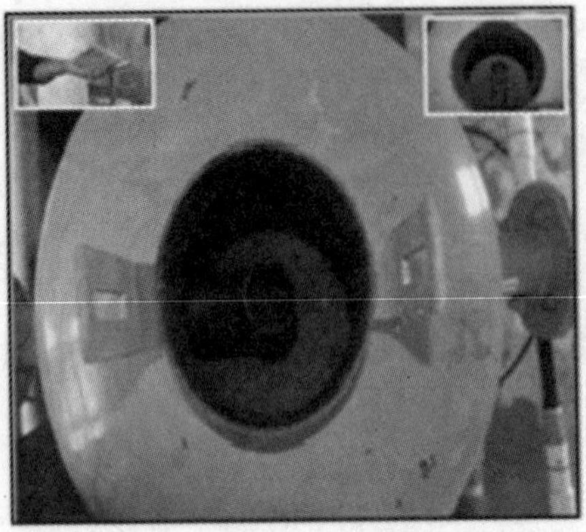

(अ) ग्रेवल फिल्टर की आतंरिक संरचना

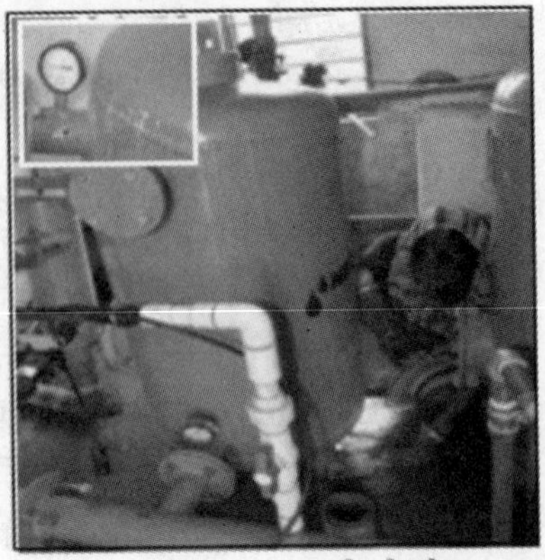

(ब) जंग लगे हुए स्थानों में पेंट करना

चित्र 1.29 ग्रेवल फिल्टर में ध्यान देने योग्य बातें

1.12.2 सामान्य सूचनाएँ

1. सारे सब मेन फ्लश बाल्व एवं ड्रिपलाइन के एण्ड प्लग को बंद रखे। अगर वह बंद न हो तो लाइन में जरूरी दबाव निर्माण नही होगा और पानी जरूरी दबाव से नही टपकेगा।
2. एक सुनिश्चित समय पत्र के अनुसार जिस में पानी का वितरण करना है उसके उपमुख्य लाइन के वाल्ब खुले रखें।
3. ग्रेवल फिल्टर इस्तेमाल करते समय वैक फ्लश वाल्ब न. 2 और फिलशिंग वाल्ब न. 1 बंद रखे एवं इनलेट वाल्ब न. 1 खुला रखे।
4. वायपास वाल्ब एवं मुख्य नियंत्रक वाल्ब खोले।
5. पंप शुरू करें वायपास बाल्व न. 4 धीरे–धीरे बंद करें जिससे जरूरी दबाव का निर्माण हो। अगर दबाव, उपयुक्त दवाब से कम हो तो प्रणाली में कही टपकाव नही है या अनचाहे बाल्व खुले नही है इसकी जाँच करें।
6. मुख्य युनिट के आउटलेट प्रेशर की जाँच करें। यही दबाव सभी प्रणाली के रेफरन्स के रूप में काम करेगा।

1.12.3 पंप की सफाई

1. नियमित प्रवाह में अगर कुछ बाधा है तो उसे निकाल दे।
2. पंप के समीप अगर कोई भौतिक बाधाएँ है तो उन्हें निकाल दे।
3. पंप के समीप पानी में अगर शैवाल या अन्य वनस्पतियाँ है तो उन्हे निकाल दे।
4. डिजाइन में दिए गए दबाव पर ही पंप का काम करना जाँचें।
5. सभी इलेक्ट्रिकल कनेक्शन और वोल्टेज की जाँच करें।

6. मोटर पंप उत्पादन में दिए हुए निष्कर्षों के आधार पर मोटर का आइल प्रेशर और आर. पी. एम. जाँचें।
7. पंप के सभी जोड़ मजबूत करें।
8. पंप की सफाई करे और आईल या और किसी अन्य द्रव्य का टपकाव न हो इस पर ध्यान दें।
9. पंप के सभी चलित भागों को योग्य प्रकार से ग्रीस लगाएँ।

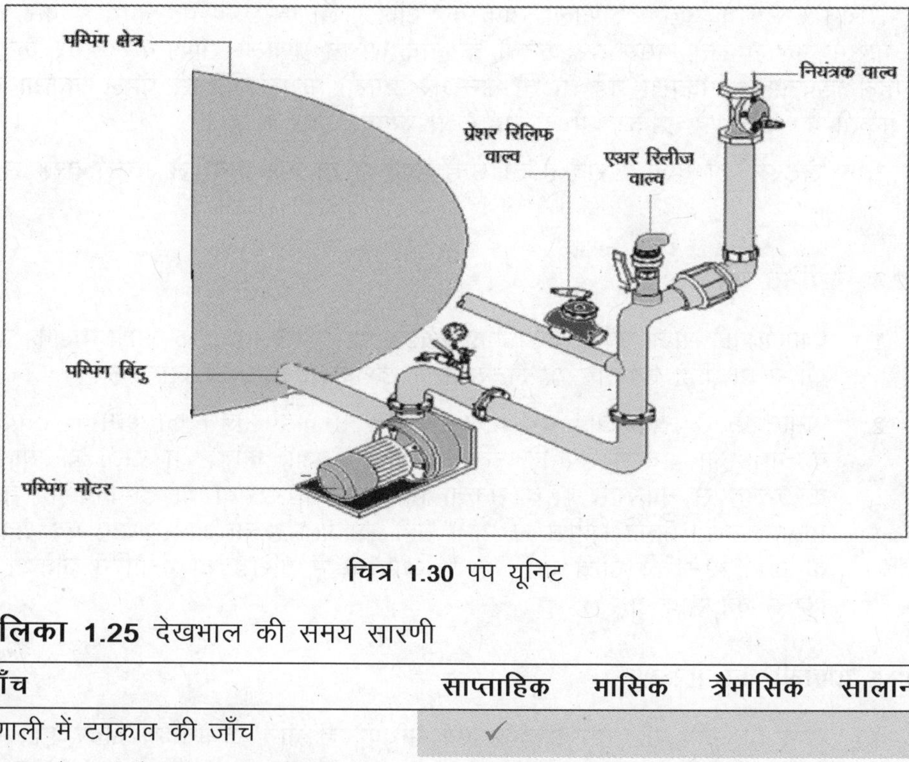

चित्र **1.30** पंप यूनिट

तालिका 1.25 देखभाल की समय सारणी

जाँच	साप्ताहिक	मासिक	त्रैमासिक	सालाना
प्रणाली में टपकाव की जाँच	✓			
लैटरल के अंत में दबाव का नियंत्रण	✓			
प्रणाली बहाव का नियंत्रण (बहाव मीटर)	✓			
फिल्टर में दबाव फरक में नियंत्रण	✓			
फिल्टर की जाँच		✓		
फिल्टर वैक फलशिंग		✓		
एअर वाल्व, दबाव, नियंत्रक बाल्व के देखभाल				✓
सभी हाइड्रोलिक एवं इलेक्ट्रिकल कनेक्शन का नियंत्रण		✓		
पंप मोटर एवं स्विचों की देखभाल				✓

खाद देने वाले पंप की देखभाल	✓			
फलश मुख्य लाइन		✓		
फलश उपमुख्य लाइन		✓		
फलश लैटरल		✓	✓	
प्रणाली में पानी के नमूने नापने के लिए उसकी जाँच करें				✓

सिंचन मौसम के अंत में प्रणाली साफ करे और सुखी करे जब वह कार्य न कर रही हो। मौसमी फसल लेते समय हर कटनी के बाद सिंचन प्रणाली साफ करें अगर कटनी से पहले ड्रिपलाईन निकाली गई हो तो उन पर अगली फसल लेने से पहले प्रकिया की जा सकती है। याद रहें, प्रक्रिया में दो महीने से ज्यादा अंतर न हों।

अगर लैटरल का दर्जा खराब है तो उन्हें हफ्ते में दो बार पानी से अच्छी तरह साफ करें।

1.12.4 नियमित जाँच

1. प्रणाली की रोज जाँच करे। पाइपलाइन या ड्रिपरलाइन के साथ चलके देखें की उनमें कही टपकाव या लैटरल्स में खराबी न होने की जाँच करें।
2. जमीन के ऊपर दिखाई देने वाले गिलेपन से पाइपलाईन का भूमिगत टपकाव पहचाना जा सकता है। ड्रिपरलाइन्स को जंतुओं, कीड़ों या खेती के साधनों की वजह से नुकसान पहुँच सकता है। कोई भी खराबी या टपकाव की तुरंत मरम्मत करें। अगर ड्रिपर्स से पानी नही बह रहा है तो क्षार बाधाएं एवं शैवाल के जमा होने की जाँच करें। ऐसी स्थितियों में एसिड या क्लोरिन प्रक्रिया से ड्रिपर्स को साफ करे।

1.12.5 प्रणाली का संरक्षण

1. सभी पी. व्ही. सी. मेन लाइन्स एवं मैन्यूफोल्ड भाग जमीन के अंदर हो। यह उन्हें हानि से बचाने के लिए उच्च तापमान से एवं सूर्य की किरणों से बचाने के लिए आवश्यक है। अगर जरूरी हो तो एचडीपीई प्रकार की उपमुख्य पाइप्स जमीन के बाहर रखी जा सकती है।
2. प्रणाली को कीड़े मकोडों एवं जीव–जंतुओं से नुकसान पहुँच सकता है। जीव–जंतुओं के नियंत्रण के लिए मैश ट्रंपिंग या जहरीले चारें का इस्तेमाल किया जा सकता है। खरगोश एवं गिलहरियाँ आदि ड्रिपरलाइन्स को पानी के लिए चबा सकते हैं। पाइप के आस–पास पानी के मटके रखना इस पर एक उपाय हो सकता है।
3. मानसून के समय प्रणाली बंद करते समय प्रणाली को ठीक तरह से फ्लश करें और सब प्रक्रिया कर लें। सभी बाल्व बंद करें और एण्ड केप को अच्छी तरह लगा दे। अगर लैटरल या ड्रिपरलाइन निकाले गये हो तो उन्हें ध्यान से गोलाई में लपेटें। लैटरल को ज्यादा न खिचें या उलझाए। लपेटे हुए लेटरल

को बंद कमरें में न रखे इससे जंतुओं से हानि की संभावना बढ़ जाती है। लपेटे हुए लेटरल को खुली जगह पर रखें।

4. सलाह दी जाती है की लैटरल को खेतों से ना निकाले। लैटरल्स को खम्बों से 30 से मी ऊचांई पर लटकने दे मगर इन्हें मुख्य भाग से अलग ना करें। ड्रिप नोज्लस की भी जांच करें। अगर लैटरल्स पर मिट्टी या वनस्पितियों का आवरण जमा हो तो उसे निकाल दें।

1.13 प्रणाली साफ रखना : देखभाल

1.13.1 रेत का अटकाव

प्रणाली में रेती का होना यह ड्रिपर बंद होने के लिए प्रमुख कारण है रेत ड्रिपर की और जाने वाली सब नलिका बंद कर सकती है और इसमे ड्रिपर को नुकसान पहुचाएँ बिना नलिकाओं में से रेत निकालना किसी भी रासायनिक क्रिया से नही हो सकता है। इसलिए रेत को ड्रिपर में जाने से प्रतिबंधित करना जरूरी है।

1. पानी में रेत का होना यह पानी के स्त्रोत पर निर्धारित है और इसे सेन्ड सेपरेटर का इस्तेमाल करके इस समस्या से काबू पाया जा सकता है।
2. मेन लाइन के कटने के कारण रेत अंदर चली जाती है और इसे सैकेण्डरी फिल्टर्स का इस्तेमाल करके रोका जा सकता है।
3. बाहरी रेत के कारण सभी ड्रिपर खराब हो सकते हैं इससे बचने के लिए ड्रिपलाईन को तार से आधार देना चाहिए।
4. वायु रिक्त आधार से बाहर की रेत प्रणाली में खिची जा सकती है इसके लिए प्रणाली आरेखन के समय वेक्युम ब्रेकर बाल्व अंतर्भाव करना चाहिए और इसकी जगह सबमेन लाइन से सबसे ऊपर बिठाना जरूरी है।

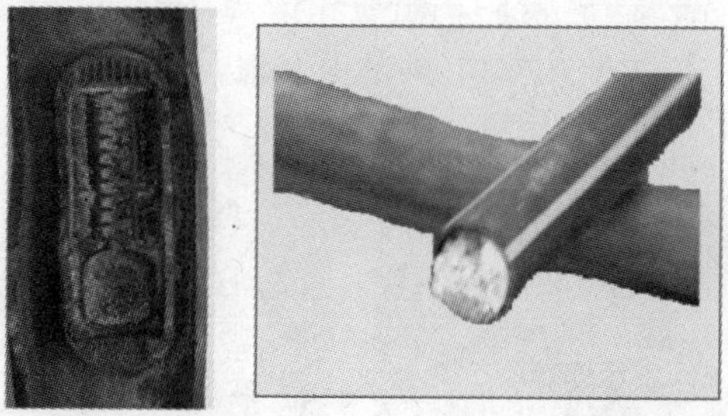

चित्र 1.31 ड्रिपर और लेटरल में रेत का अटकाव

1.13.2 प्रेशर गेज रिडींग की जाँच

प्रणाली चालु करने के बाद सभी जगह लगाए हुए प्रेशर गेज की हमेशा जाँच करें। क्योंकि प्रणाली में होने वाले कोई भी बदलाव के कारण पानी के बहाव में असमानता आ सकती है। प्रेशर गेज की जाँच से प्रणाली में लिकेज या फिल्टर और मेन्स व सबमेन्स फ्लाशिंग की जरूरत ध्यान में आती है। पंप का प्रेशर समान्य करने के लिए

अ. फिल्टर इनलेट की जगह का प्रेशर

ब. रेफरन्स ऑपरेटिंग सिस्टम यानि की फिल्टर आउटलेट की जगह का दबाब जब फिल्टर्स साफ हो और प्रणाली में कोई लिकेज न पाया जाए।

रेफ्रन्स ऑपरेटिंग दबाब में कम दबाब का मतलब है की फिल्टर साफ करने की जरूरत है ज्यादा दबाब का मतलब है की प्रणाली में बाधा है और ड्रिपर्स डिजाइन के अनुसार बाधाओं के कारण बहाव नही कर रहे हैं।

चित्र 1.32 प्रेशर गेज रिडींग की जाँच

1.13.3 लैटरल्स की सफाई

प्रणाली में पानी का बहाव शुरूआत से ड्रिपर के अंत की तरफ होता है और उसका दबाव अंत की तरफ धीरे–धीरे कम होता जाता है। बहाव की दिशा के कारण सारा कचरा व रेत ड्रिप नली के अंत में जमा होती है।

(अ) फ्लशिंग के समय

(ब) फ्लशिंग के बाद

चित्र 1.33 लैटरल्स साफ करना

हमेशा किसी भी प्रकार की अम्ल क्रिया किए बिना प्रणाली की नियमित बैक फलशिंग इस परेशानी का उपाय है। यदि जीवाणु या स्लिम तैयार होने लगता है तब प्रणाली धोने के साथ रासायनिक प्रक्रिया भी शामिल करें।

बारिश के काल में देखभाल

भारी बारिश के कारण रेत ड्रिपर्स के जरिए अंदर जाती है। उससे प्रणाली की नलिकाएँ बंद हो सकती है। इससे बचने के लिए प्रणाली चालू करके साफ करना जरूरी है।

1.13.4 पाईप की सफाई

सब पाइपों की सफाई ज्यादा दबाव के पानी से होना जरूरी हैं। सबसे पहले मुख्य लाईन, उप मुख्य लाईन और आखिर में लैटरल्स इस क्रम से सफाई करना चाहिए।

1. टपक सिंचाई प्रणाली में पानी को खोल दो।
2. पूर्ण दबाव के लिए मुख्य पाईप के अंत के सभी बाल्व खोल दो और मुख्य पाईप लाइन साफ कर लें।
3. मुख्य पाईप लाइन साफ होने के बाद ठीक ऊपर वाली प्रक्रिया से उपमुख्य लाईन साफ कर लें।
4. बाद में लैटरल्स को क्रम से खोल दीजिये, फिर उसी क्रम से बंद कीजिए। इससे सारी प्रणाली साफ हो जायेगी।
5. जब लैटरल्स से पानी का बहाव न दिखे तो जाँच करों की कही कोई पाइप बंद तो नही हो गया है या टूटा न गया हो। उसे साफ करना चाहिए या जरूरत पड़ने पर बदल देना चाहिए।

(अ) फलशिंग के समय

(ब) फलशिंग के बाद

चित्र 1.34 पाईप की सफाई

1.13.5 हाइड्रोसायक्लोन फिल्टर की सफाई

यह फिल्टर सिंचाई के पानी को रेत के कण को अलग करने का सबसे आसान व अच्छा तरीका है। यह उल्टे शंकु आकार का और इपोक्सी कोटेड धातु का होता है। शंकु आकार के नीचले भाग में रेत जमा करने का टैंक होता है। जो कि पानी से अलग की गयी रेत को इक्ट्ठा करता है। शंकु आकार फिल्टर का इनलेट बॉडी को बाहरी सतह के साथ होता है। जब पानी इससे होकर जाता है तो यह आकार पानी को गति देता है। इस विचल बल के कारण रेत के भारी कण पानी से अलग होकर नीचे टैंक में इक्ट्ठे हो जाते हैं और बाहरी आऊटलेट से साफ पानी आता है।

फिल्टर के नीचले भाग के टैंक का बाल्व खोलकर एकत्रित हुई रेत निकल कर फिल्टर साफ करते हैं।

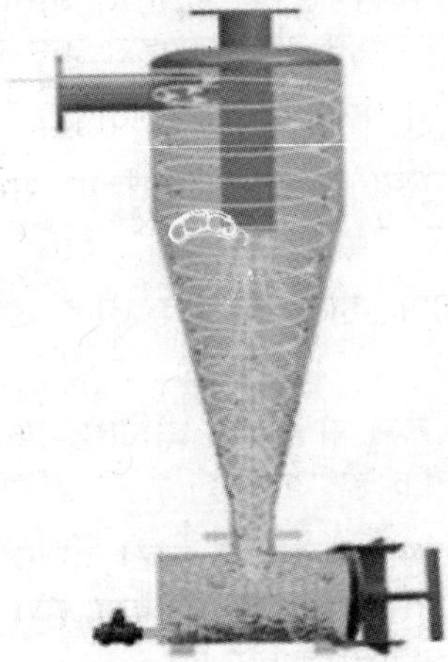

चित्र 1.35 हाइड्रोसायक्लोन फिल्टर की सफाई

1.13.6 सेंड/मिडिया/ग्रॅवेल फिल्टर की सफाई

तालाब, डेम, खुला पोखर, गंदे नाले का पानी तथा जैविक पदार्थयुक्त, शैवालयुक्त पानी के लिए प्राथमिक छन्नक के रूप में ग्रेवल फिल्टर का इस्तेमाल करते हैं। इस मिडिया फिल्टर में माध्यम के रूप में सिलिका व मोटे कण वाली रेत जिसका आकार एक एमएम से दो एमएम तक हो, प्रयोग किया जाता है। फिल्टर माध्यम व मशरूम फिल्टर एक धातु की इपोक्सी कोट की गई टंकी के अंदर होते हैं। जैसे ही पानी फिल्टर के ऊपरी भाग में बने इनलेट के अंदर हो जाता है मशरूम फिल्टर निचली सतह में पानी को साफ करता है और सिलिका रेत को बाहर जाने से रोकता है।

ग्रॅवेल फिल्टर की सफाई बैक फ्लश बाल्व (पानी को बाहर निकालने वाला बाल्व) को खोलकर पानी का प्रवाह विपरीत दिशा में करके की जाती है। बेक फ्लश हाथ से अथवा ऑटोमेटिक सिस्टम से भी किया जाता है। ग्रेवल सिस्टम या तो एक फिल्टर (चित्र 1.36) की होती है या कई फिल्टर (चित्र 1.37) की बैटरी से बनी होती है जो पानी की मात्रा पर निर्भर करता है।

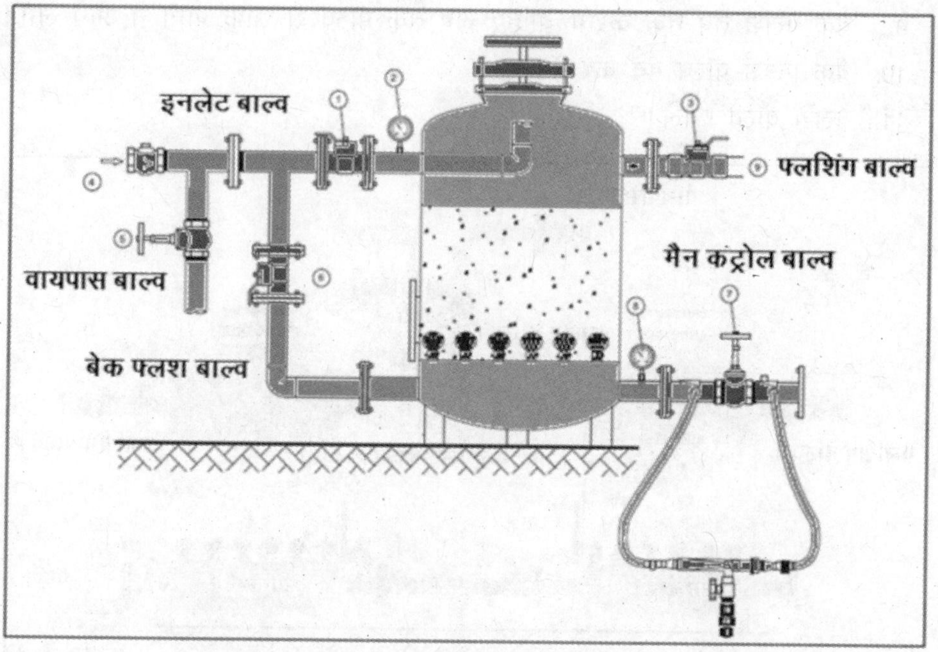

चित्र **1.36** ग्रॅवेल फिल्टर की सफाई (एक फिल्टर इकाई)

1. इनलेट बाल्व
2. प्रेशर गेज न. 1
3. फ्लशिंग बाल्व
4. पम्प से पानी की बहाव की दिशा
5. बायपास बाल्व
6. बेक फ्लश बाल्व
7. मैन कंट्रोल बाल्व
8. प्रेशर गेज न. 2
9. बेक फ्लश आउटलेट

बेक फ्लश जब पंप और सिंचाई बंद हो

1. बाइपास बाल्व पूरी तरह खोल दें।
2. मेन कंट्रोल बाल्व को बंद करें।
3. फ्लश बाल्व खोल दे।
4. बेक फ्लश बाल्व खोल दे।
5. इनलेट बाल्व बंद करें।
6. बाइपास बाल्व धीरे–धीरे बंद करें।
7. पंप को चालू करे।
8. फ्लश बाल्व को देखे की गंदा पानी आ रहा है और जाँच करें की पानी के साथ रेत न हो, यदि ऐसा है तो आगे पानी के प्रवाह को कम करने के लिए बाइपास वॉल्व थोड़ा बंद करें। साथ ही सावधानी बरतें की फिल्टर के अंदर अधिक प्रेशर न हो पाये। यह प्रेशर सामान्य प्रेशर से 25–30 प्रतिशत अधिक होना चाहिए।

9. बेक फ्लश तब तक करना चाहिए जब तक बाल्व से साफ पानी न आने लगे।
10. बेक फ्लश वॉल्व बंद कर दें।
11. फ्लश वॉल्व खोले।

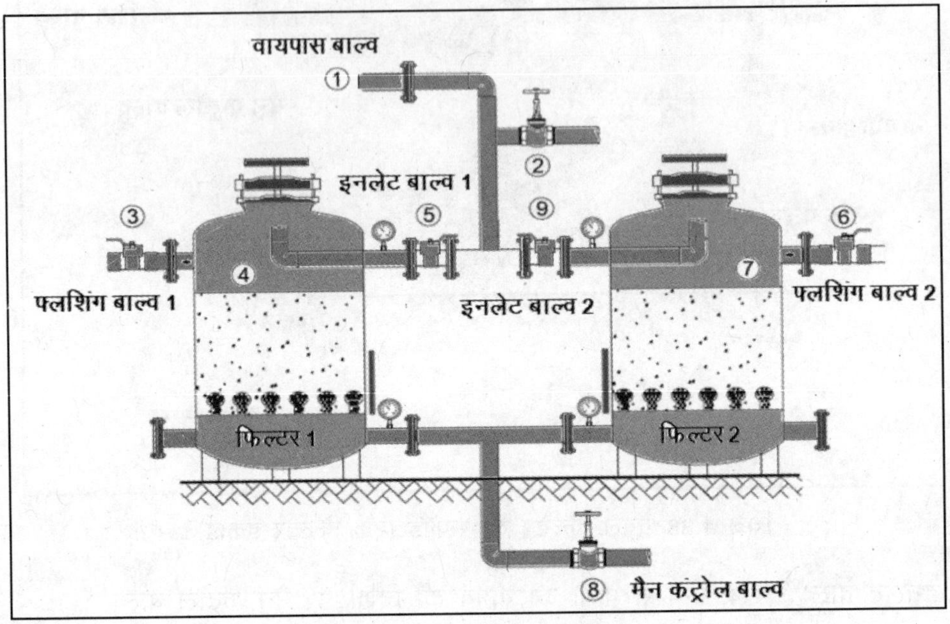

चित्र 1.37 ग्रॅवेल फिल्टर की सफाई (दो फिल्टर इकाई)

बेक फ्लश तब करें जब सिस्टम चल रहा हो

1. बाइपास बाल्व खोल दें।
2. फ्लश बाल्व खोल दे।
3. मेन कंट्रोल बाल्व को बंद करें।
4. बेक फ्लश बाल्व खोल दे।
5. इनलेट बाल्व को बंद करें।
6. बाइपास बाल्व को इस प्रकार बंद करें की फ्लश करने का प्रेशर सामान्य प्रेशर से 30 प्रतिशत अधिक हो।
7. बेक फ्लश तब तक करना चाहिए जब तक आऊटलेट से साफ पानी न आने लगे।

सिस्टम को सिंचाई की अवस्था में पुनः लाने के लिए निम्नलिखित प्रक्रिया करें

1. बाइपास बाल्व को पुनः उसी स्थिति में लाये जैसा वह सिंचाई के समय था।
2. इनलेट बाल्व खोल दें।

3. बेक फ्लश बाल्व को बंद करे।
4. मेन कंट्रोल बाल्व को खोल दें।
5. फ्लश बाल्व को बंद करें।

1.13.7 डिस्क फिल्टर की सफाई

डिस्क को ढीला करके पानी के तेज धार में घुमा–घुमा कर धोते हैं। सफाई होने के बाद डिस्क को पुनः कस कर फ्लैम्प की सहायता से बांध देते हैं। सफाई होने के बाद फिल्टर को ठीक ढंग से बंद करना आवश्यक है।

मैगेनीज, लोह एवं कार्बोनेट की सफाई

पद्धति : 01

1. फिल्टर को एक जगह रखकर खोल लें। सब गंदी डिस्क को निकालकर प्लास्टिक की रस्सी से बाँध लें।
2. 10 प्रतिशत हाइड्रोक्लोरिक अम्ल का घोल एक बड़े कंटेनर में तैयार करना चाहिए। कंटेनर में 07 लीटर पानी लेकर उसमें तीन लीटर हाइड्रोक्लोरिक अम्ल (30–35 प्रतिशत) मिलाना चाहिए।
3. डिस्कस् को घोल में डालकर रखना चाहिए एवं ध्यान रखना चाहिए की डिस्कों के दोनो तरफ को पर्याप्त प्रमाण में अम्ल लगें।
4. डिस्कस् को घोल में अच्छी तरह बार–बार धोना चाहिए।
5. डिस्कस् को घोल के सम्पर्क में आधे से तीन घंटे तक रखना चाहिए।
6. अगर घोल डिस्कस् को साफ नही कर पा रहा है तो नया घोल बनाना चाहिए।
7. डिस्कों को निकाल कर उन्हे। पानी से अच्छी तरह घोना चाहिए।

पद्धति : 02

1. डिस्कों को पानी में धोने के बाद दस प्रतिशत हाइड्रोजन परॉक्साईड घोल में धोना चाहिए जिससे जैविक अवशेष निकल निकल जाते हैं।
2. दस प्रतिशत हायड्रोजन परॉक्साईड घोल बनने के लिए, सात लीटर पानी एक कंटेनर में लेकर उसमे तीन लीटर हाइड्रोजन परॉक्साईड मिलाना चाहिए।
3. डिस्कों को घोल में डालकर रखना चाहिए जिससे की डिस्कों के दोनो किनारों पर पर्याप्त मात्रा में अम्ल लगें। एक साथ बहुत सारी डिस्कों को घोल में डालना चाहिए।
4. डिस्कों को बार–बार घोल में हिलाना चाहिए।
5. डिस्कों को घोल में आधा से तीन घंटे तक डूबा कर रखना चाहिए।

6. अगर घोल डिस्कस को साफ नही कर पा रहा है तो नया घोल बनाना चाहिए।
7. डिस्कों को निकाल कर अच्छी तरह साफ करना चाहिए एवं ध्यान रखना चाहिए की डिस्कों के बीच की खांचों में किसी भी तरह का अवशेष न रह जाए।
8. डिस्कों को पानी से अच्छी तरह धो लेना चाहिए।

चित्र 1.38 डिस्क फिल्टर की सफाई

1.13.8 स्क्रीन फिल्टर की सफाई

सिंचाई के पानी को द्वितीय छानन करने के लिए यह फिल्टर प्रयोग में लाया जाता है। फिल्टर समान्यतः स्टेनलेस स्टील की 120 मेश (0.13 मिमी) आकार की जाली होती है। जो कि एक धातु की बॉडी के अंदर होती है। जाली में से पानी के प्रवाह को छाना जाता है।

चित्र 1.39 स्क्रीन फिल्टर्स फिल्टर की सफाई

स्क्रीन फिल्टर को खोलने के लिए सिस्टम के प्रेशर को बिल्कुल कम कर देते हैं। स्टील की जाली को निकाल कर पानी की तेज धार में धोते हैं। रबर सील को बाहर निकाल लेते हैं। यदि इसके दोनो ओर चिपचिपाहट है तो उसे साफ कर सावधानी से

पुनः लगा देना चाहिए। कभी भी स्क्रीन को ब्रश से साफ नहीं करना चाहिए। सामान्यतः फिल्टर के नीचे का गेट वाल्व खोल कर रेत व मिट्टी साफ कर लेते हैं (चित्र 1.39)।

तालिका 1.26 सिंचाई प्रणाली के प्रकार के अनुसार फिल्टर के मेश आकार का वर्गीकरण

सिंचाई प्रणाली के प्रकार	मेश आकर
फव्वारा सिंचाई	40
सूक्ष्म सिंचाई	80
टपक सिंचाई	120—150

1.14 अम्ल के द्वारा उपचार

अम्ल जहरीले तथा इंसानों के लिए हानिकारक होते हैं। इसलिए इसका सुरक्षित उपयोग करने के लिए निम्न बातों का ध्यान रखना जरूरी है।

संकेत

- कार्बनिक पदार्थ बालु और रेती के ऊपर अम्लों का असर नही होता है इस बात का ध्यान रखना चाहिए।
- अम्लों के प्रकार का चुनाव एवं उसका संकेद्रीकरण का ध्यान रखना चाहिए।
- जिप्सम जैसी न घुलने वाली चीजें अम्ल की प्रक्रिया में नही होनी चाहिए। अम्ल की सिंचाई के पानी के संकेद्रीकरण की मात्रा उस अम्ल के प्रकार पर निर्भर है।

अम्ल प्रतिशत %	सिफारिश किया हुआ पानी में अम्लों का संकेद्रीकरण
हैड्रोक्लोरिक अम्ल (33%)	0.6%
फास्फोरिक अम्ल (85%)	0.6%
नायट्रिक अम्ल (60%)	0.6%
सल्फ्यूरिक अम्ल (65%)	0.6%

अम्ल प्रक्रिया

अम्ल प्रक्रिया को करने के मुख्य चरण

1. उपचार किए जाने भूमि एवं सिंचाई उपकरण की जानकरी।
2. प्रणाली का प्रभाव।
3. सिंचाई के लिए उपयोग किए जाने वाले पानी का पी एच मान।
4. इच्छित पी एच मान।

आवश्यक सामग्री

पी एच पेपर, बीकर, मेजरिंग सिलेण्डर आदि।

गणितीय विवेचना

विधि : उपयुक्त विधि में एक एकड़ क्षेत्र के लिए अम्ल उपचार के विभिन्न चरणों का वर्णन किया गया है।

हम जानते हैं कि –

भूमि का क्षेत्रफल – 4047 वर्ग मी

ड्रीप लाइन के बीच की दूरी – 1.82 मी

ड्रीपर के बीच की दूरी – 0.4 मी

ड्रीपर का लबांई – 2.0 लीटर प्रति घंटा

$$\text{ड्रीप लाइन की लंबाई} = \frac{\text{क्षेत्रफल}}{\text{ड्रीप लाइन के बीच की दूरी}}$$

$$\text{ऊपर दिए गए वर्णन के अनुसार} = \frac{4047}{1.8}$$

$$= 2223 \text{ मी.}$$

$$\text{ड्रीपर की संख्या} = \frac{\text{ड्रीपर की लम्बाई}}{\text{ड्रीपर का बहाव}}$$

$$= \frac{2223}{0.4} = 5557 \text{ नम्बर}$$

प्रणाली का पूर्ण प्रभाव = ड्रीपर्स की संख्या × एक ड्रीपर का बहाव

$$= 5557 \text{ X } 2.0$$

$$= 1111.5 \text{ ली घंटा}$$

2. ऊपर निकाला गया प्रणाली का डिसचार्ज 60 मिनट के लिए है पर अम्ल प्रक्रिया 15 मिनट के लिए की जाती है इसलिए प्रणाली का बहाव 15 मिनट के लिए

$$= \frac{11115}{4}$$

$$= 2778 \text{ लीटर/15 मिनट}$$

3. हम जानते हैं कि सिंचाई में उपयोग किए जाने वाले पानी का पी एच मान 6–7 के मध्य होता है परन्तु अम्ल प्रक्रिया में उपयुक्त पानी का पी एच मान 2 होना चाहिए अतः इसके लिए हमें ऊपर निकाले हुए बहाव के लिए अम्ल की मात्रा का मूल्यांकन करना तब तक करना पड़ेगा जब तक की पानी का पी एच 2 न हो जाए (चित्र 1.41 ब)।

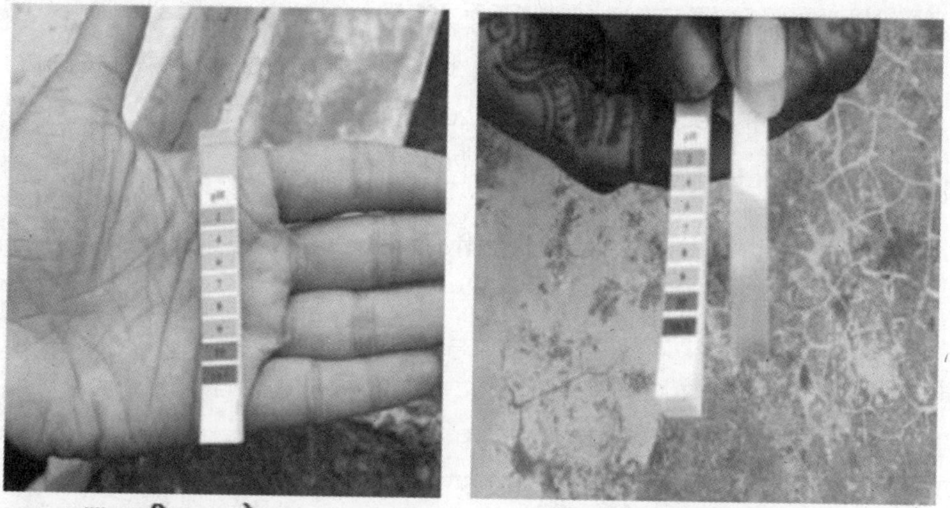

(अ) पी एच पेपर (व) पी एच मान 6–7

चित्र 1.40 अम्ल प्रक्रिया

(अ) अम्ल प्रक्रिया (व) पी एच मान 2

चित्र 1.41 अम्ल प्रक्रिया

उदाहरण माना की सिंचाई के लिए किए जाने वाले पानी का पी एच मान 6–7 के मध्य है। पी एच चार्ट का अध्ययन करने से यह निष्कर्ष निकलता है कि 10 लीटर के लिए 40 मिली अम्ल की आवश्यकता होती है इसलिए 1 लीटर पानी के लिए 4 मिली अम्ल की आवश्यकता होगी।

4. इस प्रकार 2778 लीटर पानी का पी एच 2 लाने के लिए

$$2778 \times 4 \text{ मिली} = 11112 \text{ मिली}$$

$$= 11.11 \text{ लीटर}$$

5. वेन्चुरी की सक्शन दर की गणना

वेन्चुरी को 15 मिनट के लिए चलाना एवं ग्रहण किए हुए पानी का मूल्याँकन किया।

उदाहरण : उपयुक्त वेन्चुरी एक घंटे में 200 लीटर पानी खीचता है।

$$\text{इसलिए 15 मिनट में} = \frac{200}{4} = 50 \text{ लीटर}$$

6. वेन्चुरी 15 मिनट में 50 लीटर पानी खीचता है।

$$\text{इसलिए पानी की मात्रा} = 50 \times 11.11$$
$$= 38.89 \text{ लीटर}$$

इसीलिए 38.89 लीटर पानी में 11.11 लीटर अम्ल को मिलाना पड़ेगा।

7. अम्ल प्रक्रिया को 15 मिनिट के लिए चलाते हैं।

8. अम्ल प्रक्रिया समाप्त होने के बाद प्रणाली को 4 घंटे के लिए बंद कर देना चाहिए।

9. उपमुख्य लाईन एवं लेटरल्स की फ्लशिंग करनी चाहिए।

10. इस विधि को तब तक दोहराना चाहिए जब तक की ड्रिपर्स पूरी तरह साफ न हो जाए।

1.15 क्लोरीन के द्वारा उपचार

क्लोरीन उपचार का उपयोग मुख्य लाईन, उप मुख्य लाईन एवं उत्सर्जक में निकट होने वाली शैवाल की वृद्धि को रोकने तथा उसे प्रणाली से निकालने में उपयोग होता है।

संकेत

- क्लोरीन पदार्थ (द्रव्य, घन और वायु) मानव और प्राणियों के लिए हानिकारक होता है। इसलिए इसका उपयोग करते समय विशेष सावधानी रखनी चाहिए। यह पदार्थ त्वचा व ऑखों के संपर्क में नही आना चाहिए। इस पदार्थ का उपयोग करते समय सुरक्षा साधनों जैसे की गॉगल, दस्ताने, जूते आदि का उपयोग करना चाहिए।
- टंकी में क्लोरीन द्रव्य डालने से पूर्व टंकी को अच्छी तरह पानी से घो लेना चाहिए ताकि कोई भी खाद का कोई कण टंकी में रह न जाए क्योकि क्लोरीन की खाद के साथ प्रक्रिया होने पर विस्फोटक उष्ण प्रक्रिया हो सकती है जोकि बहुत खतरनाक होती है।

क्लोरीन उपचार के प्रमुख उद्देश्य

क्लोरीन एक ताकतवर ऑक्सीडाइजेशन है। इसलिए इसका उपयोग नीचे दिए हुए कार्यों में किया जाता है।

- आर्गेनिक, लोहे और सल्फर की बढ़त रोकना।

- लौह और सल्फर का आक्सीडेशन करने के लिए।
- जीवाणु और कार्बनिक अवशेष निकालने के लिए।
- बालु और माध्यम के छनन की कार्यकुशलता बढ़ाने के लिए।

क्लोरीन के द्वारा उपचार

1. सूक्ष्म सिंचाई विधि में ब्लीचिंग पाउडर का उपयोग क्लोरीन प्रक्रिया के लिए किया जाता है।
2. ब्लीचिंग पाउडर 2 मिलीग्राम/लीटर की दर से मिलते हैं।
3. क्लोरीन प्रक्रिया को 15 मिनट के लिए चलाते हैं।
4. क्लोरीन प्रक्रिया समाप्त होने के बाद प्रणाली को 24 घंटे के लिए बंद कर देना चाहिए।
5. उपमुख्य लाईन एवं लेटरल्स की फलशिंग करनी चाहिए।
6. इस विधि को तब तक दोहराना चाहिए जब तक की ड्रिपर्स पूरी तरह साफ न हो जाए।

महत्वपूर्ण तथ्य – बालु, रेत जैसे अकार्बनिक अवशेषों पर क्लोरीन का असर नही होता है।

अम्ल एवं क्लोरीन प्रक्रिया के समय रखने वाली सावधानियाँ

1. उपचार करते समय हाँथों में दस्ताने तथा आँखों में चश्मा लगाकर रखना चाहिए।
2. कभी भी पानी को अम्ल में नहीं वरन अम्ल को पानी में मिलाना चाहिए।
3. अम्ल तथा क्लोरीन गैस को श्वसन से दूर रखना चाहिए।
4. उपचार के दौरान उपयोग किए जाने वाले उपकरण साफ सुथरे होना चाहिए।
5. यही उपयोग के दौरान अम्ल शरीर के किसी हिस्से के स्पर्श में आ गया हो तो तुरंत उपचार लेना चाहिए।
6. अम्ल तथा क्लोरीन प्रक्रिया करने के पूर्व फिल्टर की बैक फलशिंग कर लेना चाहिए।

1.16 ड्रिप सिंचाई प्रणाली की लागत

ड्रिप सिंचाई प्रणाली की लागत जल स्त्रोत के स्थान एवं पौधों की दूरी पर निर्भर करता है।

तालिका 1.27 ड्रिप सिंचाई प्रणाली की लागत

लैटरल की दूरी (मी)	क्षेत्र (हैक्टेयर)				
	1	2	3	4	5
			अधिक अंतराल पर लगाने वाली फसलें		
10	18300	28100	43850	54550	70100
9	20900	33100	51425	64325	82150
8	23500	38100	59000	74100	94200
7	26100	43100	66575	83875	106250
6	28700	48100	74150	93650	118300
5	31300	53100	81725	103425	130350
4	33900	58100	89300	113200	142400
3	46150	83050	125550	166900	206950
2	58400	108000	161800	220600	271500
			कम अंतराल पर लगाने वाली फसलें		
1.9	61775	114663	172000	234625	289163
1.8	65150	121325	182200	248650	306825
1.7	68525	127988	192400	262675	324488
1.6	71900	134650	202600	276700	342150
1.5	75275	141313	212800	290725	359813
1.4	78650	147975	223000	304750	377475
1.3	82025	154638	233200	318775	395138
1.2	85400	161300	243400	332800	412800
<1.2	100000	193500	292100	399400	495400

स्रोत – नियमों और दिशा–निर्देश बागवानी विभाग, हरियाणा 2014

तालिका 1.28 मिनी स्प्रिंकलर प्रणाली की लागत

क्षेत्र (हैक्टेयर)	स्प्रिंकलर के बीच की दूरी (10 मी x 10 मी)
1	85200
2	170400
3	255600
4	340800
5	426000

स्रोत – नियमों और दिशा–निर्देश बागवानी विभाग हरियाणा 2014

तलिका 1.29 सूक्ष्म सिंचाई प्रणाली के लिए भारतीय मानक ब्यूरों द्वारा प्रतिपादित मानक

क्रमांक	विवरण	भारतीय मानक
1	पोर्टेबल वाटर सप्लाई के लिए UPVC पाइप	IS 4985 (2000)
2	सिंचाई उपकरण – उत्सर्जक पाइप प्रणाली	IS 13488 (2008)
3	सिंचाई उपकरण – लेटरल पाइप	IS 12786 (1989)
4	सिंचाई उपकरण – उत्सर्जक	IS 13487 (1992)
5	सिंचाई उपकरण – फव्वारा पाइप	
	भाग 1 पॉलीथीन पाइप	IS 14151-1 (1999)
	सिंचाई उपकरण –फव्वारा पाइप	
	भाग 2 क्विक कपल्ड पॉलीथीन पाइप तथा फिटिंग्स	IS 14151-2 (2008)
6	सिंचाई उपकरण – घुमावदार फव्वारा	
	भाग 1 – डिजाइन और इसके संचालक उपकरण	IS 12232-1 (1996)
	भाग 2 – वितरण की एकरूपता के लिए परीक्षण विधि	IS 12232-2 (1995)

1.17 ड्रिप सिंचाई प्रणाली में अनुदान

- योजना के अंन्तर्गत उद्यानिकी एवं गैर उद्यानिकी फसलें शामिल हैं।
- प्रधानमंत्री कृषि सिंचाई योजना के अर्न्तगत क्षेत्र विशेष पर अनुदान प्रतिशत निर्धारित किया गया है।
- प्रत्येक किसान को अधिकतम 5 हैक्टेयर क्षेत्र के लिए योजना का लाभ दिया जा सकता है।
- योजना प्रदेश के सभी जिलों में लागू है।

1.18 गुरूत्वीय टपक सिंचाई

गुरूत्वीय टपक सिंचाई का उपयोग उन स्थानों पर किया जाता है जहाँ पर बिजली की उपलब्धता कम होती है यह छोटी जोत के साथ छोटे किसानों के लिए मौसमी सब्जियों, फल–फलों में लगाने की एक किफायती प्रणाली है (चित्र 1.42)।

1. यह सिंचाई प्रणाली गुरूत्वाकर्षण सिद्धांत पर कार्य करती है इसमें सिंचाई के समय बिजली की आवश्यकता नही होती है तथा यह बहुत कम दबाव पर काम करता है।
2. पानी की बचत होती है।
3. श्रम की बचत होती है।
4. लोगों की समस्या का कम होना जैसे पाउडरी मिल्डयू, मोल्ड आदि।
5. कम लागत वाली प्रणाली है।

6. प्रणाली को संचालित करना आसान होती है।
7. यह पोर्टेबल है और आसानी से स्थानांतरित किया जा सकता है।

चित्र 1.42. गुरूत्वीय टपक सिंचाई

हानि

1. ड्रिप टेप के छिद्रों का चोक होना।
2. भूमि में ढलान होने से ड्रिप छिद्रों से हाने वाले प्रभाव की एकरूपता में अंतर आता है।

तलिका 1.30 100 वर्ग मी क्षेत्र के लिए सहायक उपकरण की सूची

क्रमांक	सहायक उपकरण	मात्रा
1	ड्रिप टेप 10 मी लंबाई	10
2	टि कनेक्टर 16 मि.मी. वॉल्व के साथ	11
3	5/8 इंच होज पाइप 3 मी लंबाई	01
4	टेक ऑफ कनेक्टर एवं कंट्रोल	01
5	एंड केप	12

नोट : ऊपर दी गई तालिका की जानकारी 100 वर्ग मी क्षेत्र के लिए है एवं इसे और बड़े क्षेत्र के लिए विस्तृत किया जा सकता है।

तालिका 1.31 विशेष विवरण

क्रमांक	क्षेत्र का आकार	100 वर्ग मी
1	मोटाई	250 माइक्रॉन
2	व्यास	16 मि.मी.
3	ड्रिप छिद्रों के बीच की दूरी	45 से.मी.

4	पानी का प्रवाह (टंकी की ऊचांई एवं क्षमता पर निर्भर करता है)	लगभग 3–6 ली/घंटा
5	ड्रिप टेप के बीच की दूरी	1 मी
6	टि कनेक्टर	16 मि.मी. वाल्ब के साथ
7	पौधो की संख्या	220

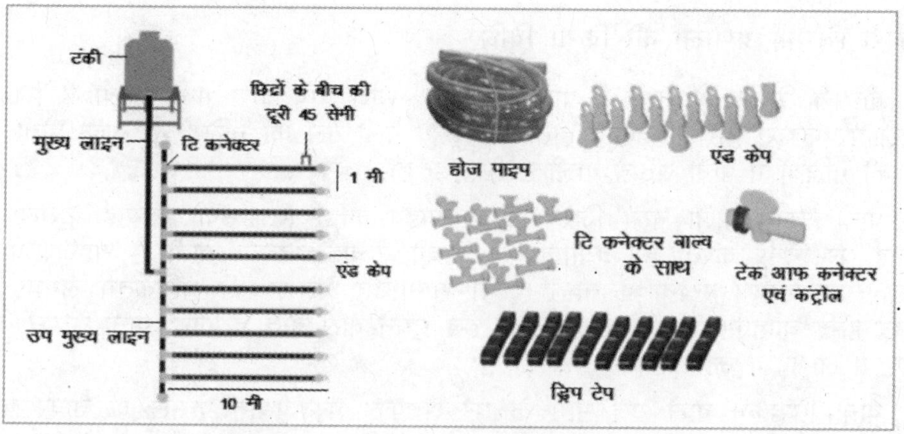

चित्र 1.43 गुरूत्वीय टपक सिंचाई के घटक

1.19 फव्वारा सिंचाई

फव्वारा द्वारा सिंचाई एक ऐसी पद्धति है जिसके द्वारा पानी का हवा में छिड़काव किया जाता है और यह पानी भूमि की सतह पर कृत्रिम वर्षा के रूप में गिरता है। पानी का छिड़काव दबाव द्वारा छोटी नोजल या ओरीफिस में प्राप्त किया जाता है। पानी का दबाव पम्प द्वारा भी प्राप्त किया जाता है। कृत्रिम वर्षा चूंकि धीमे–धीमे की जाती है, इसलिए न तो कहीं पर पानी का जमाव होता है और न ही मिट्टी दबती है। इससे जमीन और हवा का सबसे सही अनुपात बना रहता है और बीजों में अंकुर भी जल्दी फूटते हैं।

चित्र 1.44 फव्वारा सिंचाई

यह एक बहुत ही प्रचलित विधि है जिसके द्वारा पानी की लगभग 30–50 प्रतिशत तक बचत की जा सकती है। देश में लगभग सात लाख हैक्टर भूमि में इसका प्रयोग हो रहा है। यह विधि बलुई मिट्टी, ऊँची–नीची जमीन तथा जहाँ पर पानी कम उपलब्ध है वहाँ पर प्रयोग की जाती है। इस विधि के द्वारा गेहूँ, कपास, मूंगफली, तम्बाकू तथा अन्य फसलों में सिंचाई की जा सकती है। इस विधि के द्वारा सिंचाई करने पर पौधों की देखरेख पर खर्च कम लगता है तथा रोग भी कम लगते हैं।

बौछारी सिंचाई प्रणाली की क्रिया विधि

बौछारी सिंचाई में नली में पानी दबाव के साथ पम्प द्वारा भेजा जाता है जिससे फसल पर फुहारा द्वारा छिड़काव होता है। मुख्य नली बल की नलियों से जुड़ी होती है। बल की नलियों में पानी उठाने वाली नली जुड़ी होती है।

पानी उठाने वाली नली जिसे राइजर पाइप कहते हैं, इसकी लम्बाई फसल की लम्बाई पर निर्भर करती है। क्योंकि फसल की ऊँचाई जितनी रहती है राइजर पाइप उससे ऊँचा हमेशा रखना पड़ता है। इसे सामान्यतः फसल की अधिकतम लम्बाई के बराबर होना चाहिए। पानी छिड़काव वाले हेड घूमने वाले होते हैं जिन्हें पानी उठाने वाले पाइप से ला दिया जाता है।

पानी छिड़कने वाले यंत्र भूमि के पूरे क्षेत्रफल पर अर्थात फसल के ऊपर पानी छिड़कते हैं। दबाव के कारण पानी काफी दूर तक छिड़क जाता है। जिससे सिंचाई होता है।

फव्वारा सिंचाई के फायदे

- सिंचाई के परम्परात तरीकों के मुकाबले इस विधि से सिंचाई करने पर मात्र 50–70 प्रतिशत पानी की आवश्यकता होती है।
- जमीन को समतल करने की जरूरत नहीं होती। ऊँचे–नीचे या ढलानों वाले भू–भागों में भी खेती की जा सकती है।
- पाले और अत्यधिक गर्मी से फसल की गुणवत्ता कम हो जाती है। इस सिंचाई से फसल को बचाया जा सकता है।
- पौधों की देखभाल पर होने वाला खर्च कम हो जाता है क्योंकि कीड़े–मकोड़े और बीमारियां जैसी समस्याएँ कम पैदा होती हैं। छिड़काव की पद्धति के जरिए कीटनाशकों अथवा पौधों के लिए आवश्यक पोषक तत्त्व बेहतर तरीके से छिड़की जा सकती हैं।
- फव्वारा के जरिए की जाने वाली सिंचाई का लाभ लगभग हर किस्म की फसल को पहुँचाया जा सकता हैं।
- नालियों या बाँध बनाने की जरूरत नहीं पड़ती जिससे खेती के लिए ज्यादा जमीन उपलब्ध हो जाती है।
- इस विधि के द्वारा घुलनशील खाद भी उपयोग में लाई जा सकती है, जिससे खाद की बचत होती है।

फव्वारा सिंचाई की सीमाएँ

- अधिक हवा होने पर पानी का वितरण समान नहीं रह पाता है।
- पके हुए फलों को फुहारे से बचाना चहिए।
- पद्धति के सही उपयोग के लिए लगातार जलापूर्ति की आवश्यकता होती है।
- पानी साफ हो, उसमें रेत, कूड़ा करकट न हो और पानी खारा नहीं होना चाहिए।
- इस पद्धति को चलाने के लिए अधिक ऊर्जा की आवश्यकता होती है।
- चिकनी मिट्टी और गर्म हवा वाले क्षेत्रों में इस पद्धति के द्वारा सिंचाई नहीं की जा सकती।

रखरखाव एवं सावधानियाँ

बौछारी सिंचाई के प्रयोग के समय एवं प्रयोग के बाद परीक्षण कर लेना चाहिए और कुछ मुख्य सावधानियाँ रखने से सिस्टम अच्छी तरह चलता है। जैसे प्रयोग होने वाला सिंचाई जल स्वच्छ तथा बालू एवं अत्यधिक मात्रा घुलनशील तत्वों से मुक्त होना चाहिए तथा उर्वरकों, फफूंदी खरपतवारनाशी आदि दवाओं के प्रयोग के पश्चात् सम्पूर्ण प्रणाली को स्वच्छ पानी से सफाई कर लेना चाहिए।

प्लास्टिक वाशरों को आवश्यकतानुसार निरीक्षण करते रहना चाहिए और बदलते रहना चाहिए। रबर सील को साफ रखना चाहिए तथा प्रयोग के बाद अन्य फिटिंग भागों को अलग कर साफ करने के उपरान्त शुष्क स्थान पर भण्डारित करना चाहिए।

उपयुक्तता

यह विधि सभी प्रकार की फसलों की सिंचाई के लिए उपयुक्त है। कपास, मूँगफली तम्बाकू, कॉफी, चाय, इलायची, गेहूँ व चना आदि फसलों के लिए यह विधि अधिक लाभदायक हैं।

यह विधि बलुई मिट्टी, उथली मिट्टी ऊँची–नीची जमीन, मिट्टी के कटाव की समस्या वाली जमीन तथा जहाँ पानी की उपलब्धता कम हो, वहाँ अधिक उपयोगी है।

छिड़काव सिंचाई पद्धति की अभिकल्पना एवं रूपरेखा के लिए सामान्य नियम

- पानी का स्त्रोत सिंचित क्षेत्रफल के मध्य में स्थित होनी चाहिए जिससे कि कम से कम पानी खर्च हो।
- ढलाऊ भूमि पर मुख्य नाली ढलान की दिशा में स्थित होनी चाहिए।
- पद्धति की अभिकल्पना और रूपरेखा इस प्रकार होनी चाहिए जिससे कि दूसरे कृषि कार्यों में बाधा न पड़े।
- असमतल भूमि में अभिकल्पित जल वितरण पूरे क्षेत्रफल पर समान रहना चाहिए, अन्यथा फसल वृद्धि असमान ही रहेगी।

1.20 रेनगन

रेनगन, फव्वारा सिंचाई की तरह कार्य करने वाला एक सिंचाई उपकरण है पर इसको चलाने के लिए अपेक्षाकृत अधिक दाब (3–9 किग्रा प्रति वर्ग से.मी.) की जरूरत होती है। रेनगन की नोजल का व्यास 10–50 मिमी होता है तथा इसका सामान्यतः उत्सर्जन 3–76 लीटर प्रति सैकेण्ड होता है। रेनगन, भारत में विभिन्न प्रकार के जलवायु वाले क्षेत्रों जैसे उष्णकटिबंधीय, शीतोष्ण एवं नमीयुक्त क्षेत्र के लिए उपयुक्त है। रेनगन में जेट ब्रेकर की रचना होती है जिससे के पानी का एक समान फैलाव होता है। रेनगन सामान्यतः गन्ने, दलहनी फसलों, तिलहनी फसलों, खाद्यान्न फसलों, चाय, कॉफी तथा कुछ गिनी चुनी सब्जियों के लिए उपयोगी होता है। यह पोर्टेबल सिंचाई प्रणाली के साथ आसानी से इस्तेमाल किया जा सकता है।

सीमाएँ

1. उच्च हवा की स्थिति में पानी का वितरण असमान होता है। जिससे सिंचाई करने में कठिनाई होती है।
2. अधिकतम तापमान के समय वाष्पीकरण द्वारा नुकसान अधिक होता है।
3. प्रणाली को चलाने के लिए अत्यधिक दाब की आवश्यकता होती है।

चित्र 1.45 रेनगन

■■■■

2

उन्नत कृषि तकनीक : संरक्षित खेती

2.1 संरक्षित खेती क्या है?

संरक्षित खेती, कृषि की ऐसी तकनीक है जो पौधों की बढ़वार हेतु उपयुक्त वातावरण प्रदान करती है। इस तकनीक द्वारा पौधों की वृद्धि पर विपरीत प्रभाव डालने वाले कारक जैसे अधिक वर्षा, तापमान, सौर्य विकिरण, पाला, कीट, रोग आदि से पौधों को सुरक्षा प्रदान की जाती है और पौधों के समीप अच्छी बढ़वार एवं पैदावर हेतु उपयुक्त सूक्ष्म वातावरण तैयार किया जाता है।

संरक्षित खेती को अपनाना मुख्यता कई बातों पर निर्भर करता है।

1. जहाँ कोई संरक्षित खेती करना चाहते हैं, वहाँ वातावरण की क्या स्थितियाँ है?
2. संरक्षित खेती अपनाने वाले व्यक्ति के पास कितने संसाधन है?
3. किन–किन बागवानी फसलों की संरक्षित खेती करना चाहते हैं?
4. संरक्षित खेती को बढ़ावा देने के लिए सरकार की योजनाएँ कितनी कारगर है?
5. यदि कोई संरक्षित खेती करता है, तो उच्च गुणवत्ता वाले उत्पादों को बेचने के लिए बाजार की उपलब्धता आसानी से है या नही?

2.2 संरक्षित खेती के मुख्य लाभ

1. जैविक एवं अजैविक कारकों से फसल को सुरक्षा
2. भूमि एवं जल का बेहतर उपयोग
3. सुरक्षित सब्जी उत्पादन करना संभव
4. अधिकतम लाभ हेतु बेमौसमी फसल उत्पादन संभव
5. उच्च गुणवत्ता (सामान्यतः खुले खेत से 4 गुणा अधिक)
6. जैविक खेती का मजबूत आधार
7. लम्बी अवधि तक सब्जियों की लगातार उपलब्धता
8. कम क्षेत्रफल में अधिक उत्पादन संभव।
9. शहरों के आसपास के क्षेत्रों के लिए अत्यधिक उपयोगी
10. खुले खेतों की अपेक्षा गुणवत्ता युक्त उत्पादन प्राप्त होता है

11. ग्रामीण युवाओं हेतु स्वरोजगार की अधिक संभावनाएँ
12. उच्च गुणवत्ता प्राप्त करना, जो की खुले वातावरण में फसलें उगाकर प्राप्त करना संभव नही है।

2.3 संरक्षित खेती में उपयोगी विभिन्न प्रकार की संरचनाएँ

संरक्षित खेती के अंतर्गत विभिन्न प्रकार की संरचनाओं का फसल उत्पादन हेतु उपयोग किया जाता है। जैसे ग्रीन हाउस, नेट हाउस या छाया घर, वाक इन टनल, लो टनल आदि।

2.3.1 ग्रीनहाउस अथवा पॉली हाउस क्या है?

ग्रीनहाउस पॉलीथीन से बना हुआ अर्द्ध चंद्राकार या झोपड़ीनुमा संरचना होती है, जिसके अन्दर नियंत्रित वातावरण में पौधों को उगाया जाता है तथा उत्पादन को प्रभावित करने वाले कारक जैसे सूर्य का प्रकाश, तापमान, आर्द्रता आदि विभिन्न कारकों पर नियंत्रण होता है। ठण्ड की अधिकता में जहाँ खुले वातावरण में पाला पड़ने के कारण फसल आसानी से प्राप्त नही की जा सकती, वहीं ग्रीनहाउस में सफलतापूर्वक इसका उत्पादन किया जा सकता है क्योंकि ग्रीनहाउस में पाले का प्रभाव नही पड़ता। ग्रीनहाउस में सूर्य प्रकाश की विकिरण से प्राप्त ऊर्जा ग्रीनहाउस के अंदर संचित की जाती है, जिससे इसका सूक्ष्म वातावरण बदल जाता है। तापमान बढ़ने से अधिकतर फसलों का उत्पादन ग्रीनहाउस के नियंत्रित वातावरण में संभव हो सकता है। इसी प्रकार ग्रीष्म ऋतु में ग्रीनहाउस में तापमान की अधिकता होने पर फैन एवं पेड अथवा माइक्रोस्प्रिंकलर एवं क्रास वेंटीलेशन के द्वारा तापमान को कम किया जा सकता है।

2.3.2 ग्रीनहाउस के लाभ

1. सामान्य खेत में सब्जियों का सफल एवं अधिक उत्पादन लेना संभव नहीं होता है जबकि ग्रीनहाउस में सफलतापूर्वक लिया जा सकता है।
2. स्थान विशेष में कुछ सब्जियों को ग्रीनहाउस के अंदर वर्ष पर्यन्त उगाया जा सकता है।
3. ग्रीनहाउस में उगायी गई फसल उत्तम गुणवत्ता वाली होती है, जिससे अन्तर्राष्ट्रीय बाजार में निर्यात द्वारा विदेशी मुद्रा अर्जित की जा सकती है।
4. खुले खेतों की अपेक्षा ग्रीनहाउस की उत्पादकता कई गुना अधिक होती है।
5. ग्रीनहाउस के नियंत्रित वातावरण में फसल सुरक्षा आसान होती है।

2.3.3 ग्रीनहाउस की रूपरेखा के लिए ध्यान देने योग्य बातें

स्थल का चुनाव

ग्रीनहाउस के निर्माण के लिए स्थल का चुनाव अत्यन्त महत्वपूर्ण होता है। ग्रीनहाउस के निर्माण के लिए ऐसे स्थान का चुनाव करना चाहिए जहाँ कम से कम

लागत लगे। साथ ही आवश्यक सामग्री, जो ग्रीनहाउस के निर्माण में सहायक हो, उसकी उपलब्धता नियमित और समय पर हो, ताकि इसके निर्माण और कार्यक्षमता में कम से कम बाधा आये। इस हेतु कुछ महत्वपूर्ण बिन्दु निम्नानुसार है :

1. ग्रीनहाउस के नजदीक कोई भवन या वृक्ष नहीं होना चाहिए, जो प्रकाश के मार्ग में बाधा उत्पन्न करें।
2. ग्रीनहाउस शहर या मार्केट के नजदीक हो।
3. ग्रीनहाउस स्थल पर पर्याप्त ढलान होना चाहिए ताकि पानी की निकासी अच्छी तरह से हो सके।
4. स्वच्छ और साफ पानी ग्रीनहाउस तक पहुँचाया जा सके।
5. सिंचाई जल का पी. एच. 5.5 से 6.5 के बीच होना चाहिए एवं विद्युत चालकता 0.1 से 0.3 dc/m के बीच होना चाहिए।
6. मिट्टी का पी. एच. 5.5 से 6.5 के बीच एवं विद्युत चालकता 0.5 से 0.7 dc/m के बीच होना चाहिए।
7. गाड़ी चलाने के लिए सड़क की निकटता होना चाहिए जिससे आवश्यक साम्रगी बाजार से लाने तथा ले जाने में आसान हो।
8. मिट्टी को प्रत्येक 3–4 वर्ष के बाद बदलना या निर्जमीकृत करना आवश्यक होता है जिससे रोगजनक मिट्टी से निकल जाए।

दिशा (Orientation)

सही दिशा ग्रीनहाउस के अंदर अच्छी पर्यावरणीय स्थितियों को प्रदान कर सकता है।

निम्नलिखित बिदुओं को ध्यान में रखना चाहिए जिस समय ग्रीनहाउस का निर्माण किया जाता है यह प्रकाश की तीव्रता एवं वायु की दिशा एवं गति पर निर्भर करता है।

1. एकल मेहराब ग्रीनहाउस की दिशा पूर्व–पश्चिम की ओर एवं बहु मेहराब ग्रीनहाउस की दिशा उत्तर–दक्षिण की ओर रखना लाभदायक होता है।
2. बहुमेहराब ग्रीनहाउस में गटर उत्तर–दक्षिण दिशा में बनाना चाहिए।
3. गटर के साथ ढाल 2% से अधिक नही होना चाहिए।
4. गेबल की तरफ ढाल 1.25% से अधिक नही होना चाहिए।
5. प्राकृतिक वायुसंचार युक्त ग्रीनहाउस में वायुसंचार को वायु की दिशा (जिस तरफ से वायु आती है) की तरफ खोलना चाहिए।
6. एकल मेहराब ग्रीनहाउस को लंबे अक्ष के समांनातर वायु की दिशा में बनाना चाहिए जिससे यह वायु क्षति सें सुरक्षित रहे।
7. वायु अवरोधक पौधे ग्रीनहाउस के उत्तर–पश्चिम दिशा में कम से कम 30 मीटर की दूरी पर रखना चाहिएं।

8. उष्ण कटिबंधीय क्षेत्र में जहाँ सूर्य विकिरणों की उपलब्धता कम होती है तथा बारिश के मौसम की अवधि में आकाश में बादल छाएँ रहते हैं। यहाँ से तापमान एवं आर्द्रता को नियंत्रित करने के लिए वायुसंचार असरदार होता है जो ग्रीनहाउस का उचित Orientation रखता है।

ग्रीनहाउस का आकार

ग्रीनहाउस के आकार की आवश्यकता भूमि की उपलब्धता के आधार पर चयन किया जाता है। निर्माण की लागत ग्रीनहाउस के प्रकार एवं क्षेत्र के आधार पर परिवर्तित होती है। बाजार की पंहुच तथा ग्रीनहाउस के अंदर खेती के अनुभव के आधार पर इसके लिए यह सुझाव दिया जाता है की यह प्राकृतिक वायुसंचारित ग्रीनहाउस जिसका कम से कम आकार 100 मी.^{2} रखा जाता है। इस प्रकार इसमें प्रारंभिक अवस्था में पूंजी की कम लागत (खर्च) आता है इसके साथ ही खेती से संबधित क्रियाओं के साथ होने वाले खर्च में भी कमी आती है। जिससे अनुभवी किसानों/उद्यमियों के लिए बड़े आकार के ग्रीनहाउस का सुझाव दिया जाता है ग्रीनहाउस का आकार कार्य के पैमाने एवं योजना की लागतों के ऊपर निर्भर करता है।

ग्रीनहाउस की ऊँचाई

ग्रीनहाउस की रूपरेखा के दृष्टिकोण से ऊँचाई काफी महत्वपूर्ण है। संरचना की ऊँचाई सीधें तरीके से प्राकृतिक वायुसंचार को आंतरिक वातावरण को स्थिर रखने तथा फसल प्रबंधन प्रभावित करती है, आदर्श प्राकृतिक वायुसंचार युक्त छोटे ग्रीनहाउस के बीच वाले भाग की ऊँचाई (250 मी.^{2} तक) तथा बड़े आकार के ग्रीनहाउस की अवस्था में यह सीमा 5.5 मी. से 6.5 मीटर होना चाहिए। बगल/गटर की ऊँचाई 2.5 मी. से 3 मी. के बीच छोटे आकार तथा 4.5 मी. से 5 मीटर बड़े आकार के ग्रीनहाउस में होना चाहिए।

Fan & Pad cooling पद्धति के ग्रीनहाउस की ऊँचाई प्राकृतिक वायुसंचार युक्त ग्रीनहाउस से थोड़ी कम होना चाहिए तथा यह किसी भी हाल में 5.5 मीटर से अधिक नही होना चाहिए।

2.3.4 ग्रीनहाउस के लिए भारतीय मानक

सारणी 2.1 ग्रीनहाउस के लिए भारतीय मानक ब्यूरों द्वारा प्रतिपादित मानक

IS 14462: 1997	ग्रीनहाउस संरचना के विन्यास, रूपरेखा एवं निर्माण के लिए अनुशांसित (लेआउट डिजाइन एवं निर्माण)
IS 14485: 1998	ग्रीनहाउस के उष्णीकरण, वायुसंचारण एवं ठण्डक के लिए अनुशांसित (नियंत्रक प्रणाली)
IS 15827: 2009	प्लास्टिक परतों के ग्रीनहाउस में विशिष्ट उपयोग (आवरण फिल्म)

2.3.5 ग्रीनहाउस के निर्माण के दौरान रखी जाने वाली सावधानियाँ

ग्रीनहाउस के निर्माण में दिशा की भी अत्यंत महत्वपूर्ण भूमिका होती है। इसके निर्माण के समय की गई छोटी त्रुटि भी भविष्य में इसके उद्देश्यों की पूर्ति में बाधक हो

सकती है। अतः ग्रीनहाउस निर्माण के समय निम्न बातों का ध्यान रखना अत्यंत आवश्यक है।

1. एकल मेहराब (single-span) वाले ग्रीनहाउस का निर्माण पूर्व–पश्चिम दिशा में एवं बहु मेहराब (multi-span) वाले ग्रीनहाउस का निर्माण उत्तर–दक्षिण दिशा उपयुक्त होता है।
2. एक एकड़ क्षेत्र के लिए बहु मेहराब (multi-span) वाले ग्रीन हाउस के निर्माण में 40 मीटर उत्तर–दक्षिण दिशा में तथा 100 मीटर पूर्व–पश्चिम दिशा में होना चाहिए
3. ग्रीनहाउस के निर्माण में हवा की रोकथाम के लिए वायु अवरोधक वृक्षों को 20 मीटर की दूरी पर उत्तर–पश्चिम दिशा में लगाया जाए ताकि प्रकाश के मार्ग में बाधा उत्पन्न न हो और संरचना को भी तेज हवा से बचाया जा सके।
4. ग्रीनहाउस के निर्माण में G.I. पाईप, क्लास–2 (नीली पट्टी) और मोटाई कम से कम 2 मि.मी होनी चाहिए।
5. निर्माण के दौरान लगने वाले सभी नट/बोल्ट G.I. के होना अनिवार्य है।
6. ग्रीनहाउस के फ्रेम पर लगने वाली प्लास्टिक एवं जाली एल्यूमिनियम प्रोफाईल और जिग जैग स्प्रिंग लॉक द्वारा लगाना चाहिए।
7. नेचुरली वेंटीलेटेड ग्रीनहाउस में वायु आवागमन हेतु प्रयुक्त होने वाली जाली 40 मेश आकार की तथा पराबैगनी अवरोधी होना चाहिए।
8. ग्रीनहाउस के अंदर धूप की सघनता को कम करने हेतु थर्मल अथवा सफेद रंग की 50 प्रतिशत वाली छायादार जाली (Shade net) होना चाहिए।
9. पॉलीहॉउस हाउस में फिल्म लगते समय इस बात का ध्यान होना चाहिए की लिखा हुआ भाग अंदर की तरफ हो।
10. पॉलीहॉउस में लगने वाले फिल्म की गुणवत्ता ऐसी होनी चाहिए की अंदर रखी हुई वस्तु स्पष्ठ दिखाई न दे।
11. ग्रीनहाउस में प्रवेश हेतु दो दरवाजों का प्रावधान होने चाहिए तथा दोनो दरवाजे 90 डिग्री के कोण पर होने चाहिए।
12. ग्रीनहाउस के निर्माण के दौरान स्कर्टवाल का प्रावधान निचले क्षेत्रों में ग्रीनहाउस के अंदर जल भराव से सुरक्षा प्रदान करता है।
13. ग्रीनहाउस की फिटिंग के दौरान केवल नट/बोल्ट का प्रयोग होना चहिये। इसमें फिटिंग हेतु वेल्डिंग नही होना चाहिए।
14. ग्रीनहाउस की छत से पानी नीचे लाने हेतू प्रयुक्त किए जाने वाला गटर 1 मी. मी. मोटाई का, 500 मी.मी. चौड़ा एवं बिना जोड़ वाला होना चाहिए।
15. नेचुरली वेंटीलेटेड एवं आंशिक रूप से वातानुकूलित ग्रीनहाउस (1000 वर्गमीटर एवं अधिक) की ऊँचाई 6.5 मीटर होना चाहिए।
16. आंशिक रूप से वातानुकूलित ग्रीनहाउस की ऊँचाई अपेक्षाकृत कम (4.0–4.5 मीटर) होनी चाहिए।

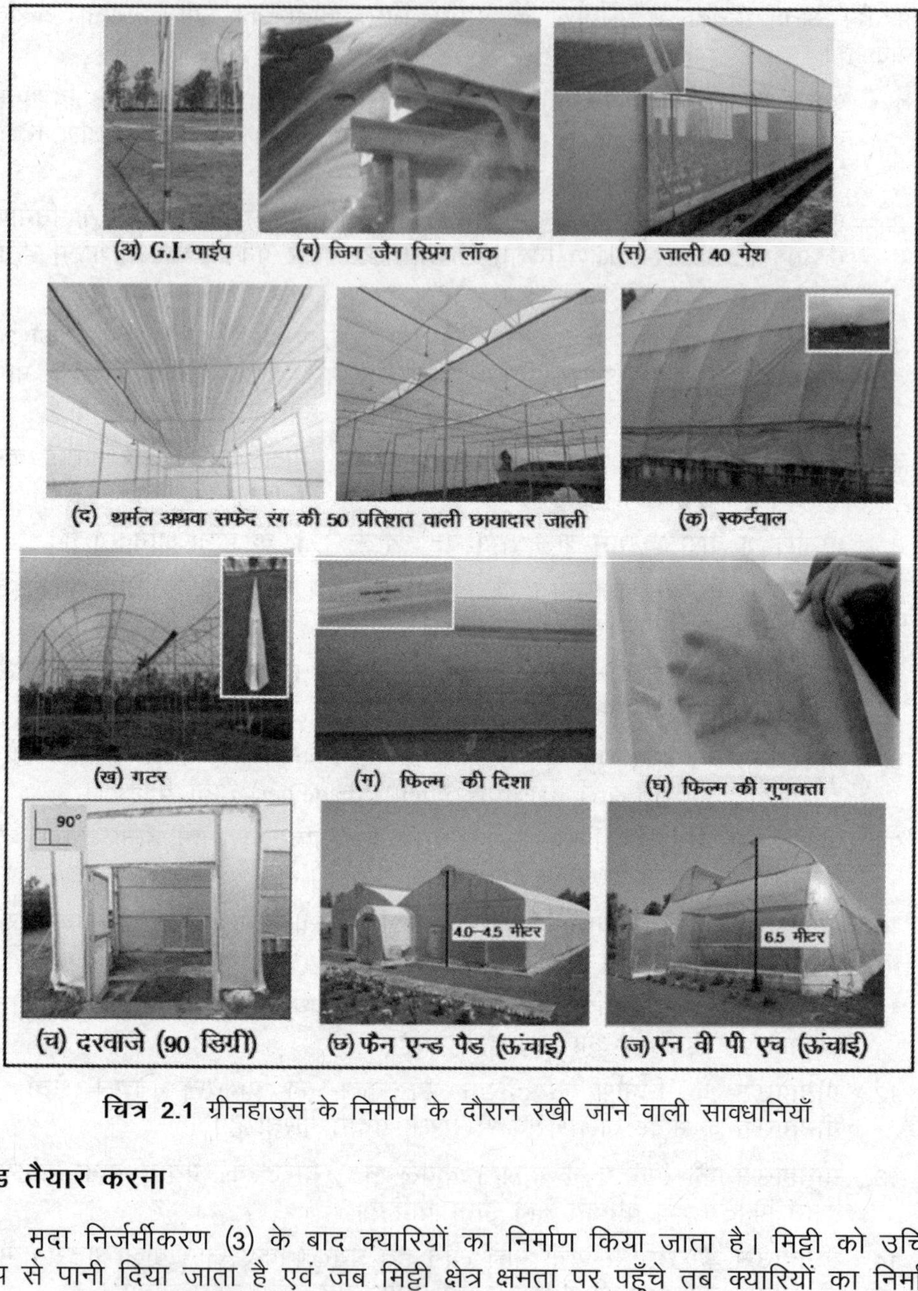

चित्र 2.1 ग्रीनहाउस के निर्माण के दौरान रखी जाने वाली सावधानियाँ

बैड तैयार करना

मृदा निर्जर्मीकरण (3) के बाद क्यारियों का निर्माण किया जाता है। मिट्टी को उचित रूप से पानी दिया जाता है एवं जब मिट्टी क्षेत्र क्षमता पर पहुँचे तब क्यारियों का निर्माण करना चाहिए। क्यारियों के निर्माण के समय ध्यान देने योग्य बाते –

- फैन एंड पैड ग्रीन हाउस में क्यारियों का निर्माण गटर की दिशा में होता है जबकि नैचुरली वेंटिलेटेड पॉलीहॉउस में गटर के विपरीत दिशा में क्यारियां बनाई जाती हैं ग्रीनहाउस की संरचना एवं लगाई जाने वाली फसल के अनुसार क्यारियों को चिन्हित करना चाहिए।

- ग्रीनहाउस के आकार के अनुसार ग्रीनहाउस के बीचों बीच या एक किनारे पर मुख्य रास्ता बनाने के लिए पर्याप्त स्थान छोड़ना चाहिए जो की विभिन्न क्रियाओं को करने के लिए आवश्यक होता है।
- ग्रीनहाउस के कॉलम सामान्यतः क्यारियों के ऊपर होना चाहिए।
- क्यारियों को बनाने के बाद क्यारियों पर से चलना नहीं चाहिए, इससे क्यारी की संरचना बिगड़ती है एवं मिट्टी की सतह कठोर होती है।
- दो क्यारियों के बीच में विभिन्न कृषि क्रियाओं को करने के लिए पर्याप्त चौड़ाई वाला रास्ता होना चाहिए।
- क्यारियों के निर्माण के पहले फसल को सहारा देने वाली संरचनाओं को बना देना चहिये।

सारणी 2.2: ग्रीनहाउस में फसलों के अनुसार बैड का आकार

फसलें	निचली चौड़ाई (से.मी.)	उपरी चौड़ाई (से.मी.)	बेड की ऊचाई (से.मी.)	रास्ते की चौड़ाई (से.मी.)
जरबेरा	70	60	45	40
गुलाब	100	90	45	60
कार्नेशन	90	80	35	50
शिमला मिर्च	100	90	40	50

सारणी 2.3: ग्रीनहाउस हेतु उपयुक्त फसल चक्र

फसल	अवधि / माहवार फसल चक्र	
	रोपाई	तुड़ाई
टमाटर	वर्ष भर फसल उत्पादन संभव	
हरी एवं रंगीन शिमला मिर्च	अक्टूबर–नवंबर	मार्च–मई
पालक 2 फसल	जून–जुलाई	अगस्त–सितंबर
खीरा, पत्तेदार सब्जी	नवम्बर–दिसंबर अप्रैल–मई	मार्च–अप्रैल अक्टूबर–नवम्बर
सब्जियाँ / भिण्डी	फरवरी–मार्च	जून
फल पौध प्रवर्धन	वर्ष भर (3 चक्र)	–
फूल–जरबेरा, कार्नेशन आदि	वर्ष भर	

फसलों का चयन

ग्रीनहाउस के अंदर फसलों का चयन करते समय विशेष सावधानी की आवश्यकता होती हैं। इसके अंदर उच्च गुणवत्ता की सब्जी एवं फूलों की खेती करनी चाहिए जिससे कम क्षेत्र में अधिक एवं गुणवत्तायुक्त उत्पादन प्राप्त किया जा सके। सब्जी फसलों के अंतर्गत टमाटर, रंगीन शिमला मिर्च, खीरा आदि फसलें लगाई जा सकती है। इसी प्रकार

फूलों की फसलों में गुलाब, कार्नेशन, एन्थूरियम, जरबेरा आदि को लगाया जा सकता है। इसी प्रकार इसमें उच्च गुणवत्तायुक्त सब्जी नर्सरी उत्पादन तथा फल पौध प्रवर्धन एवं उत्पादन का कार्य भी किया जा सकता है।

सारणी 2.4: ग्रीनहाउस में खेती हेतु फसलों के उपयुक्त किस्में

फसल	उपयुक्त किस्में
सब्जी	
टमाटर	अविनाश–3, बादशाह, हिमसोहना, नुन 7730, जी.एस. 600, नवीन, अर्का वरदान, तनुजा
चैरी टमाटर	रोजा, लैला, शीजा, 818
शिमला मिर्च	लाल : बाम्बी, एन–एस–280, नुन–3019, भारत पीला : आरबेले, एन.एस.–281, स्वर्णा हरा : इंदिरा, केलीफोर्निया वंडर, बुफैलो–476
खीरा (गायनो डायसियस)	कियान, साईटिस, हिल्टन
फूल	
जरबेरा	सोनाटा, ग्लोरिया, नताशा
कार्नेशन	विलियम सिम, पिच डिलाईट, गोल्डी लौक
एन्थूरियम	रोड डल्फ, केडी, सरप्राईज, जमैका
गुलाब	नोबलिस, ग्रेंडगाला, फस्ट रेड, सुमाराई, ट्रापीकल अमेजान, बोर्डोक्स

2.3.6 फूलों एवं सब्जियों के लिये जलवायु की आवश्यकता

खुले क्षेत्र में प्रकाश की तीव्रता 1 लाख लक्स होती है जबकि विभिन्न फसलों को वृद्धि करने के लिए आवश्यक प्रकाश की तीव्रता की सीमा अलग–अलग होती है जो सारणी में दर्शाई गई है –

सारणी 2.5 कुछ चयनित फसलों के लिए मौसमी कारकों की उपयुक्त सीमा

क्रं. सं	फसलों के नाम	तपमान (°C)		आर्द्रता (%)	प्रकाश की तीव्रता (लक्स)
फूलों					
1	कार्नेसन	16-20	10-20	60-65	40000-50000
2	गुलदाउदी				
	1. कट फ्लावर	22-24	15-16	60-65	35000-40000
	2. गमलों	23-26	16-19	60-65	35000-40000
3	जरबेरा	20-24	18-21	60-65	40000-50000
4	आर्किड	22-24	18-20	70-80	25000-30000

5	एंथुरियम	22-25	18-20	70-80	25000-30000
6	गुलाब	24-28	18-20	65-70	60000-70000
सब्जियाँ					
7	टमाटर	25-30	15-19	50-65	50000-60000
8	खीरा	25-30	18-19	60-65	50000-60000
9	शिमला मिर्च	25-30	18-20	50-65	50000-60000
नर्सरी					
10	नर्सरी	20-30	16-19	50-65	50000-60000

सारणी 2.6 ग्रीनहाउस के अंदर उगाने वाली फसलों की खेती की सूचनात्मक लागत

	फसलें	औसत लागत (रू./वर्ग मी)
सब्जियाँ	शिमला मिर्च एवं टमाटर	105
फूल	जरबेरा एवं कार्नेशन	500
नर्सरी	आम, अमरूद एवं आबला इत्यादि	225

प्राकृतिक वायुसंचार युक्त ग्रीनहाउस के लिए विस्तृत जानकारी एवं तकनिकी सुझाव

सारणी 2.7 प्राकृतिक वायुसंचार ग्रीनहाउस के लिए विस्तृत तकनिकी सुझाव

क्र.सं	सामग्रियों की सूची	विवरण/विस्तुत जानकारी
1	उत्पाद	प्राकृतिक वायुसंचार युक्त ग्रीनहाउस
2	आकार	500 मी.^{2} –1000 मी.^{2}
3	बे साइज	8 मी. X 4 मी ग्रीनहाउस की चौड़ाई कम से कम इच्छित लंबाई के 35% होना चाहिए।
4	चोटी (रीज)	6.5 मी. से 7 मी.
5	Vents (वेन्ट)	80–90 सेमी. आरम्भिक को 40 मेस नायलोन की कीट स्क्रीन के साथ स्थिर करना चाहिए।
6	गटर की ऊँचाई	फर्श के क्षेत्र 4–4.5 मी.
7	गटर का ढलान	सिविल फाउण्डेशन कार्य/संरचना में 2% ढाल आवश्यक रूप से प्रदान किया जाता है।
8	गटर साम्रगी	20 गेज या 1 मिलीमीटर मोटाई की GI चद्दर के साथ 500 मिमी के पेरीमीटर या एकल लंबाई में बिना जोड वाली अधिक पंसद की जाती है।
9	संरचना की डिजाइन	संरचना की डिजाइन आवश्यक रूप से मजबूत होना चाहिए। जिससे कम से कम 130 कि.मी प्रति घण्टे वायु की गति के लिए

		पर्याप्त प्रतिरोधक हो। भविष्य में अंतराशस्य क्रियाओं के लिए छोटे ट्रैक्टर/पावर टिलर को ग्रीनहाउस के अंदर प्रवेश के लिए किसी भी साइड से एक भाग खुला होना चाहिए। फर्म को चाहिए की वह ग्रीनहाउस की डिजाइन के लक्षणों एवं ग्राहकों या उपयोगकर्ताओं की सूची को हाइलाइट करना चाहिए।
10	संरचना	संचना को पूर्णतः गेल्वेनाइज्ड स्टील के नालीदार पाइपों या भारतीय मानकों द्वारा बताये गये उनके अनुरूप भाग 2 मिली मीटर मोटाई वाली दीवार होना चाहिए। संरचना के अंगों को जोड़नें के साथ तेजी से ठीक 2 कार्य करें।
	कालम	76 मिमी. बाहरी व्यास 2 मिमी. मोटाई
	ट्रसेस	नीचे एवं उपर की मोटी रस्सी कर बाहरी व्यास 60 मिमी., 2 मिमी. मोटाई
	ट्रसेस के अंग एवं परलिन	48 मिमी. बाहरी व्यास 2 मिमी. मोटाई
	परलिन के भाग एवं अन्य	33/25 मिमी. बाहरी व्यास 2 मिमी. मोटाई
	फाउण्डेशंस	GI पाइप को कम से कम 60 मिमी. बाहरी व्यास पर फँसाना चाहिए या अधिक गहरी नींव 75 से मी या अधिक यह मिट्टी के प्रकार एवं चारों तरफ बहने वाली वायु की स्थिति पर निर्भर करता है, सीमेंट कांक्रीट मिश्रण 1:2:4 अनुपात का कालम के टेलीस्कोपिक इंसरसन के लिए उपयोग करते हैं।
	फास्टनर्स	सभी नट एवं बोल्ट को उच्च (टेंसिल) मजबूत और गेल्वेनाइज्ड होना चाहिए।
11	प्रवेश कक्ष एवं द्वार	एक प्रवेश कक्ष जिसका आकार 3 मी. x 3 मी. x 3 मी. (लं x चौ x उ) प्रदान करना जरूरी है एवं 200 माइक्रॅन UV स्टेशिलाइज्ड पारदर्शी प्लास्टिक फिल्म के साथ ढकते हैं। दरवाजे का आकार 2 मी. चौडाई एवं 2.5 मी ऊचांई वाला कब्जा युक्त एवं दो पत्ती का बना उपयोग करता है। FRP चादर को फ्रेम पर मजबूत से उपयुक्त चढाया जाता है।
12	आवरण सामग्री	UV स्टेबिलाइज्ड 200 माइक्रन पारदर्शक प्लास्टिक फिल्म भारतीय मानकों (IS 15827:2009) द्वारा बताये गयें है, बहुस्तरीय, एंट्री ड्रीप, एंटी फाग, एंटी सल्फर, विसरित, साफ एवं कम से कम 85 प्रतिशत प्रकाश प्रसारण होना चाहिए।
13	आवरण सामग्री का स्थिरीकरण	प्लास्टिक फिल्म सभी शिरों एवं जोड़ों को आवश्यक रूप से स्थिर किया जाता है दोनो तरफ एल्युमिनियम प्रोफाइल के साथ उपयुक्त रूप से बंद काने की व्यवस्था पर्दा उपरी भाग के साथ साथ होना चाहिए। लकड़ी की बल्लियों या PVC ग्रिपर्स की आवश्यकता उपयोग में नही होती है।
14	स्प्रिंग को लगाना	वक्रकार (जिगजैग) उच्च कार्बन युक्त स्टील की स्प्रिंग एक्शन वायर के साथ 2–3 मिलीमीटर के व्यास वाली स्प्रिंग से स्थिर शेडनेट को एल्युमिनियम प्रोफाइल में फंसाते है।

15	करटैन्स एवं इंसैक्ट स्क्रीन	UV स्टेबिलाइज्ड 200 माइक्रन पारदर्शक प्लास्टिक फिल्मों को पर्दे के लिए प्रदान किया जाती है जो की प्रत्येक साइट में समान ऊँचाई वाली होना चाहिए जो की स्वाचालित प्रकार की मोटर द्वारा चलने वाली क्रेंक मैकेनिज्म वाली होती है एवं बंद करने वाले पर्दो का उपयोग भी किया जा सकता हैं। 40 मैश नायलोन की कीट अवरोधी जाली (UV स्टेबिलाइज्ड) पर्याप्त अकार की पर्दों के अंदर स्थिर करना जरूरी होता है। एंटी फ्लौपिंग स्ट्रिप्स का सुझाव पर्दों अच्छी तरह कार्य करने करे सुनिश्चित करता है।
16	छायागृह	UV स्टेबिलाइज्ड 50% शेडिंग नेट मोटर/मानव चलित मैकेनिज्म होता है। नेट का आकार ग्रीनहाउस के फर्श के क्षेत्र के बराबर होना चाहिए। सब्जियों के लिए सफेद रंग की नेट का उपयोग करते हैं।
17	फागिंग एवं मिस्टिंग सुविधायुक्त ड्रिप सिंचाई पद्धति	ग्रीनहाउस के अंदर ड्रिप सिचांई पद्धति की आवश्यकता फसल अंतरण पर रूपरेखा 45 सेमी × 45 सेमी. फॉगिंग के साथ साथ फॉगिंग एवं मिस्टिंग के आधार पर चयन किया जाता है। फसल अंतरण पर सोच विचार करके साम्रगी के बिल (पर्चा) के सुझाव का हिसाब लगाया जाता है। सुझाव दिए गये साम्रगी के बिल– सेंड फिल्टर 5 मी^{3}/घण्टा, स्क्रीन फिल्टर 10 मी^{3}/घण्टा कंट्रोल वाल्व 50 मिमी., बाय–पास असैम्बली 1.5 इंच, एयर रिलीज वाल्व 1 इंच, नान–रिटर्न वाल्व, 1.5 इंच, थ्रोटल वाल्व 1.5 इंच, फ्लश वाल्व 50 मिमी. वेंचुरी 1.5 इंच, अनेक तह वाला असैम्बाली, PVC पाइप 63 मिमी./6 किग्रा./सेमी.^{2}, PVC पाइप 50 मिमी./6 किग्रा./सेमी.^{2}, PE प्लैन लेटरल 16 मिमी., इमिटिंग पाइप लेट 16 मिमी. की दर से 0.45 मी. अंतरण हेंगिंग टाइप माइक्रों स्प्रिंकलर नोजल (चारों तरफ उड़ान भरने वाली असैम्बली) बहुत बारिक पानी के कणों के लिए (फागर्स एवं मिस्टर्स) 16 मिमी. व्यास के PE पाइप को स्थिर किया जाता है। 2000 लीटर क्षमता वाला पानी का टैंक एवं फिटिंग्स तथा सहायक सामान।
18	फुटपाथ (पगडण्डी)	1 मीटर चौड़ी और 10 से मी मोटी फुटपाथ ग्रीनहाउस के बीच में प्रदान की जाती है (लंबाई x चौडाई) एवं सीमेट क्रांकीट के 1:2:4 अनंपात की बनायी जाती है।
19	करटैन दीवार/एप्रोन	22 सेमी ईटों की दिवार 1 मीटर ऊँची व 24 से मी नीचे एवं 80 सेमी जमीन की सतह के स्तर उपर से सभी चारों तरफ बनातें है दीवार को आवश्यक रूप से प्लास्टर किया जाता है एवं पानी से बचाने वाला सीमेंट 1:6 अनुपात के साथ उपयोग करते हैं।
ब्रिकी के बाद की क्रियाएँ (यह कम्पनी द्वारा प्रदान किया जाता है।)		
20	वांरटी	निःशुल्क रख रखाव एक वर्ष के लिए शुरूआत की दिनांक से।
21	ट्रेनिंग	निःशुल्क ट्रेनिंग काम के लिये, रखरखाव एवं उत्पादन के लिए (एक साल के लिए)।
22	परिक्षण	ग्रीनहाउस में उपयेग होने वाली सभी प्लास्टिक साम्रगी को CIPET के द्वारा गुणवत्ता के विश्वास के लिए (यदि आवश्यकता) परिक्षण करवाना चाहिए।

सारणी 2.8 फेन एवं पैड कूलिंग द्वारा वायु संचार ग्रीनहाउस के लिए विस्तृत तकनीकि सुझाव

क्र.सं	सामग्रियों की सूची	विवरण/विस्तुत जानकारी
1	उत्पाद	प्राकृतिक वायुसंचार युक्त ग्रीनहाउस
2	आकार	500 मी.^{2} –1000 मी.^{2}
3	बे साइज	8 मी. x 4 मी ग्रीनहाउस की चौड़ाई कम से कम इच्छित लंबाई के 35% होना चाहिए।
4	चोटी (रीज)	4 मी. से 4.5 मीटर
5	Vents	80–90 सेमी. आरम्भक को 40 मेस नायलोन की कीट स्क्रीन के साथ स्थिर करना चाहिए।
6	गटर की ऊँचाई	फर्श के क्षेत्र 4–4.5 मी.
7	गटर का ढलान	सिविल फाण्डेशन कार्य/संरचना में 2% ढाल आवश्यक रूप से प्रदान किया जाता है
8	गटर साम्रगी	20 गेज या 1 मिलीमीटर मोटाई की GI चद्दर के साथ 500 मिमी के पेरीमीटर या एकल लबांई में बिना जोड वाली अधिक पंसद की जाती है।
9	संरचना की डिजाइन	संरचना की डिजाइन आवश्यक रूप से मजबूत होना चाहिए। जिससे कम से कम 150 की मी प्रति घण्टे वायु की गति के लिए पर्याप्त प्रतिरोधक हो। भविष्य में अंतराशस्य क्रियाओं के लिए छोटे ट्रैक्टर/पावर टिलर को ग्रीनहाउस के अंदर प्रवेश के लिए किसी भी साइड से एक भाग खुला होना चाहिए। फर्म को चाहिए की वह ग्रीनहाउस की डिजाइन के लक्षणों एवं ग्राहकों या उपयोगकर्ताओं की सूची को हाइलाइट करना चाहिएं।
10	संरचना	संचना को पूर्णतः गेल्वेनाइज्ड स्टील के नालीदार पाइपों या भारतीय मानकों द्वारा बताये गये उनके अनुरूप भाग 2 मिली मीटर मोटाई वाली दीवार होना चाहिए। संरचना के अंगों को जोड़नें के साथ तेजी से ठीक 2 कार्य करें।
	कालम	76 मिमी. बाहरी व्यास 2 मिमी. मोटाई
	ट्रसेस	नीचे एवं उपर की मोटी रस्सी कर बाहरी व्यास 60 मिमी., 2 मिमी. मोटाई
	ट्रसेस के अंग एवं परलिन	48 मिमी. बाहरी व्यास 2 मिमी. मोटाई
	परलिन के भाग एवं अन्य	33/25 मिमी. बाहरी व्यास 2 मिमी. मोटाई
	फाउण्डेशंस	GI पाइप को कम से कम 60 मिमी. बाहरी व्यास पर फँसाना चाहिए या अधिक गहरी नींव 75 से मी या अधिक यह मिट्टी के प्रकार एवं चारों तरफ बहने वाली वायु की स्थिति पर निर्भर करता है, सीमेंट

		कांक्रीट मिश्रण 1:2:4 अनुपात का कालम के टेलीस्कोपिक इंसरसन के लिए उपयोग करते हैं।
	फास्टनर्स	सभी नट एवं बोल्ट को उच्च (टेंसिल) मजबूत और गेल्वेनाइज्ड होना चाहिए।
11	प्रवेश कक्ष एवं द्वार	एक प्रवेश कक्ष जिसका आकार 3 मी. x 3 मी. x 3 मी. (लं x चौ x उ) प्रदान करना जरूरी है एवं 200 माइक्रॅन UV स्टेशिलाइज्ड पारदर्शी प्लास्टिक फिल्म के साथ ढकते हैं। दरवाजे का आकार 2 मी. चौडाई एवं 2.5 मी ऊचांई वाला कब्जायुक्त एवं दो पत्ती का बना उपयोग करता है। FRP चादर को फ्रेम पर मजबूत से उपयुक्त चढाया जाता है।
12	आवरण सम्रागी	UV स्टेबिलाइज्ड 200 माइक्रन पारदर्शक प्लास्टिक फिल्म भारतीय मानकों (IS 15827:2009) द्वारा बताये गयें है, बहुस्तरीय, एंट्री ड्रीप, एंटी फाग, एंटी सल्फर, विसरित, साफ एवं कम से कम 85 प्रतिशत प्रकाश प्रसारण होना चाहिए।
13	आवरण सम्रागी का स्थिरीकरण	प्लास्टिक फिल्म सभी शिरों एवं जोड़ों को आवश्यक रूप से स्थिर किया जाता है दोनो तरफ एल्युमिनियम प्रोफाइल के साथ उपयुक्त रूप से बंद करने की व्यवस्था पर्दा उपरी भाग के साथ साथ होना चाहिए। लकड़ी की बल्लियों या PVC ग्रिपर्स की आवश्यकता उपयोग में नही होती है।
14	स्प्रिंग को लगाना	वक्रकार (जिगजैग) उच्च कार्बन युक्त स्टील की स्प्रिंग एक्शन वायर के साथ 2–3 मिलीमीटर के व्यास वाली स्प्रिंग से स्थिर शेडनेट को एल्युमिनियम प्रोफाइल में फसातें है।
15	को–एक्सिलफैन	को–एक्सिलफैन (ISI मार्क) का कम से कम 1200 मिमी. व्यास व संख्याओं वाले जी. आई. भीट ब्लेड्स के 6 संख्या वाले पंखे रखे जाते हैं। एल्युमिनियम louver द्वारा बाद में GI शीट सामग्रियों की फ्रैम बनाते हैं।
16	ठण्डक के लिए सेल्युलोस पैड	सेल्युलोस पैड की मोटाई 4 इंच–6 इंच मोटी 5 फीट उचांई, चौडाई इच्छित उपकरण के साथ एनोडाइज्ड एल्युमिनियम फ्रैम के साथ लगाते हैं। फ्रैम लगाने की सामग्री (एल्युमिनियम) की आवश्यकता वितरण व वापस लाने के लिए गटर, डाउन स्पाउट केप एवं ड्रिप पैन, प्लंबिंग किट, 220 वोल्ट का सिंगल फेस वाला पम्प, 50 च्रक, ड्रिल्ड PVC पाइपिंग केप, पैड को पकड़ कर रखने वाला, सभी सस्पेंशन हार्डवेयर, मेटल फ्लैसिंग की आवश्यकता पैड को बंद (सील) करने के लिए व वेंट ओपनिंग 20 मिमी PVC बहाव के उपर एवं 40 मिमी. स्टैडर्ड सिंक ड्रैन।
17	वृत्तकार पम्प उनके सहायक भागों के साथ कुलिंग पैड के लिए	वृत्ताकार पम्प आवश्यक क्षमता एवं सहायक भागों के साथ पैड के क्षेत्र में घुमाकर ठण्डा करने के लिए प्रदान किया जाता है

18	सेंसरी भागों के साथ डिजिटल नियंत्रक	ग्रीन हाउस के अंदर तापमान एवं आर्द्रता को नियंत्रित करने के लिए फैन एवं पैड सिस्टम चलाने के लिए प्रदान किए जाना चाहिएं।
19	ग्रीनहाउस के अंदर विद्युतीय भार	ग्रीन हाउस के अंदर वांछित विद्युतीय भार को सहन करने के लिए ISI द्वारा प्रमाणित बिजली के तारों का प्रयोग किया जाता है।
20	करटैन्स एवं इंसैक्ट स्क्रीन	UV स्टेबिलाइज्ड 200 माइक्रन पारदर्शक प्लास्टिक फिल्मों को पर्दे के लिए प्रदान किया जाती है जो की प्रत्येक साइट में समान ऊँचाई वाली होना चाहिए जो की स्वचालित प्रकार की मोटर द्वारा चलने वाली क्रेंक मैकेनिज्म वाली होती है एवं बंद करने वाले पर्दो का उपयोग भी किया जा सकता हैं। 40 मैश नायलोन की कीट अवरोधी जाली (UV स्टेबिलाइज्ड) पर्याप्त अकार की पर्दों के अंदर स्थिर करना जरूरी होता है। एंटी फ्लौपिंग स्ट्रिप्स का सुझाव पर्दों के अच्छी तरह कार्य करने करे सुनिश्चित करता है।
21	छायागृह	UV स्टेबिलाइज्ड 50% शेडिंग नेट मोटर/मानव चलित मैकेनिज्म होता है। नेट का आकार ग्रीनहाउस के फर्श के क्षेत्र के बराबर होना चाहिएं।
22	फागिंग एवं मिस्टिंग सुविधायुक्त ड्रिप सिंचाई पद्धति	ग्रीनहाउस के अंदर ड्रिप सिचांई पद्धति की आवश्यकता फसल अंतरण पर रूपरेखा 45 सेमी × 45 सेमी. फॉगिंग के साथ साथ फॉगिंग एवं मिस्टिंग के आधार पर चयन किया जाता है। फसल अंतरण पर सोच विचार करके साम्रगी के बिल (पर्चा) के सुझाव का हिसाब लगाया जाता है। सुझाव दिए गये साम्रगी के बिल–सेंड फिल्टर 5 मी^{3}/घण्टा, स्क्रीन फिल्टर 10 मी^{3}/घण्टा कंट्रोल वाल्व 50 मिमी, बाय–पास असैम्बली 1.5 इंच, एयर रिलीज वाल्व 1 इंच, नान–रिटर्न वाल्व, 1.5 इंच, थ्रोटल वाल्व 1.5 इंच, फ्लश वाल्व 50 मिमी. वेंचुरी 1.5 इंच, अनेक तह वाला असैम्बली, PVC पाइप 63 मिमी./6 किग्रा./सेमी.^{2}, PVC पाइप 50 मिमी./6 किग्रा./सेमी.^{2}, PE प्लैन लेटरल 16 मिमी., इमिटिंग पाइप लेट 16 मिमी. की दर से 0.45 मी. अंतरण हेंगिंग टाइप माइक्रो स्प्रिंकलर नोजल (चारों तरफ उड़ान भरने वाली असैम्बली) बहुत बारीक पानी के कणों के लिए (फागर्स एवं मिस्टर्स) 16 मिमी. व्यास के PE पाइप को स्थिर किया जाता है। 2000 लीटर क्षमता वाला पानी का टैंक एवं फिटिंग्स तथा सहायक सामान।
23	फुटपाथ (पगडण्डी)	1 मीटर चौड़ी और 10 से मी मोटी फुटपाथ ग्रीनहाउस के बीच में प्रदान की जाती है (लंबाई x चौडाई) एवं सीमेट क्रांकीट के 1:2:4 अनंपात की बनायी जाती है।
24	करटैन दीवार/एप्रोन	22 सेमी ईटों की दिवार 1 मीटर ऊँची व 24 से मी नीचे एवं 80 सेमी जमीन की सतह के स्तर उपर से सभी चारों तरफ बनातें है दीवार को आवश्यक रूप से प्लास्टर किया जाता है एवं पानी से बचाने वाला सीमेंट 1:6 अनुपात के साथ उपयोग करते हैं।

ब्रिकी के बाद की क्रियाएँ (यह कम्पनी द्वारा प्रदान किया जाता है।)		
25	वांरटी	निःशुल्क रख रखाव एक वर्ष के लिए शुरूआत की तारीख से।
26	ट्रेनिंग	निःशुल्क ट्रेनिंग काम के लिये, रखरखाव एवं उत्पादन के लिए (एक साल के लिए)।
27	परीक्षण	ग्रीनहाउस में उपयोग होने वाली सभी प्लास्टिक साम्रगी को CIPET के द्वारा गुणवत्ता के विश्वास के लिए (यदि आवश्यकता) परीक्षण करवाना चाहिए।

2.4 ग्रीनहाउस के प्रकार

2.4.1. आंशिक रूप से वातानुकुलित ग्रीनहाउस (Forced ventilated / Fan Pad system Greenhouse)

यह एक ऐसा ग्रीनहाउस है जिसमें गर्मी के दिनों में ग्रीनहाउस के अन्दर तापमान को नियंत्रित करने के लिए कूलिंग पैड लगे होते हैं तथा सामान्य गर्मी के समय यह घर में उपयोग कूलर के आधार पर ही कार्य करता है। इस प्रकार उत्तर भारत के मैदानों में मध्य अप्रैल से जून तक यह कूलिंग प्रणाली बहुत अच्छी तरह प्रभावी होती है तथा कभी–कभी इसे सितम्बर व अक्टूबर में भी आवश्यकतानुसार उपयोग में लिया जा सकता है। इस प्रकार के ग्रीनहाउस को बनाने में बहुत अधिक लागत लगती है तथा दैनिक रख–रखाव पर भी भारी व्यय होता है। इससे उत्पादन लागत अत्यधिक बढ़ जाती है, जिसे वहन करना साधारण कृषको के लिए संभव नहीं है। यह तभी संभव हो सकता है जबकि सब्जी उत्पादकों की सब्जियाँ बाजार में बहुत अधिक दाम पर बिके तथा उस क्षेत्र में बगैर रूकावट के बिजली की आपूर्ति जारी रहती हो। आमतौर पर इस प्रकार के ग्रीनहाउस में बड़े आकार का टमाटर (Slicing tomatoes) चेरी टमाटर (Cherry tomatoes), रंगीन शिमला मिर्च (Coloured capsicum) आदि फसलों को वर्ष भर के लिए उगाया जाता है तथा अधिक उत्पादन के साथ–साथ उच्च गुणवत्ता वाली सब्जियाँ भी पैदा की जाती है। टमाटर व शिमला मिर्च को ऐसे ग्रीनहाउस में उगाने हेतु उसमें लगातार कटाई–छँटाई का कार्य किया जाता है, अन्यथा उपज व गुणवत्ता दोनों में ह्रास होता है। ये कृषि क्रियायें प्रत्येक 10–15 दिनों के अन्तराल पर की जाती है। टमाटर की फसल में अन्दर परागण का कार्य भी नियमित रूप से किया जाता है। क्योकि ग्रीनहाउस में हवा का प्रवाह न हाने के कारण टमाटर स्वपरागित फसल होते हुए भी उसमें परागण नहीं हो पाता है। फसल में खाद व उर्वरक सिचाई जल के साथ धोलकर पौधों को उनकी आवश्यकता एवं मौसम व भूमि की प्रकार के अनुसार दिए जाते हैं। टमाटर के पौधे पर कटाई–छँटाई के बाद एक प्रमुख शाखा रखी जाती है, जिसको रस्सी के सहारे 9 से 10 फुट तक बढ़नें दिया जाता है तथा फिर उसे आवश्यकतानुसार 1.0 या 1.5 नीचे उतार कर रस्सी के सहारे एक दिशा में मुख्य तार के सहारे आगे बढ़ाया जाता है। इस प्रकार टमाटर को 10 से 11 महीने व शिमला मिर्च को 9 से 10 माह तक की लम्बी अवधि तक उगाया जा सकता है। बड़े टमाटर से लगभग 2500–3000 क्विंटल उपज तथा चेरी टमाटर से 800 से 1000 क्विंटल उपज प्रति हैक्टेयर तथा शिमला मिर्च पीले व लाल रंग वाले 700 से 800 क्विंटल प्रति हैक्टेयर उपज प्राप्त किए जा सकते हैं।

चित्र 2.2 आंशिक रूप से वातानुकुलित ग्रीनहाउस

अनियमित या असमान तापमान को कम करने वाले कारक नीचे दिए गये है:

1. ग्रीनहाउस की संरचना के सभी दरार एवं छिद्रों को बंद करना।
2. पंखे एवं पैड के बीच की अधिकतम दूरी की सीमा 25 मी. हो।
3. अच्छी तरह वायु के बहाव के लिए पंखों की संख्या बढाना।
4. पानी को बचाने के लिए अतिरिक्त misting (कोहरा/धुंध) प्रदान करना चाहिए।
5. लवणीय/Brackish जल की दशा में पैड को क्षैतिज स्थिति में उपयोग करना चाहिए। जिससे पैड से होकर पानी बहाते हैं तथा पैड से होकर जो पानी नीचे की ओर जाता है वह स्वतः साफ हो जाता है।
6. पैड को गीला करने के लिए जो पानी उपयोग किया जाता है वह एक भूमिगत टैंक में भडांरित होना चाहिए जो की पुनः घुमकर उसी टैंक में भडांरित करने के हिसाब से बनाया जाता है।
7. पद्धति में समान या बराबरी से पानी का दबाव बनाये रखने के लिए पैड को पर्याप्त गीली अवस्था में रखना आवश्यक है।
8. ग्रीनहाउस में उचित मात्रा में ठण्डक बढाने के लिए शेडनेट का उपयोग 50% तक छाया के लिए करते हैं।

2.4.2. प्राकृतिक वायु संवाहित ग्रीनहाउस (Naturally Ventilated Greenhouse)

इस प्रकार के ग्रीनहाउस को चलाने हेतु बहुत कम उर्जा केवल फॉगर को चलाने हेतु उपयोग करनी पड़ती है। सामान्य रूप से इस प्रकार का अच्छा व उपयुक्त ग्रीनहाउस बनवाने पर 800 से 1000 रूपये प्रति वर्गमीटर के हिसाब से खर्चा होता है।

इस प्रकार के ग्रीनहाउस में टमाटर की फसल को 8 से 9 माह तक सफलतापूर्वक उगाया जा सकता है। शिमला मिर्च को भी 7 से 8 माह तक उगाया जा सकता है। जबकि गुणवत्ता वाले बीज रहित खीरे (Gynocious cucumbers) की फसल को वर्ष में तीन बार उगाया जा सकता है। खीरे की पहली फसल की रोपाई अगस्त के प्रथम सप्ताह में तथा दूसरी फसल की रोपाई मध्य अक्टूबर से अक्टूबर के तृतीय सप्ताह तक तथा तीसरी फसल की रोपाई फरवरी प्रथम सप्ताह में की जा सकती है तथा इस प्रकार 10 से 11 महीने में लगातार तीन फसलें सम्भव हैं। इसके अतिरिक्त इसमें बे–मौसमी शिमला मिर्च खरबूजा व अन्य बेल वाली सब्जियों को भी सरलतापूर्वक उगाया जा सकता है। इस प्रकार के ग्रीन हाउस पर उत्पादन लागत कम आने के कारण उत्पादक फसल की कम अवधि तक होने के बावजूद अधिक लाभ कमा सकते हैं। इस प्रकार के ग्रीनहाउस के रखरखाव में भी ज्यादा खर्च व कठिनाई नहीं होती है। सारणी (2.9) में पॉलीहॉउस के भी विभिन्न घटकों का नामांकन दिया गया है।

चित्र 2.3 प्राकृतिक वायु संवाहित ग्रीनहाउस

सारणी 2.9 प्राकृतिक वायु संवाहित ग्रीनहाउस का नामांकन

1	फाउण्डेशन पाइप	60 मि.मी.
2	मुख्य कालम	76 मि.मी.
3	छोटा कालम	76 मि.मी.
4, 5	कोरिडोर	60 मि.मी.
6	होरिजोन्टल मेम्बर	43 मि.मी.
7, 8	वाटम	60 मि.मी.
9, 10, 11	आर्च	43 मि.मी.
12, 13, 14	व्रासिंग	33 मि.मी.
15	वेंट स्टे	21 मि.मी.
16, 17	टोप पुटर्लिन	48 मि.मी.
18, 19	गटर पुटर्लिन	43 मि.मी.
20	साइड पुटर्लिन	43 मि.मी.
21	कर्टेन पाइप	27 मि.मी.

सारणी 2.10 पॉलीहाउस के अंदर के मुख्य घटक (1000 वर्ग मी क्षेत्र)

क्र.	घटकों के नाम	व्यास (मिली. मी)	लंबाई (मी)	नंबर
1	फाउण्डेशन पाइप	60	1.2	49
2	मुख्य कालम	76	6.45	27
3	छोटा कालम	76	4.45	22
4	कोरिडोर	60	5.7	32
5	वाटम (छोटा)	60	3.91	26
6	वाटम (बड़ा)	60	7.914	14
7	होरिजोन्टल मेम्बर	43	1.43	32
8	आर्च (लंबा)	43	6.41	9
9	आर्च (साइड)	43	5.16	18
10	आर्च (छोटा)	43	5.785	27
11	ब्रांस	33	1.95	54
12	पुरर्लिन (पहला टॉप)	48	3.947	24
13	पुरर्लिन (दूसरा टॉप)	43	3.990	24

2.4.3 ग्रीनहाउस के निर्माण की लागत

सारणी 2.11 : ग्रीनहाउस में विभिन्न फसलों की उत्पादन लागत

फसलों के प्रकार	फसल	अनुमानित उत्पादन लागत (रू/मीटर^2)
सब्जी	शिमला मिर्च एवं टमाटर	105
फूल	जरबेरा एवं कार्नेशन	550
नर्सरी	आम, अमरूद, आँवला आदि	225

ग्रीन हाउस में अनुमानित लागत वापसी समय (Payback period)

1. सब्जी फसल : 23–24 माह
2. फूल उत्पादन : 18 माह
3. नर्सरी एवं फल पौध प्रर्वधन : 12 माह

सारणी 2.12 ग्रीनहाउस निर्माण के लिए एकीकृत बागवानी विकास मिशन के द्वारा निर्धारित लागत अनुदान

क्र.सं.	विषय	अनुमानित इकाई लागत (प्रति वर्ग मी)
(क)	ग्रीनहाउस संरचना	
अ	प्राकृतिक वायु संवाहित ग्रीनहाउस	
	1) ट्यूबलर संरचना	1020 रू (500 वर्ग मी क्षेत्र तक) 935 रू (500 वर्ग मी से ज्यादा तथा 1008 वर्ग मी से कम)

		890 रू (1008 वर्ग मी से ज्यादा तथा 4000 वर्ग मी से कम) नोट – पहाड़ी क्षेत्रों के लिए यह खर्चा 15% अधिक होता है।
	2) लकड़ी की संरचना	540 रू प्रति वर्ग मी समतल क्षेत्रों में और 621 रू प्रति वर्ग मी पहाड़ी क्षेत्रों के लिए
	3) बांस की संरचना	450 रू प्रति वर्ग मी समतल क्षेत्रों में और 518 रू प्रति वर्ग मी पहाड़ी क्षेत्रों के लिए
(ख)	फेन एवं पेड संरचना	1650 रू (500 प्रति वर्ग मी क्षेत्र तक) 1465 रू (500 प्रति वर्ग मी से ज्यादा तथा 1008 प्रति वर्ग मी से कम) 1420 रू (1080 प्रति वर्ग मी से ज्यादा तथा 2080 प्रति वर्ग मी से कम) नोट – पहाड़ी क्षेत्रों के लिए यह खर्चा 15% अधिक होता है।

2.4.4 पॉली हाउस में गुलाब के लिए ड्रिप सिंचाई प्रणाली की डिजाईन

उदाहरण – पॉली हाउस में गुलाब की फसल के लिए ड्रिप सिंचाई डिजाईन का गणतीय आँकलन।

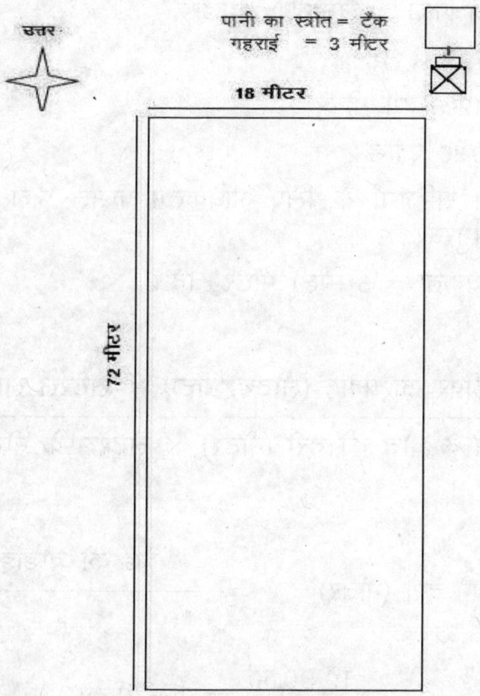

चित्र 2.4 खेत का ले आउट

फसल	–	गुलाब
क्षेत्रफल	–	0.32 एकड़
बेड की चौड़ाई, रास्ता मीटर	–	1.0 – 0.50
फसल पानी आवश्यकता	–	6 मिली लीटर
कतार की दिशा	–	उत्तर – दक्षिण
बिजली की उपलब्धता	–	1.2 घंटा
पानी का स्त्रोत	–	टैंक

(1) स्थान तथा फसलों के आधार पर लेटरल और ड्रीपर का चुनाव निम्न प्रकार है–

लेटरल = 16 मिली मीटर

ड्रीपर के बीच की दुरी = 0.3 मीटर

ड्रीपर का प्रवाह – 1.4 लीटर प्रति घंटा

लेटरल लाइन की संख्या = 1

मिस्टर्स के बीच की दूरी = 1.0 × 1.5 मीटर

मिस्टर्स का प्रवाह = 25 लीटर प्रति घंटा

(2) स्थल का रेखाचित्र ऊपर दर्शाया गया है। सर्वप्रथम हम स्थान के क्षेत्रफल का आँकलन करते हैं।

= क्षेत्रफल = लम्बाई x चौड़ाई

= 72 × 18

= 1296 वर्ग मीटर

= 0.36 एकड

तालिका (1.11) में सब्जियों के लिए अधिकतम फसल जल आवश्यकता की सूची दर्शाई गई है जिसके अनुसार

फसल जल आवश्यकता = 6 मिली मीटर / दिन

सिंचाई दर =

$$\text{सिंचाई दर} = \frac{\text{ड्रीपर का प्रवाह (लीटर / घंटा)} \times \text{लेटरल लाइन की संख्या}}{\text{ड्रीपर के बीच की दुरी (मीटर)} \times \text{लेटरल के बीच की दुरी (मीटर)}}$$

$$\text{लेटरल के बीच की दुरी (मीटर)} = \frac{\text{बेड की चौड़ाई + रास्ता (मीटर)}}{2}$$

$$= \frac{10 + 0.50}{2} = 0.75 \text{ मीटर}$$

$$\text{सिंचाई दर} = \frac{1.4 \times 1}{0.30 \times 0.75} = 6.22 \text{ मिली मीटर / दिन}$$

सिंचाई दर के आधार पर हम प्रणाली में होने वाला कुल प्रवाह ज्ञात कर सकते हैं।

कुल प्रवाह (लीटर / घंटा) = कुल क्षेत्रफल (वर्ग मीटर) × सिंचाई दर

= 1296 × 6.22

= 8061.12 लीटर / घंटा

3. प्रत्येक पारी में सिंचाई की अवधि का आँकलन

$$\text{पारी आँकलन (घंटा)} = \frac{\text{अधिकतम फसल पानी की आवश्यकता (मिली मीटर / दिन)}}{\text{सिंचाई दर (मिली मीटर / दिन)}}$$

$$= \frac{6}{6.22} = 0.96 \text{ घंटा}$$

4. पानी की उपलब्धता / पंप की क्षमता / बिजली की उपलब्धता के अनुसार पारी की संख्या का आँकलन

$$\text{पारी की संख्या (दिन)} = \frac{\text{बिजली की उप्लब्धता (घंटा)}}{\text{पारी आँकलन (घंटा)}}$$

$$= \frac{1.2}{0.96} = 1 \text{ पारी}$$

एक पारी में पानी के प्रवाह की औसत दक्षता =

$$\text{एक पारी में पानी के प्रवाह} = \frac{\text{कुल क्षमता (लीटर / घंटा)}}{\text{पारी की संख्या}}$$

$$= \frac{8061.12}{1} = 8061.12 \text{ लीटर / घंटा} = 8.06 \text{ (घन मीटर / घंटा)}$$

तालिका (1.13 ब) में विभिन्न आकार तथा दूरी के ड्रीपर के आधार पर लेटरल लाइन की अधिकतम अनुमत लम्बाई को दर्शाया गया है। हमारे प्रणाली की डिजाईन में उपयोग होने वाली ड्रिप लाइन का आकार 16 मिली मीटर है ड्रीपर का प्रवाह – 1.4 लीटर प्रति घंटा तथा दो ड्रीपर के मध्य की दुरी 0.3 मीटर है तालिका का अध्ययन करने से यह स्पष्ट होता है की अधिकतम अनुमत लम्बाई 82 मीटर होगी।

(5) कुल क्षेत्र को विभिन्न खण्डों / पारी में विभाजित करते हैं एक पारी के प्रवाह के हिसाब से वाल्व के आकार का चयन किया जाता है। हमने अपने स्थल को पाँच भागों में विभाजित किया है।

नीचे दी हुई तालिका में वाल्व के प्रवाह के अनुसार वाल्व के आकार का विवरण दिया गया है।

ऊपर हमने एक पारी को दो खण्डों में विभाजित किया है।

= 8.06 घन मीटर / घंटा

एक खण्ड से प्रवाह = 8.06 / 2

= 4.03 घन मीटर

एक खण्ड की क्षमता के हिसाब से हमें 1.5" वाल्व की आवश्यकता होगी।

(6) उप मुख्य लाइन तथा मुख्य लाइन के आकार एवं क्लास का चयन – तालिका (1.15) में पानी के प्रवाह (घन मीटर / घंटा) के अनुसार पाइप के आकार का वर्गीकरण किया गया है। हम जानते हैं कि वाल्व का प्रवाह 4.03 घन मीटर प्रति घंटा है। ऊपर दी हुई तालिका का अनुसरण करने से यह स्पष्ट होता है कि उप मुख्य लाइन का आकार 63 मिली मीटर / 4 कि.ग्रा. / वर्ग से.मी. होगा। चूँकि पूरी प्रणाली केवल एक ही पारी से चल रही है इसलिए जो जल का प्रवाह उप मुख्य पाइप लाइन में हो रहा है वही प्रवाह मुख्य पाइप लाइन में भी होगा अतः मुख्य पाइप लाइन का आकार भी 63 मिली मीटर ही लेंगे।

(8) उप मुख्य लाइन तथा मुख्य लाइन में होने वाले शीर्ष हानि का आँकलन – प्रणाली की डिजाइन में एक पारी को दो खण्डों में विभाजित किया गया है एक खण्ड में लगने वाले वाल्व के जल का प्रवाह है 4.03 मीटर प्रति घंटा है ऊपर दर्शाई हुई तालिका में शीर्ष हानि की गणना न्यूनतम 5 मीटर प्रति घंटा के प्रवाह दर से हुई है अतः हम अपनी डिजाइन में सुरक्षा की दृष्टि से उप मुख्य पाइप में शीर्ष हानि 1 मीटर तथा मुख्य पाइप लाइन में शीर्ष हानि 2 मीटर मानकर पंप की क्षमता का आँकलन करेंगे।

(9) उपयुक्त पंप का चुनाव – ऊपर किए हुए शीर्ष हानि तथा प्रवाह के आँकलन के आधार पर पंप का चुनाव किया जाता है।

$$\text{हॉर्स पावर} = \frac{\text{कुल प्रवाह (लीटर प्रति सैकण्ड) X कुल शीर्ष (मीटर)}}{0.65 \text{ X } 75}$$

$$= \frac{2.23 \times 29.0}{0.65 \times 75} = 1.32 \text{ ऐच पी}$$

तालिका 2.13 सिंचाई डाटा

सिंचाई डाटा	
फसल	गुलाब
ड्रीपर का प्रकार	इनलाइन
सिंचाई का प्रकार	टपक सिंचाई
ड्रीपर के बीच की दुरी (मीटर)	0.3
बेड की चौड़ाई + रास्ता मीटर	1.0. 0.50
लेटरल की संख्या एक बैड में	2
लेटरल के बीच की दुरी	0.75

ड्रीपर का प्रवाह	1.4 लीटर / घंटा
अधिकतम फसल जल आवश्यकता	6 मिली मीटर/दिन
सिंचाई चक्र	1
सिंचाई अंतराल	1
एक पारी का समय	0.96
कुल बिजली की उपलब्धता	1.2
कुल पारी	1
पारी का क्षेत्र (एकड़)	0.32
अधिकतम पारी का प्रवाह (घन मीटर/घंटा)	8.06
कुल क्षेत्र (एकड़)	0.32
पानी का स्त्रोत	टैंक

तालिका 2.14 पंप ड्यूटी गणना

पंप ड्यूटी गणना		
क्रमांक	**पारी क्रमांक**	**1**
	वाल्व	वाल्व 1
1	ड्रिपर्स का न्यूनतम परिचालन दाब (मीटर)	10
2	लेटरल से शीर्ष हानि (मीटर)	1
3	उपमुख्य लाइन से शीर्ष हानि (मीटर)	1
4	ढलान (मीटर)	0
5	**उप मुख्य लाइन पर दाब की आवश्यकता (मीटर)**	**12**
6	वाल्व से शीर्ष हानि (मीटर)	2
7	फिटिंग्स से शीर्ष हानि (मीटर)	2
8	मुख्य लाइन में शीर्ष हानि (मीटर)	2
9	ढलान (मीटर)	0
10	**हेड यूनिट के आउटलेट में दाब (मीटर)**	**18**
11	प्राथमिक फिल्टर से शीर्ष हानि (मीटर)	4
12	फर्टिगेशन उपकरण से शीर्ष हानि (मीटर)	4
13	द्वितीयक फिल्टर से शीर्ष हानि (मीटर)	4
14	**हेड यूनिट के इनलेट में दाब (मीटर)**	**22**
15	पानी के स्त्रोत की हराई (मीटर)	3
16	लंबवत पाइप से शीर्ष हानि (मीटर)	2
17	सुरक्षा गुणांक (मीटर)	2
18	**कुल शीर्ष (मीटर)**	**29**
19	वाल्व प्रवाह दर (घन मीटर/घंटा)	4.03

20	पारी प्रवाह दर (घन मीटर/घंटा)	8.06
पंप क्षमता का आँकलन		
	पारी क्रमांक	1
	प्रवाह (घन मीटर/घंटा)	8.06
	प्रवाह (लीटर/सेकेण्ड)	2.23
	शीर्ष (मीटर)	29
	पंप का हॉर्स पावर	**1.32**

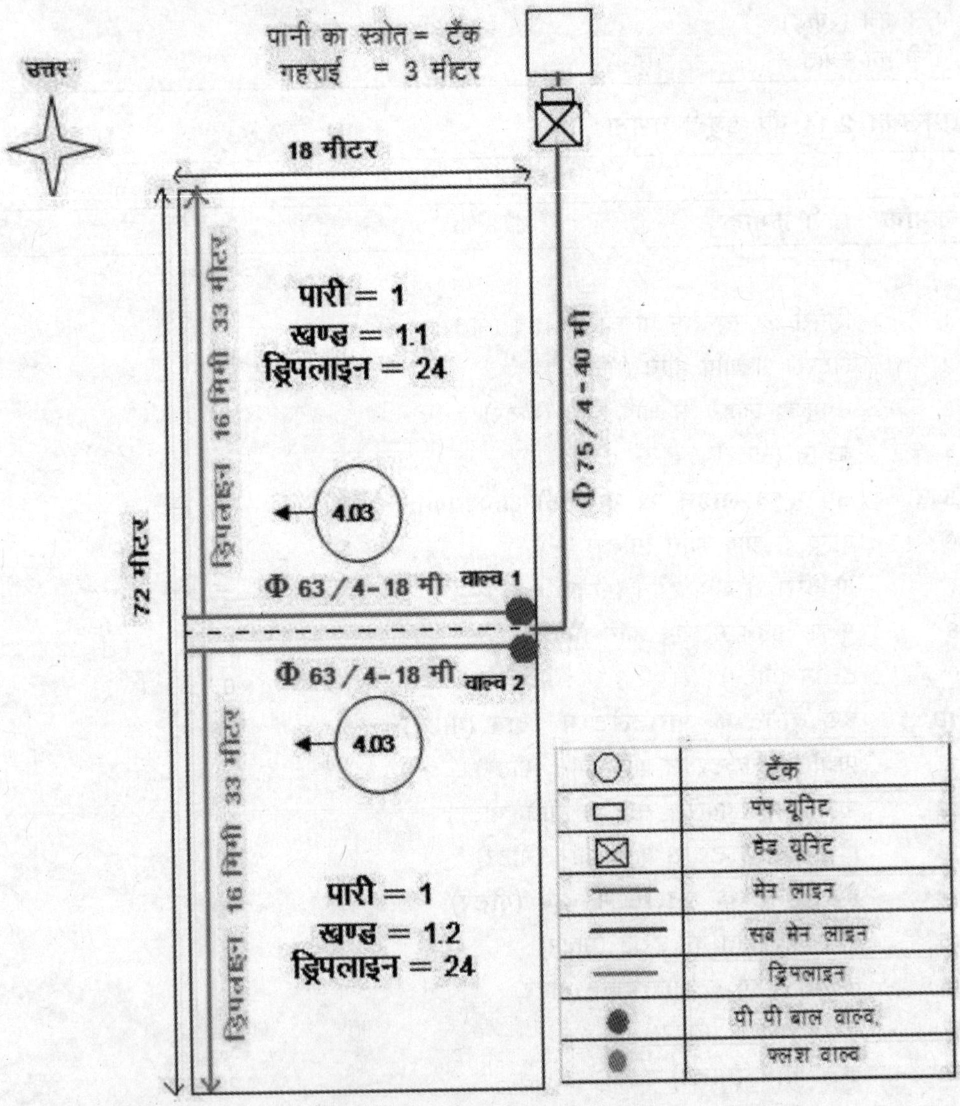

चित्र 2.5 डिजाईन किया हुआ खेत

तालिका 2.15 परिचालन अनुसूची

परिचालन अनुसूची								
पारी क्रमांक	**वाल्व**	**खण्ड**	**वाल्व क्षेत्र (वर्ग मी.)**	**वाल्व क्षेत्र (एकड)**	**वाल्व प्रवाह (मीटर प्रति घंटा)**	**पारी क्षेत्र**	**पारी प्रवाह (मीटर प्रति घंटा)**	**परिचालन समय**
1	वाल्व 1	1.1	648	0.16	4.03	0.32	8.06	0.96
	वाल्व 2	2.1	648	0.16	4.03			
कुल			1296	0.32	8.06	0.32	8.06	0.96

गुलाब के लिए उपयोग होने वाली मिस्टिंग प्रणाली

1. सिंचाई दर

$$\text{सिंचाई दर} = \frac{\text{ड्रीपर का प्रवाह (लीटर/घंटा)} \times \text{लेटरल की संख्या}}{\text{ड्रीपर के बीच की दुरी (मीटर)} \times \text{लेटरल के बीच की दुरी (मीटर)}}$$

लेटरल के बीच की दुरी = 1.5 मीटर

$$\text{सिंचाई दर} = \frac{25 \times 1}{1 \times 1.5}$$

= 16.67 मिली मीटर/दिन

2. सिंचाई दर के आधार पर हम प्रणाली में होने वाला कुल प्रवाह ज्ञात कर सकते हैं

कुल प्रवाह (लीटर/घंटा) = कुल क्षेत्रफल (वर्ग मीटर) × सिंचाई दर

= 1296 × 16.67

= 21604.32 लीटर/घंटा

3. प्रत्येक पारी में तुषार की अवधि का आँकलन

मान लीजिए की गुलाब के पौधों को मिस्टर्स के द्वारा तुषार देने के लिए अधिकतम 2 मिली मीटर/दिन पानी की आवश्यकता होती है

$$\text{पारी आँकलन (घंटा)} = \frac{\text{तुषार के लिए पानी की आवश्यकता (मिली मीटर/दिन)}}{\text{सिंचाई दर (मिली मीटर/दिन)}}$$

$$= \frac{2}{16.67} = 0.11 \text{ घंटा}$$

4. पानी की उपलब्धता/पंप की क्षमता/बिजली की उपलब्धता के अनुसार पारी की संख्या का आँकलन

$$\text{पारी की संख्या (दिन)} = \frac{\text{बिजली की उपलब्धता (घंटा)}}{\text{पारी आंकलन (घंटा)}}$$

$$\text{पारी की संख्या (दिन)} = \frac{1.2}{0.11} = 10 \text{ पारी}$$

एक पारी में पानी के प्रवाह की औसत दक्षता =

$$\text{एक पारी में पानी के प्रवाह} = \frac{\text{कुल क्षमता (लीटर / घंटा)}}{\text{पारी की संख्या}}$$

$$= \frac{21604.32}{2}$$

= 10802.16 लीटर / घंटा = 10.80 (घन मीटर / घंटा)

बिजली की उपलब्धता के आधार पर आंकलन करने पर कुल पारियों की संख्या दस आई है। चूँकि हमारे प्रणाली का कुल प्रवाह है जिसे दो परियों में विभाजित करके पूरा किया जा सकता है अतः हम कुल क्षेत्र को दो पारियों में विभाजित करें।

तालिका (1.14) में वाल्व के प्रवाह के अनुसार वाल्व के आकार का विवरण दिया गया है।

ऊपर हमने एक पारी की क्षमता का आँकलन किया है।

जिसका मान = 10.80 घन मीटर / घंटा है।

पारी की क्षमता के हिसाब से हमें 2" वाल्व की आवश्यकता होगी।

मिस्टर्स को ऑपरेट करने के लिए लने वाले पी पी वाल वाल्व को उप मुख्य पाइप लाइन में लेते हैं अतः उप मुख्य लाइन के आकार का चुनाव भी वाल्व के प्रवाह पर निर्भर करता है हम जानते हैं की वाल्व का प्रवाह 10.80 घन मीटर प्रति घंटा है। ऊपर दी हुई तालिका का अनुसरण करने से यह स्पष्ट होता है की उप मुख्य लाइन का आकार 63 मिली मीटर / 4 कि. ग्रा. / वर्ग से.मी. होगा।

8. उप मुख्य लाइन में होने वाले शीर्ष हानि का आँकलन

पहली पारी के लिए – लम्बाई (मीटर)

= 18 मीटर

पाइप लाइन से होने वाले शीर्ष हानि का विवरण तालिका (1.12 स) दिया गया है यह विवरण हर 100 मीटर लम्बाई के पाइप के लिए है। तालिका का अध्ययन करने से यह स्पष्ट होता है की 10.80 घन मीटर / घंटा पानी के प्रवाह के लिए 63 मिली मीटर पाइप लाइन के लिए कुल शीर्ष हानि 0.80 मीटर है (यह शीर्ष हानि 100 मीटर लम्बाई के पाइप के लिए है)।

इसीलिए 36 मीटर लम्बाई के पाइप के लिए कुल शीर्ष हानि

= (0.80 / 100) x 18

= 0.14 मीटर

दूसरी पारी के लिए = लम्बाई (मीटर)

= 18 मीटर

इसीलिए शीर्ष हानि दूसरी पारी के लिए भी 0.49 मीटर होगी।

9. मुख्य लाइन में होने वाले शीर्ष हानि का आँकलन

डिजाईन में सुरक्षा की दृष्टि से मुख्य लाइन का आकार, उप मुख्य लाइन के आकार से एक आकार बड़ा रखा जाता है।

इसीलिए मुख्य लाइन का आकार 75 मिली मीटर/4 कि.ग्रा./वर्ग से. मी. का चयन करते हैं।

मुख्य पाइप लाइन के द्वारा होने वाला शीर्ष हानि का आँकलन

प्रथम पारी के लिए = लम्बाई

= 36 + 4 मीटर (अतिरिक्त)

= 40 मीटर

मुख्य लाइन में शीर्ष हानि = 0.94 मीटर शीर्ष हानि 75 मिली मीटर के 100 मीटर लम्बे पाइप से होती है जिसका विवरण तालिका (1.12 द) में दिया गया है।

इसलिए 40 मीटर के लिए शीर्ष हानि = 0.376 मीटर होगी।

चूँकि दूसरी पारी में उप मुख्य पाइप लाइन की लम्बाई लगभग 40 मीटर है इसलिए शीर्ष हानि सभी पारियों के लिए 0.94 होगी।

पानी के प्रवाह के हिसाब से फिल्टर का वर्गीकरण

चूँकि एक पारी का प्रवाह 10.80 घन मीटर प्रति घंटा है अतः ऊपर दी गई दो तालिकाओं का अध्ययन करने से यह स्पष्ट होता है की हमें एक 2" (20 घन मीटर प्रति घंटा) की क्षमता का ग्रेवल फिल्टर तथा 2" (25 घन मीटर प्रति घंटा) क्षमता का डिस्क फिल्टर लेगें।

10. प्रणाली से हुए कुल शीर्ष हानि का आँकलन – इसके अन्दर विभिन्न बिंदु इस प्रकार है।

अ. उप मुख्य पाइप लाइन के इनलेट पर दाब की आवश्यकता – यह निम्नलिखित मापकों का योग होता है।

- ड्रीपर का न्यूनतम परिचालन दाब = 10 मीटर
- लेटरल से शीर्ष हानि = 1 मीटर
- उप मुख्य पाइप लाइन से शीर्ष हानि = 0.14 मीटर
- ढलान = 0

ब. हेड यूनिट के आउटलेट में दाब – यह निम्नलिखित मापकों का योग होता है।

- वाल्व से शीर्ष हानि = 2 मीटर
- फिटिंग्स से शीर्ष हानि = 2 मीटर
- मुख्य पाइप लाइन से शीर्ष हानि = 0.37 मीटर
- ढलान = 0

स. हेड यूनिट के इनलेट में दाब – यह निम्नलिखित मापकों का योग होता है।

- प्राथमिक फिल्टर में शीर्ष हानि = 4 मीटर
- फर्टिशन उपकरण में शीर्ष हानि = 4 मीटर
- द्वितीयक फिल्टर से शीर्ष हानि = 4 मीटर

द. प्रणाली में होने वाली कुछ अन्य हानियाँ – इसके अंतर्गत निम्नलिखित बातें आती हैं ।

- पानी की स्त्रोत की हराई = 3 मीटर
- लम्बबित पाइप में शीर्ष हानि = 2 मीटर
- सुरक्षा गुणांक = 2 मीटर

11. उपयुक्त पंप का चुनाव – ऊपर किए हुए शीर्ष हानि तथा प्रवाह के आँकलन के आधार पर पंप का चुनाव किया जाता है।

$$\text{हॉर्स पॉवर} = \frac{\text{कुल प्रवाह (लीटर प्रति सैकंड)} \times \text{कुल शीर्ष (मीटर)}}{0.65 \times 75}$$

$$= \frac{6 \times 34.51}{0.65 \times 75} = 4.24 \text{ एच.पी.}$$

तालिका 2.16 परिचालन अनुसूची

परिचालन अनुसूची								
पारी क्रमांक	**वाल्व**	**खण्ड**	**वाल्व क्षेत्र (वर्ग मीटर)**	**वाल्व क्षेत्र (एकड़)**	**वाल्व प्रवाह (घन मीटर प्रति घंटा)**	**पारी क्षेत्र (एकड)**	**पारी प्रवाह (घन मीटर प्रति घंटा)**	**परिचालन समय**
1	वाल्व 1	1.1	648	0.16	10.80	0.16	10.80	0.11
2	वाल्व 2	2.1	648	0.16	10.80	0.16	10.80	0.11
कुल			20160	0.32	21.6	0.32	21.6	0.22

तालिका 2.17 पंप ड्यूटी गणना

पंप ड्यूटी गणना			
क्रमांक	**पारी क्रमांक**	**1**	
	वाल्व	**वाल्व 1**	**वाल्व 2**
1	ड्रिपर्स का न्यूनतम परिचालन दाब (मीटर)	10	10
2	लेटरल से शीर्ष हानि (मीटर)	1	1
3	उपमुख्य लाइन से शीर्ष हानि (मीटर)	0.14	0.14
4	ढलान (मीटर)	0	0
5	**उप मुख्य लाइन पर दाब की आवश्यकता (मीटर)**	**11.14**	**11.14**
6	वाल्व से शीर्ष हानि (मीटर)	2	2
7	फिटिंग्स से शीर्ष हानि (मीटर)	2	2
8	मुख्य लाइन में शीर्ष हानि (मीटर)	0.94	0.94
9	ढलान (मीटर)	0	0
10	**हेड यूनिट के आउटलेट में दाब (मीटर)**	**16.08**	**16.08**
11	प्राथमिक फिल्टर से शीर्ष हानि (मीटर)	4	4
12	फर्टिगेशन उपकरण से शीर्ष हानि (मीटर)	4	4
13	द्वितीयक फिल्टर से शीर्ष हानि (मीटर)	4	4
14	**हेड यूनिट के इनलेट में दाब (मीटर)**	**28.08**	**28.08**
15	पानी के स्त्रोत की हराई (मीटर)	3	3
16	लंबवत पाइप से शीर्ष हानि (मीटर)	2	2
17	सुरक्षा गुणांक (मीटर)	2	2
18	**कुल शीर्ष (मीटर)**	**35.08**	**35.08**
19	वाल्व प्रवाह दर (घन मीटर/घंटा)	10.08	10.08
20	पारी प्रवाह दर (घन मीटर/घंटा)	21.6	21.6
पंप क्षमता का आँकलन			
	पारी क्रमांक	1	2
	प्रवाह (घन मीटर/घंटा)	21.6	21.6
	प्रवाह (लीटर/सेकेण्ड)	6	6
	शीर्ष (मीटर)	**35.08**	**35.08**
	पंप का हॉर्स पॉवर	**4.31**	**4.31**

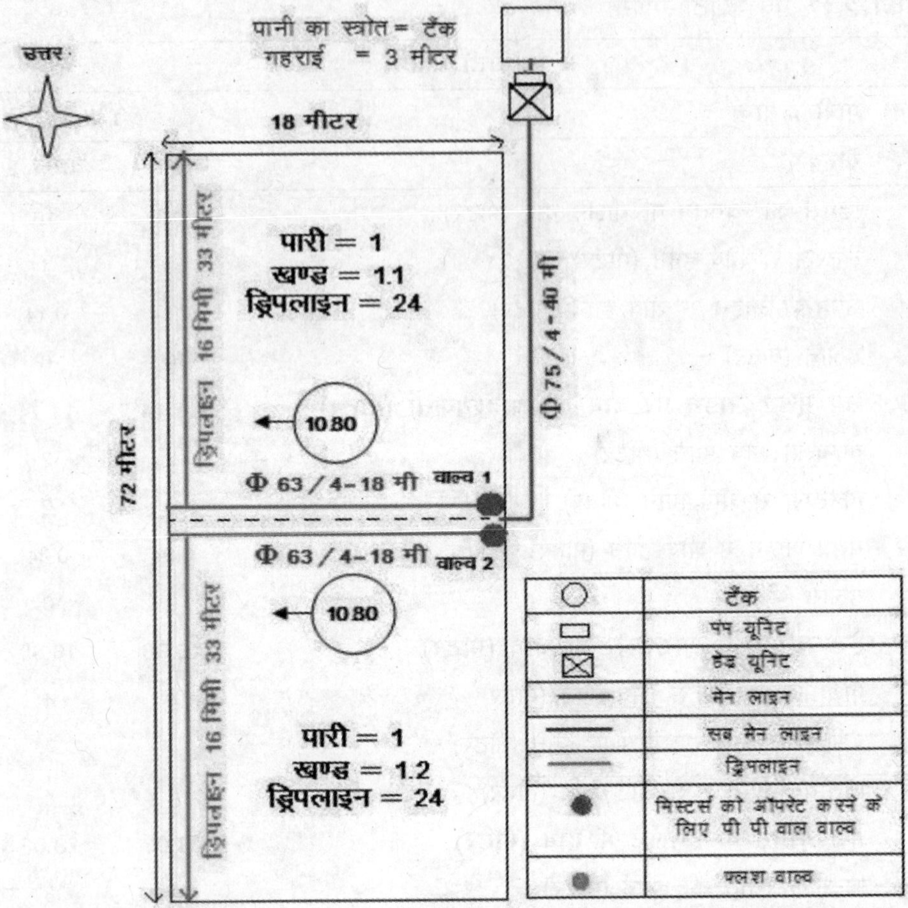

चित्र 2.6 पॉलीहॉउस के अंदर गुलाब की खेती के लिए डिजाइन किया हुआ खेत

2.5 शेडनेट (छायाघर)

शेडनेट हाउस एक जस्तीकृत पाइप/ऐंल आयरन/लकडी/बाँस का बना एक मजबूत ढॉचा है जिसे पराबैंगनी अवरोधी प्लास्टिक से बने जाल से ढका जाता है। ये सूर्य की किरणों की संघनता तथा तापमान को कम करके पौधों को आंशिक रूप से नियंत्रित वातावरण प्रदान करते हैं, इसलिए इनके अन्दर साल भर मौसमी फसलों का उत्पादन (खेती) संभव हो पाती है। शेडनेट का अनुकूल वातावरण पौधों के फोटोसिंन्थेसिसि (प्रकाश संश्लेषण) प्रक्रिया को बढ़ता है साथ ही मृदा के तापमान को भी बढ़ाता है। शेडनेट प्रकाश की तीव्रता को कम करके आंतरिक तापमान को कम कर देता है। नीचे कुछ वातावरणीय कारकों का उल्लेख किया गया है जो की शेडनेट के अंदर पौधों को उचित वातावरण प्रदान कर उसकी उत्पादकता को बढ़ाते हैं।

1. **प्रकाश** – विभिन्न धनत्व वाली शेडनेट प्रकाश की तीव्रता एवं गुणवत्ता को नियंत्रित कर प्रकाश संश्लेषण की मात्रा को बढ़ाता है।

2. **तापमान नियंत्रण** – शेडनेट के अंदर तापमान नियंत्रित रहने से यह पौधों को गर्मी में सीधे सूर्य की किरणों से एवं सर्दियों में पाले से बचाता है।
3. **वायु की गति** – शेडनेट, वायु की गति को कम करके पौधों से स्वेदः दर एवं मिट्टी से वाष्पोत्सर्जन की दर को कम करता है।
4. शेडनेट, भौतिक अवरोध उत्पन्न करके ओले, भारी वर्षा, कीट एवं पक्षियों से बचाते हैं।

2.5.1 शेडनेट के लाभ

- ये फूलों, पत्तेदार पौधों, औषधीय पौधों, खुशबूदार पौधों, सब्जियाँ और मसाले आदि फसलों की खेती करने में उपयोग होता है।
- विभिन्न कृषि उत्पादों की गुणवत्तापूर्ण सुखाई में मदद करता है।
- गर्मी के मौसम में फसल की पैदावार बढ़ाने में सहायक होता है।
- फसल को गर्मी, ओले, कोहरे (पाला), बर्फ, पक्षियों, कीट–पतंगों तथा प्राकृतिक आपदाओं द्वारा होने वाले नुकसान से बचाव करने में सहायक होता है।
- सब्जियों की नर्सरी, कलमों से पौध तैयार करने में सहायक होती है।
- ऊतक संवर्धन से तैयार पौध को सख्त करने में सहायक होती है।

2.5.2 शेडनेट के उपयोग

1. फूलों की खेती में
2. वर्मीकम्पोस्ट यूनिट के निर्माण में
3. हवा को रोकने में
4. कृषि उत्पादों को सूखाने के लिए
5. केटल शेड, फिश पाड, पोल्ट्री फार्मिंग में
6. चाय, कॉफी, इलायची, मिर्च अन्य प्रकार के मसाले एवं सब्जियों के उत्पादन में

2.5.3 छाया घर के ढांचे का नियोजन

छाया घर के ढांचे का नियोजन फसल के प्रकार, स्थानीय रूप से उपलब्ध सामग्री व स्थानीय मौसमी परिस्थितियों को ध्यान में रखकर किया जाना चाहिए।

स्थल का चयन

छाया घर ऐसी जगह बनाया जाना चाहिए की वह सामग्री लाने एवं उपज के विक्रय के लिए बाजार से आसानी से जुडा हो। यह ढांचा भवनों एवं पेड़ों से दूर लगाया जाना चाहिए एवं औद्योगिक या वाहनगत प्रदूषण से भी दूर हो, स्थल पर पानी के निकास की समस्या नहीं होनी चाहिए। बिजली तथा अच्छी गुणवत्ता के पानी का प्रावधान होना चाहिए। लेकिन, वायु की गति कम करने के उपाय (विंड ब्रेकर) ढांचे से 30 मीटर दूर लगाये जा सकते हैं।

अभिविन्यास

छाया घर के अभिविन्यास के लिए मुख्य रूप से दो पैमाने हैं। वे हैं, छाया घर में अपरिवर्तनशील प्रकाश की तीव्रता व हवा की दिशा। एक मेहराब के ढ़ाँचे का पूर्व–पश्चिम या उत्तर–दक्षिण दिशा में अभिविन्यास किया जा सकता है लेकिन बहु–मेहराब के ढांचे को अपरिवर्तनशील प्रकाश की तीव्रता के लिए उत्तर–दक्षिण दिशा में अभिविन्याशित किया जाना चाहिए।

संरचना की सामग्री

छाया घर के ढांचे में मूल रूप से दो भाग होते हैं यानि फ्रेम तथा आवरण की सामग्री। छाया घर फ्रेम आवरण सामग्री को सहारा देती है और उसे हवा, बारिश तथा फसल के भार से बचाव के लिए डिजाइन किया जाता है। यदि जंगरोधी उपचार नियमित अंतराल पर किया जाये तो छाया घर की लोहे के एंगल की फ्रेम 20 से 25 साल तक बरकरार रहती है, जबकि बांस का ढ़ांचा 3 साल तक रह सकता है।

2.6 प्रकाश स्पेक्ट्रम क्या है ? और यह किस प्रकार पौधों पर कार्य करता है ?

प्रकाश पौधों की वृद्धि एवं विकास के लिए महत्वपूर्ण होता है। पौधों की पत्तियों में उपस्थित क्लोरोफिल प्रकाश को अवशोषित कर आवश्यक ऊर्जा प्रदान करता है। फूल लगे हुए पौधे दृश्य प्रकाश की वर्णक्रम को पूर्णतः उपयोग करते हैं लेकिन कुछ तरंगदैर्ध्य दूसरों की तुलना में ज्यादा महत्वपूर्ण होती है। पौधों के वृद्धि एवं विकास, फूलों का आना तथा पौधों के प्रजनन के लिए सही प्रकाश का वर्णक्रम, प्रकाश की तीव्रता, प्रकाश की अवधि का होना आवश्यक है।

प्राकृतिक दिन के प्रकाश में उच्च तापमान (लगभग 5000 केल्विन) होता है। दृश्य प्रकाश का रंग मौसम, सूर्य के प्रकाश का कोण तथा प्रकाश की विशिष्ट मात्रा (मात्रक–लूमेन्स) जो की प्रकाश संश्लेषण के लिए उपयुक्त होती है के अनुसार बदलता रहता है। पौधों के वृद्धि एवं विकास के लिए अलग–अलग वर्णक्रम की आवश्यकता होती है। पौधें के विकास के प्रारंभिक अवस्था में प्रकाश के नीले वर्णक्रम की आवश्यकता होती है। जब की फूलों की अवस्था वाले चरण में प्रकाश के लाल–नांरगी वर्णक्रम महत्वपूर्ण होता है।

के लिए उपयोगी होतें है। दृश्य प्रकाश वर्णक्रम लाल, नांरगी, पीला, हरा, नीला इंडिगों तथा बैंगनी रंग में प्रकाश का उत्सर्जन करता है। पौधों के विकास के लिए वर्णक्रम के दोनो तरफ का रंग महत्वपूर्ण होता है। जब की पीला और हरें रंग की तरंगदैर्ध्य कम आवश्यक होती है। पौधे 400–700 nm की तरंगदैर्ध्य का उपयोग करता है। सूर्य की रोशनी, प्रकाश का सबसे अच्छा माध्यम है जो सभी प्रकार की तरंगदैर्ध्य को उपलब्ध कराता है। अलग–अलग तरंगदैर्ध्य का उपयोग पौधों के विकास के अलग–अलग कार्य में होता है। लेकिन इस श्रृखंला में सभी तरंगदैर्ध्य अलग मात्रा में अवशोषित होती है जबकि हरे व पीले रंग की वर्णक्रम की तरंगदैर्ध्य अलग मात्रा में अवशोषित होती है जब की हरे व पीले रंग की वर्णक्रम की तरंगदैर्ध्य अधिक मात्रा में परावर्तित होकर पौधे की पत्तियों को हरा रंग प्रदान करती है। नीचे विभिन्न प्रकाश वर्णक्रम वाली तरंगदैर्ध्य का वर्णन दिया गया है जो की पौधों के वृद्धि एवं विकास में सहायक होता है।

नीला प्रकाश : सबसे महत्वपूर्ण नीले वर्णक्रम की तरंगदैर्ध्य है जो की 435–500 nm के मध्य होती है। इस प्रकार के वर्णक्रम को शांत प्रकाश भी कहा जाता है। ये तरंगदैर्ध्य पौधों की जडों का विकास तथा तीवर्ग प्रकाश संश्लेषण के माध्यम से वानस्पतिक विकास को बढ़ावा देती है। यह तरंगदैर्ध्य पौधे के विकास की प्रारंभिक अवस्था जैसे – अकुंरण के समय अधिक उपयोग की जाती है।

लाल प्रकाश : सबसे लम्बी तरंगदैर्ध्य लाल रंग के प्रकाश की होती है जो की 625–740 nm के मध्य होती है। यह तरंगदैर्ध्य पौधों में तने के विकास, फूलों की वृद्धि, फल उत्पादन, क्लोरोफिल के उत्पादन को बढ़ावा देती है। लाल रंग की तरंगदैर्ध्य गरम प्रकाश के रूप में होती है। जो कि स्वाभाविक रूप से सर्दियों के कम दिनों के दौरान सूर्य की रोशनी में अधिक मात्रा में उपस्थित होती है।

हरा और पीला प्रकाश : पौधों की पत्तियों का हरा रंग, हरे तथा पीले रंग की तरंगदैर्ध्य के परावर्तन से होता है। हरे रंग की तरंगदैर्ध्य 520–565 nm के मध्य तथा पीले रंग की तरंगदैर्ध्य 565–590 nm के मध्य होती है। पौधें मुख्य रूप से लाल तथा नीले रंग की तरंगदैर्ध्य को अवशोषित करते हैं। साथ ही पौधे प्रकाश सश्ंलेषण की क्रिया कुछ मात्रा में हरे तथा पीले रंग की तरंगदैर्ध्य को भी अवशोषित करते हैं।

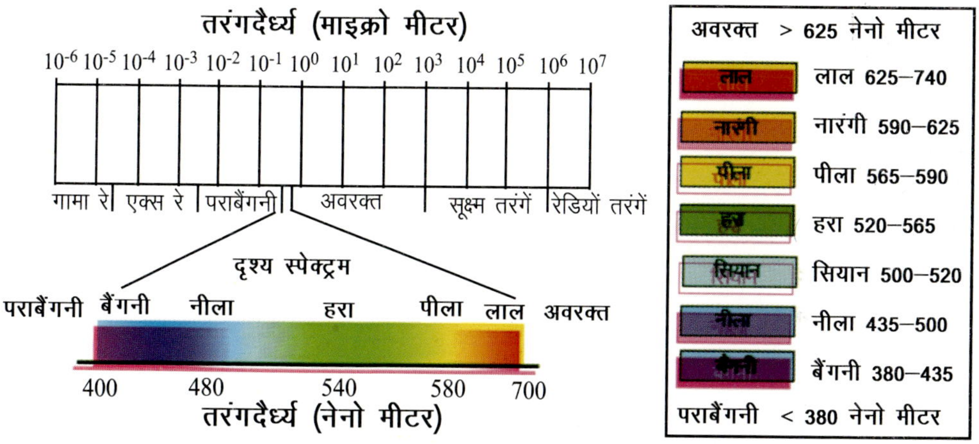

चित्र 2.7 प्रकाश स्पेक्ट्रम

2.7 शेडनेट के प्रकार

प्रत्येक पौधे को रोशनी तथ छाया की अलग–अलग जरूरते होती हैं। जिसकी उपलब्धता पर ये अच्छी तरह फलते–फूलते हैं। छाया जाली का सही रंग तथा छाया प्रतिशत का चयन पौधों के लिए सही वातावरण तथा पैदावार बढ़ाने के लिए अहम भूमिका निभाता है। शेडनेट विभिन्न प्रकार के छाया धनत्व जैसे 35, 50, 75, और 90 प्रतिशत एवं विभिन्न प्रकार के रंग जैसे सफेद, काला, लाल, भूरा, हरा, नीला एवं दो नेट रंग से मिलकर बने होते हैं। एक ही घनत्व के विभिन्न कलर के शेडनेट प्रकाश को बराबर मात्रा में संचालित करते हैं। इनकी ऑप्टिकल गुण जैसे अपवर्तनांक गुणाक में भिन्नता होती है।

1. **हरा x काला** : यह नेट अवांछित अल्ट्रा वायलेट किरणों को रोकता है इस नेट का परिणाम अंगूर की खेती में अच्छा पाया गया है।
2. **काला x काला** : यह नेट विकरित ऊर्जा को अवशोषित करता है और सभी प्रकार की नर्सरी के लिए लाभप्रद होता है।
3. **सफेद x काला** : यह नेट प्रकाश को चारों तरफ फैलाने का कार्य करता है एवं इसका प्रभाव फूलों की खेती जैसे : झरबेरा, एन्थूरियम, में अच्छा पाया गया है।
4. **लाल x –सफेद** : यह नेट फोटोसिन्थेटिक की प्रक्रिया को बढ़ाता है। जिससे पौधों की वृद्धि पर अच्छा प्रभाव दिखाई पड़ता है।

चित्र 2.8 विभिन्न कलर और घनत्व के शेडनेट

चित्र 2.9 शेडनेट हाउस

सारणी 2.18 (अ) शेडनेट निर्माण (डोम आकार) के लिए विस्तृत तकनीकी सुझाव

क्र. संख्या	**विवरण**	**विस्तृत जानकारी**
1	क्षेत्रफल वर्ग मी	1000 से 4000
2	संरचना की लंबाई	डिजाइन के अनुसार
3	संरचना की चौड़ाई	डिजाइन के अनुसार
4	कॉरीडोर	अधिकतम 2 मी चारों तरफ का क्षेत्र
5	ग्रिड	4 मी X 6 मी

सारणी 2.18 (ब) संरचनातमक भाग (जी. आई. पाइप)

क्र. संख्या	**साम्रगियों की सूची**	**लंबाई (मी)**	**व्यास (मि.मी.)**	**मोटाई (मि.मी.)**
1	फाऊँण्डेसन पाईप	1 से 2 मी	48 मिमी बाहरी व्यास	3 मिमी
2	नेट हाउस कालम	4 मी	60 मिमी बाहरी व्यास	2 मिमी
3	शीर्ष पुरलिन	4 एवं 6 मी	43 मिमी बाहरी व्यास	2 मिमी
4	क्लेम्प एवं नट बोल्ट	आवश्यकतानुसार	48 मिमी बाहरी व्यास	—
5	कोरीडोर्स	2.0 मी	42 मिमी बाहरी व्यास	2 मिमी
6	होरिजेन्टल (क्षैतिज) मेम्बर	1 से 1.5 मी	42 मिमी बाहरी व्यास	2 मिमी
7	शीर्ष कोने पर ब्रांसिंग क्रास	आवश्यकतानुसार	33/42 मिमी बाहरी व्यास	2 मिमी
8	क्षैतिज एवं ऊर्ध्वाधर को जोड़ने के लिए नी ब्रांसिंग	0.5 मी	42 मिमी बाहरी व्यास	2 मिमी
9	आर्च	आवश्यकतानुसार		3 मिमी

सारणी 2.19 (अ) शेडनेट निर्माण (समतल आकार) के लिए विस्तृत तकनीकी सुझाव

क्रमांक	**विवरण**	**विस्तृत जानकारी**
1	क्षेत्रफल (वर्ग मी)	1000 से 4000 वर्ग मीटर
2	संरचना की लम्बाई	डिजाइन के अनुसार
3	संरचना की चौड़ाई	डिजाइन के अनुसार
4	ग्रिड	4 मी X 6 मी
5	सीधा कॉरिडोर	अधिकतम 2 मी चारों तरफ का क्षेत्र

सारणी 2.19 (ब) संरचनात्मक भाग (जी. आई. पाइप)

क्र. सं.	**सामग्रीयों की सूची**	**लम्बाई (मी)**	**व्यास**	**मोटाई (मि.मी.)**
1	फाउण्डेशन पाईप	1 से 2 मी	48 मिमी बाहरी व्यास	3 मिमी
2	नेट हाउस	4 मी	60 मिमी बाहरी व्यास	2 मिमी
3	शीर्ष पुरलिन	4 एवं 6 मी	43 मिमी बाहरी व्यास	2 मिमी
4	3/4/5 वे	200 मिमी प्रत्येक तरफ	43 मिमी बाहरी व्यास	2 मिमी
5	क्लेम्प एवं नट बोल्ट	आवश्यकतानुसार		–
6	कोरीडोर्स	2.0 मी	42 मिमी बाहरी व्यास	2 मिमी
7	क्षैतिज मेम्बर	1 से 1.5 मी	42 मिमी बाहरी व्यास	2 मिमी
8	शीर्ष कोने पर क्रास ब्रांसिंग	आवश्यकतानुसार	42 मिमी बाहरी व्यास	2 मिमी
9	क्षैतिज एवं ऊर्ध्वाधर को जोड़ने के लिए नी ब्रांसिंग	0.5 मी	33/42 मिमी बाहरी व्यास	2 मिमी

सारणी 2.20 शेडनेट निर्माण के लिए एकीकृत बागवानी विकास मिशन के द्वारा निर्धारित लागत अनुदान

क्र. संख्या	**विषय**	**अनुमानित इकाई लागत**
(अ)	शेडनेट (छाया गृह)	
	1. ट्यूबलर संरचना	450 रू प्रति वर्ग मी समतल क्षेत्रों के लिए 518 रू प्रति वर्ग मी पहाड़ी क्षेत्रों के लिए
	2. लकड़ी की संरचना	492 रू प्रति वर्ग मी समतल क्षेत्रों के लिए 566 रू प्रति वर्ग मी पहाड़ी क्षेत्रों के लिए
	3. बांस की संरचना	360 रू प्रति वर्ग मी समतल क्षेत्रों के लिए 414 रू प्रति वर्ग मी पहाड़ी क्षेत्रों के लिए
(ब)	प्लास्टिक टनल	60 रू प्रति वर्ग मी समतल क्षेत्रों के लिए 75 रू प्रति वर्ग मी पहाड़ी क्षेत्रों के लिए
(स)	वक इन टनल	600 रू प्रति वर्ग मी समतल क्षेत्रों के लिए

स्रोत: एकीकृत बागवानी विकास मिशन

विभिन्न प्रकार की फसलों के लिए उपयुक्त शेड घनत्व को नीचे सारणी में दिखाया गया है।

सारणी 2.21 शेडनेट चुनाव के मापदंड

क्र.सं	शेड घनत्व (%)	फसलें
1	35%	फलों की नर्सरी तैयार करने तथा ठण्डे प्रदेशों में सब्जियों के लिए प्रयुक्त
2	50%	टमाटर, शिमला मिर्च, खीरा, भिण्डी, पत्तागोभी की नर्सरी तैयार करने व नर्सरी के कठोरीकरण इत्यादि।
3	75%	आर्किड, जरबेरा, कारनेशन, एन्थूरियम, लिली, जरेनियम, केलेडियम, गमले वाले पौधे इत्यादि।

चित्र 2.10 कीट अवरोधी नेट हाउस

2.8 कीट अवरोधी नेट हाउस

कीट अवरोधी नेट हाउस जंग रोधी पाईप/लकड़ी/बाँस एवं जाली से बनी स्थायी अथवा अस्थायी संरचना है, जिसका मुख्य उद्देश्य फसल अथवा पौधों को विभिन्न प्रकार के कीटों एवं इनसे फैलने वाली वायरस जनित वाली बीमारियों से सुरक्षा प्रदान करना होता है। इस संरचना में आवरण के रूप में 40 मेश की पराबैगनी अवरोधी जाली का प्रयोग किया जाता है जो कि पौधों को रसचूसक कीट जैसे सफेद मक्खी, माहो तथा तना एवं फल छेदक कीड़े से सुरक्षा प्रदान करती है। इस प्रकार के नेट हाउस में मिर्च, शिमला मिर्च, खीरा, भिण्डी, टमाटर, बैंगन हरि पत्तेदार सब्जियाँ अदि फसलों को सफलता पूर्वक उगाया जा सकता है। जिससे न केवल पौधों में वायरस जनित रोग फैलाने वाले

कीटो एवं अन्य छेदक कीटों को रोका जाता है बल्कि फसलों पर कीटनाशकों का प्रयोग भी कम हो जाता है। इस प्रकार के नेट हाउस प्रयोग की जाने वाली सामग्रियों एवं डिजाईन के आधार पर 250 से 400 रूपये प्रति वर्ग मीटर की लागत में बनाया जा सकता है।

2.9 वाक–इन–टनल

वाक–इन–टनल संरक्षित खेती हेतु पॉली हाउस का ही एक छोटा रूप है जो की जंगरोधी जी.आई. पाईप अथवा बाँस तथा पराबैंगनी अवरोधी प्लास्टिक फिल्म की सहायता से बनाई जाती है। इस अस्थायी संरचना का उपयोग अत्यधिक सर्दी के मौसम में कद्दू वर्गीय सब्जियो जैसे लौकी, कद्दू, खीरा तथा टमाटर आदि सब्जियों को बेमौसमी रूप से उगाने तथा पौध उत्पादन में किया जाता है। इस संरचना को किसान कम लागत में तैयार कर बेमौसमी सब्जियों को उगाकर अत्याधिक लाभ प्राप्त कर सकते हैं। इन वाक–इन टनल के उपरी आवरण के रूप में कीट अवरोधी जाली का प्रयोग कर रोग विषाणु रहित सब्जी, पौधा उत्पादन भी किया जा सकता है तथा कीट अवरोधी जाली के उपर शेड नेट को बिछाकर ग्रीष्म ऋतु में भी फसल उत्पादन संभव है। इसके निर्माण में लगभग 150–200 रूपये प्रति वर्ग मीटर की लागत आती है।

चित्र 2.11 वाक–इन–टनल

2.10 लो–टनल (निचली सुरंगे)

यह संरक्षित खेती की ऐसी प्रणाली है जो की ग्रीन हाउस सिद्धांत पर कार्य करती है। इसका प्रमुख उद्देश्य फसलों को कम तापमान, पाला, पक्षियों से बचाते हुए बेमौसमी सब्जी उत्पादन करना होता है। ऐसी संरचना बनाने के लिए पहले खेत में एक मीटर चौड़ी क्यारियाँ तैयार की जाती है तथा उन पर ड्रिप सिंचाई हेतु पाईप फैलाकर उन पर पतले तार हुप्स (अर्द्धचंद्रकार) इस प्रकार लगाये जाते हैं जिससे हुप्स के दोनों सिरों की

75–110 से॰मी॰ तथा तार के मध्य से ऊँचाई लगभग 60–80 से.मी रहे तथा इनको 1.5 से 2.0 मीटर को दूरी पर लगाया जाता है।

इसके बाद इनमे पहले से तैयार बेल वाली सब्जियों के पौधों की रोपाई करके 25–50 माइक्रान मोटी पारदर्शी प्लास्टिक से ढ़क दिया जाता है। जिससे कि अंदर पौधों के आसपास का सूक्ष्म वातावरण बदल जाता है और धूप निकलने पर अंदर का तापमान 10 डिग्री से.ग्रे. तक बढ़ जाता है।

चित्र 2.12 लो टनल

इस प्रकार की संरक्षित संरचनाओं में लौकी, खीरा, करेला, टिण्डा, खरबूजा व अन्य कद्दू वर्गीय सब्जियों को मुख्य मौसम से 30–60 दिन पहले उगाया जा सकता और बाजार में उत्पाद से अच्छा भाव पाया जा सकता है। इस प्रकार की संरचनाओं की लागत लगभग 30 रूपये प्रति मीटर आती है।

2.11 संरक्षित खेती में ध्यान देने योग्य बातें

- हमेशा बेमौसमी फसल उत्पादन का चयन करें।
- लंबवत एवं क्षैतिज स्थान का पूर्ण रूप से उपयोग करें।
- संरक्षित खेती हेतु केवल अनुशंसित फसल की किस्म का ही चयन करें।
- बाजार भाव के अनुसार फसल चक्र अपनाएँ।
- अधिकतम पौध सघनता अपनाएँ।
- वर्ष में एक बार सौंर्दयकरण द्वारा मृदा उपचार करें जिससे रोग एवं कीट की रोकथाम की जा सके।
- भूमि की उर्वराशक्ति बनाये रखने हेतु रासायनिक उर्वरकों के साथ–साथ जैविक खादों का आवश्यक रूप से उपयोग करें।

इस प्रकार कृषक इन कम लागत वाली संरक्षित कृषि तकनीकी को अपनाकर उच्च गुणवत्ता वाली फसल उत्पादित करके शहरों में उपलब्ध बाजार में बेचकर निश्चित तौर पर अधिक लाभ कमा सकते हैं। यही नहीं लगातार बदलते जलवायु परिवर्तन तथा कृषि योग्य भूमि व कृषि हेतु उपलब्ध जल पर औद्योगीकरण व शहरीकरण के कारण लगातार

बढ़ते दबाव के परिपेक्ष में भी इस प्रकार की तकनीकी की आवश्यकता व इसका महत्व और बढ़ जाता है।

2.12 ग्रीनहाउस/शेडनेट निर्माण के लिए अनुदान

भारत सरकार ग्रीन हाऊस के निर्माण के लिए 50 प्रतिशत अनुदान प्रदान करती है। ताकि कृषक इस तकनीकी का बेहतर तरीके से अपना सके। प्रत्येक हितग्राही के लिए अधिकतम 4047 वर्ग मीटर (एक एकड़) तक की संरचना का प्रावधान राष्ट्रीय बागवानी मिशन में किया गया है।

■■■■

3

मिट्टी की जाँच, पौधों में पोषक तत्वों का महत्त्व एवं जैविक खेती

मिट्टी के रासायनिक परीक्षण के लिए पहली आवश्यक बात है खेतों से मिट्टी के सही नमूने लेना। क्योंकि एक खेत में अलग–अलग स्थानों की मृदा में भी भिन्नता हो सकती है। परीक्षण के लिए खेत में मृदा का नमूना सही होना चाहिए।

मृदा का गलत नमूना होने से परिणाम भी गलत मिलेंगे। खेत की उर्वरा शक्ति की जानकारी के लिए ध्यान योग्य बात है की परीक्षण के लिए मिट्टी का जो नमूना लिया गया है, वह आपके खेत के हर हिस्से का प्रतिनिधित्व करता हो।

3.1 मृदा की जाँच आवश्यक क्यों?

1. फसलों से अधिक उपज लेने के लिए यह जानना जरूरी हो ज़ाता है की मिट्टी में कौन से पोषक तत्त्व उपस्थित हैं व कितनी मात्रा में उपलब्ध हैं।
2. फसल के अनुरूप जैविक खाद, उर्वरकों की मात्रा निर्धारण के लिए।
3. खेत की मिट्टी कौन–कौन सी फसल के लिए उचित है।
4. लक्षित उत्पादन प्राप्त करने एवं उर्वरकों की उपयोगिता क्षमता में वृद्धि के लिए।
5. समस्या ग्रस्त अम्लीय, क्षारीय, ऊसर मिट्टी के सुधार हेतु।

3.2 मृदा का नमूना कब लें?

1 गर्मियों में रबी फसल की कटाई के बाद से लेकर खरीफ की बुवाई के पहले तक।

2 जहाँ लगातार पूरे वर्ष फसलें ली जाती है वहाँ कटाई के तुरन्त बाद।

3 बहुवर्षीय खड़ी फसल में पौधों की कतार के बीच से मिट्टी का नमूना लें।

3.3 मृदा नमूना लेने के लिए सामग्री

खुरपी या आगर, तसला या प्लास्टिक की साफ बाल्टी, पॉलीथीन, धागा, सादा कागज, साफ पुराना अखबार आदि।

3.4 नमूना लेने का उद्देश्य

रासायनिक परीक्षण के लिए मिट्टी के नमूने एकत्रित करने के मुख्य तीन उद्देश्य हैं

1 फसलों में रासायनिक खादों के प्रयोग की सही मात्रा निर्धारित करने के लिए।

2 ऊसर तथा अम्लीय भूमि के सुधार तथा उसे उपजाऊ बनाने का सही ढंग जानने के लिए।

3 बाग व पेड़ लगाने हेतु भूमि की अनुकूलता तय करने के लिए।

3.5 नमूना लेते समय सावधानियाँ

किसान भाईयों मिट्टी का नमूना लेने के पहले निम्नलिखित सुझावों पर अवश्य ध्यान दें–

1. वृक्ष और देशी खाद के ढेर के नीचे की मिट्टी न ले।
2. खेत के कोनों एवं मेड़ से एक मीटर अंदर के ओर की मिट्टी न ले।
3. अधिकतर समय पानी भरे रहने वाले एवं नाली के पास के स्थान से मिट्टी न ले।
4. उर्वरक, खाद, नमक की बोरी के ऊपर मिट्टी नमूना न सुखाए।
5. मिट्टी नमूना रखने के लिए नई एवं साफ पॉलीथीन का प्रयोग करें।
6. चाही गई जानकारी नमूना पत्रक में भरकर मिट्टी के साथ अवश्य भेजें।
7. नमूना पत्रक उपलब्ध न होने पर सादे कागज में नाम, पता, रकबा, खेत निशानी, सिंचाई स्त्रोत, असिंचित, ली गई फसल, प्रस्तावित अगली फसल दिनांक, अन्य संबंधित जानकारी लिखकर मिट्टी नमूना के साथ भेजें।
8. अधिकतम एक हैक्टेयर क्षेत्रफल तक के खेत से एक नमूना ले।

3.6 नमूना एकत्रित करने की विधि

1 मृदा के उपर की घास–फूस साफ करें।

2 भूमि की सतह से हल की गहराई (0–15 सेंमी) तक टयूब द्वारा मृदा की एककसार टुकड़ी ले। यदि आपको फावड़े या खुरपे का प्रयोग करना हो तो "V" आकार का 15 सेमी गहरा गड्ढा बनाएँ। अब एक ओर से ऊपर से नीचे तक 10–12 अलग–अलग स्थानों से मृदा लें और उन पर सबको साफ कपड़े में इकट्ठा करें।

3 अगर खड़ी फसल से नमूना लेना हो, तो मृदा का नमूना पौधों की कतारों के बीच खाली जगह से ले। जब खेत में क्यारियाँ बना दी गई हों या कतारों में खाद डाल दी गई हो तो मृदा का नमूना लेने के लिए विशेष सावधानी रखें।

मृदा को मिलाना

एक खेत में भिन्न–भिन्न स्थानों से तसले या कपड़े में इकट्ठे किए हुए नमूने को छाया में रखकर सूखा लें। एक खेत से एकत्रित की हुई मृदा को अच्छी तरह मिलाकर एक नमूना बनाएँ तथा उसमें से लगभग आधा किलो मृदा का नमूना लें जो समूचे खेत का प्रतिनिधित्व करता हो।

लेबल लगाना

हर नमूने के साथ नाम, पता और खेत का नम्बर का लेबल लगाएँ। अपने रिकॉर्ड के लिए भी उसकी एक नकल रख ले। दो लेबल तैयार करें एक थैली के अन्दर डालने के लिए और दूसरा बाहर लगाने के लिए। लेबल पर कभी भी स्याही से न लिखें। हमेशा बाल पेन या पेंसिल से लिखे।

सूचना पर्चा

खेत व खेत की फसलों का पूरा ब्यौरा सूचना पर्चा में लिखें। यह सूचना आपकी मृदा की रिपोर्ट व सिफारिश को अधिक लाभकारी बनाने में सहायक होगी। मृदा के नमूने के साथ सूचना पर्चा में निम्नलिखित बातों की जानकारी अवश्य दें।

1. खेत का नम्बर या नाम
2. अपना पता
3. नमूने का प्रयोग (बीज वाली फसल और किस्म)
4. मृदा का स्थानीय नाम
5. भूमि की किस्म (सिंचाई वाली या बारानी)
6. सिंचाई का साधन
7. प्राकृतिक निकास और भूमि के नीचे पानी की गहराई
8. भूमि का ढलान
9. फसलों की अदल–बदल
10. खादों या रसायनों का ब्यौरा, जिसका प्रयोग किया गया हो
11. कोई और समस्या, जो भूमि से सम्बन्धित हो

नमूने बाँधना

हर नमूने को एक साफ कपड़े की थैली में डालें। ऐसी थैलियों में नमूने न डालें जो पहले खाद आदि के लिए प्रयोग में लाई जा चुकी हो या किसी और कारण खराब हों जैसे ऊपर बताया जा चुका है। एक लेबल थैली के अन्दर भी डालें। थैली अच्छी तरह से बन्द करके उसके बाहर भी एक लेबल लगा दें।

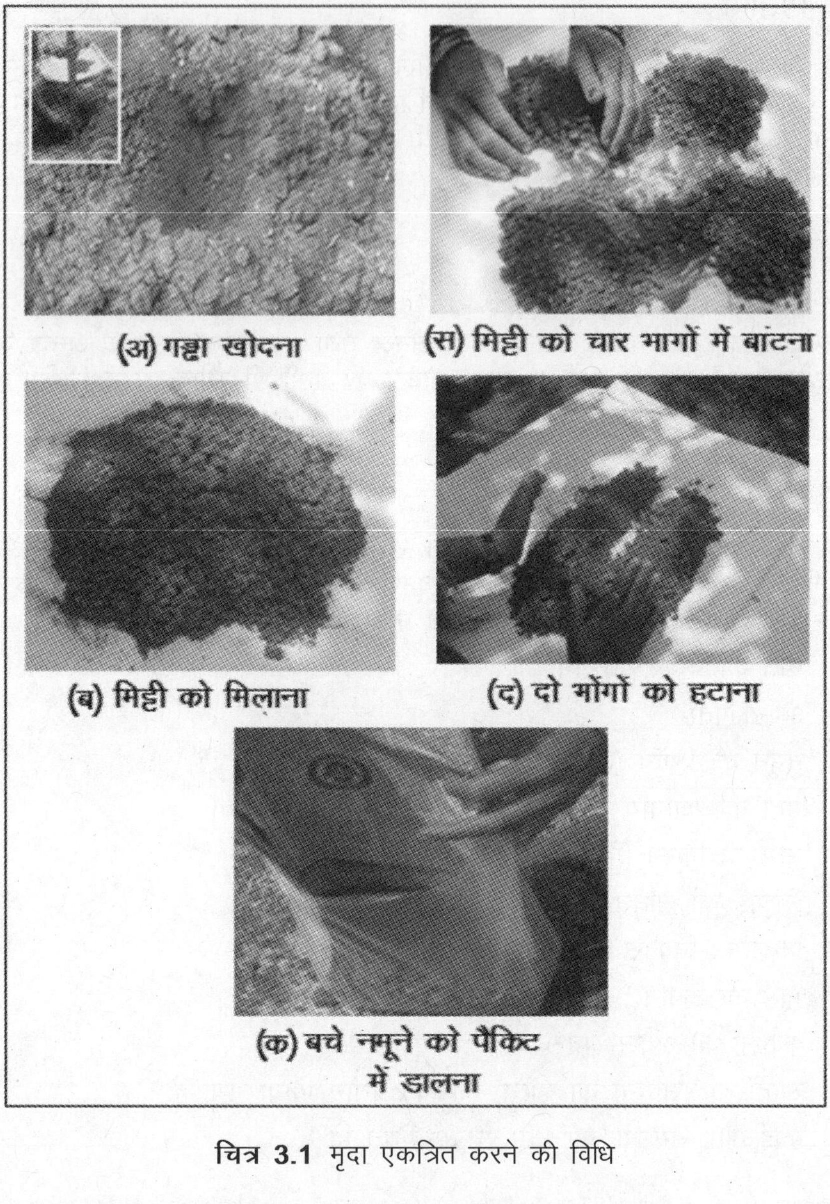

चित्र 3.1 मृदा एकत्रित करने की विधि

3.7 मृदा परीक्षण दोबारा कितने समय के अंतराल पर कराएँ?

कम से कम 3 या 5 साल के अन्तराल पर अपनी भूमि की मृदा का परीक्षण एक बार अवश्य करवा लें। एक पूरी फसल–चक्र के बाद मृदा का परीक्षण हो जाना अच्छा है। हल्की या नुकसानदेह भूमि की मृदा का परीक्षण करने की अधिक आवश्यकता है।

वर्ष में जब भी भूमि की स्थिति नमूने लेने योग्य हो, नमूने अवश्य एकत्रित कर लेना चाहिए। यह जरूरी नहीं की मृदा का परीक्षण केवल फसल बोने के समय करवाया जाएँ।

सारणी 3.1 मृदा जाँच के निष्कर्ष के आधार पर निम्न सारिणी से भूमि उर्वरता की व्याख्या की जा सकती है

पोषक तत्त्व	उपलब्ध पोषक तत्त्व की मात्रा (किग्रा/हे.)		
	न्यूनतम	मध्यम	अधिकतम
नाइट्रोजन	280 से कम	280 से 560	560 से अधिक
फॉस्फोरस	10 से कम	10 से 25	25 से अधिक
पोटाश	110 से कम	110 से 280	280 से अधिक
जैविक कार्बन	0.5% से कम	0.5 से 0.75%	0.75% से अधिक

3.8 मृदा का पीएच और उपचार

मिट्टी स्वस्थ है या नहीं, इसका आँकलन पीएच से लगाया जाता है। यदि मृदा का पीएच 7 होता है तो ऐसी मृदा की अभिक्रिया उदासीन होती है। यदि मृदा का पीएच 7 से अधिक होती है तो ऐसी मृदा की अभिक्रिया क्षारीय होती है और यदि मृदा का पीएच 7 से कम होती है तो इस प्रकार की मृदा की अभिक्रिया अम्लीय होती है। मृदा में अत्यधिक अम्लीय और क्षारीय दोनों ही प्रकार की स्थिति में फसल की वृद्धि रूक जाती है। इसलिए ऐसी मृदा का उपचार किया जाना चाहिए। अत्यधिक अम्लीय अर्थात् 4–5 से कम पीएच वाली मृदाओं में सूक्ष्म पादपों की वृद्धि कमजोर पड़ जाती है। जबकि लोहा, तांबा और एल्यूमिनियम जैसे तत्वों की विषाक्तता बढ़ जाती है अम्लीय मृदा को मोटे तौर पर निम्न श्रेणियों में बाँटा जा सकता है अर्थात् कम अम्लीय मृदाएँ (पीएच 5.5 से 6.5 तक), मध्यम अम्लीय मृदाएँ (पीएच 4.5 से 5.5 तक) और अत्यधिक अम्लीय मृदाएँ (पीएच 4.5 से कम)। फसल उत्पादन की दृष्टि से, इनमें से प्रथम श्रेणी की मृदा में कम समस्या होती है। इस प्रकार की मृदा में फास्फेट के स्थिरीकरण की समस्या होती है, जिसे जैविक सामग्री और रॉक–फास्फेट का मिश्रण तथा सुपर फास्फेट को मिलाकर सुरक्षित ढंग से ठीक किया जा सकता है। वास्तविक रूप से समस्या उस अम्लीय मृदा का उपचार करने में आती है, जिसका पीएच (pH) 5.5 से कम होता है।

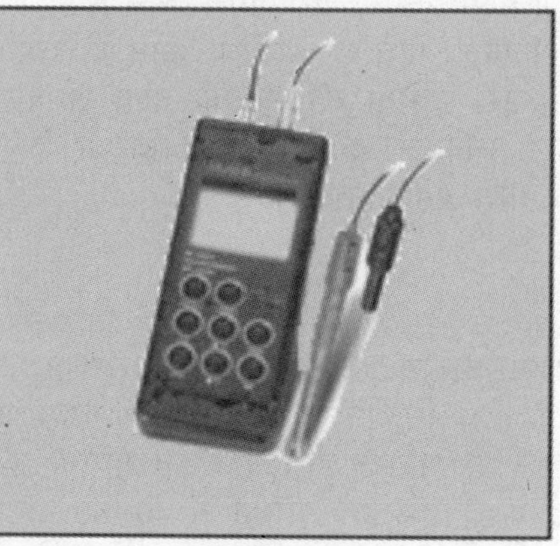

चित्र 3.2 पी एच मीटर

3.9 अम्लीय मृदा का सुधार

1 मृदा कितनी अम्लीय है के आवश्यकतानुसार लाइम की आवश्यकता होती है।

2 लाइम की मात्रा को कई हिस्सों में बाँटकर मृदा में उपयोग किया जाना चाहिए अर्थात् थोड़ी–थोड़ी मात्रा में कई बार।

3 जब तक मृदा की पीएच सामान्य स्तर तक न पहुँच जाए, तब तक एक साल छोड़कर लाइम का प्रयोग करना होता है।

3.10 क्षारीय और लवणमय भूमि

उस प्रकार की भूमि को कहते हैं जिसमें क्षार तथा लवण विशेष मात्रा में पाए जाते हैं। शुष्क जलवायु वाले स्थानों में यह लवण श्वेत या भूरे श्वेत रंग के रूप में भूमि पर जमा हो जाता है। यह भूमि पूर्णतया अनुपजाऊ एवं ऊसर होती हैं पानी का निकास न होने के कारण बरसात में इन भूमिखंडों पर बरसाती पानी अत्यधिक मात्रा में भरा रहता है। यह पानी कृत्रिम नालियों के अभाव, प्राकृतिक ढाल की कमी एवं नीचे की मिट्टी के अप्रवेश्य होने के कारण भूमिखंडों से बाहर नहीं निकल पाता और गर्मी पड़ने पर वायुमंडल में उड़कर सूख जाता है।

ऐसी भूमि तीन मुख्य श्रेणियों की होती है।

1. पहली वह जिसमें केवल लवण की मात्रा अधिक हो
2. दूसरी वह जिसमें लवण तथा क्षार दोनों हों, और
3. तीसरी वह जिसमे क्षार अधिक हो तथा लवण कम हो।

3.11 लवणीय भूमि

इन भूमियों की सतह पर कैल्शियम, मैग्निशियम व पोटेशियम के क्लोराइड एवं सल्फेट आयन अपेक्षाकृत अधिक मात्रा में पाए जाते हैं। इन भूमियों का जलस्तर ऊंचा होता है। लवणीय भूमि की विद्युत चालकता 4 मिलीम्होज प्रति सेमी से अधिक, विनिमय योग्य सोडियम 15 प्रतिशत से कम तथा पीएच मान 8.5 से कम होता है। भूमि पर सफेद लवण प्रचुर मात्रा में फैले रहते हैं इसलिए आम बोलचाल की भाषा में इन भूमियों को रेह भूमि भी कहते हैं। इस भूमियों की भौतिक दशा सामान्य तौर पर ठीक रहती है। यदि इन मृदाओं में जल निकास की पर्याप्त व्यवस्था कर दी जाए तो अधिकांश घुलनशील लवण पानी के साथ बह जाते हैं।

3.12 क्षारीय भूमि

इन भूमियों में सोडियम कार्बोनेट व बाइकार्बोनेट लवणों की अधिक मात्रा पाई जाती है। भूमि की विद्युत चालकता 4 मिलीम्होज से कम, विनिमय योग्य सोडियम 15 प्रतिशत से अधिक व पीएच मान 8.5 से अधिक होता है। इन भूमियों की ऊपरी सतह पर राख व काले रंग के धब्बे दिखाई पड़ते हैं। इन भूमियों में 40–50 सेमी की गहराई पर सोडियम युक्त कठोर परतें पाई जाती हैं। इन भूमियों को ऊसर भूमि भी कहा जाता है। क्षारीय

भूमियों की भौतिक दशा बहुत ही खराब होती है। इस प्रकार की भूमियों में सोडियम लवणों की अधिकता व जलभराव होने से बोई गई फसलों की वृद्धि सामान्य रूप से नहीं हो पाती है। भूमि की भौतिक व रासायनिक दशा खराब होने के कारण उपजाऊ व उर्वराशक्ति का ह्रास हो जाता है। इस तरह की भूमि का निर्माण प्रायः शुष्क, अर्द्धशुष्क व अपर्याप्त जल निकास वाले क्षेत्रों में होता है।

सारणी 3.2 लवणीय व क्षारीय भूमियों का तुलनात्मक अध्ययन

क्र.सं.	विशेषताएँ	लवणीय भूमि	क्षारीय भूमि
1	सोडियम लवणों की मात्रा	विनिमयशील सोडियम 15 प्रतिशत से कम	विनिमयशील सोडियम 15 प्रतिशत से अधिक
2	विद्युत् चालकता	4.0 मिलीम्होज से अधिक	4.0 मिलीम्होज से कम
3	पीएच मान	8.5 से कम	8.5 से अधिक
4	संरचना	हल्की धूल की तरह	कठोर व भौतिक संरचना क्षीण
5	ऊपरी सतह का रंग	सफेद रेह की तरह	राख व काला रंग की तरह
6	सुधार के तरीके	लीचिंग व उचित जल निकास	पायराइट एवं जिप्सम का प्रयोग
7	फसलें	लवण सहनशील फसलें उगाना	प्रायः फसलों के लिए अयोग्य
8	सुधार	आसानी से	कठिनाई से

3.13 लवणीय एवं क्षारीय भूमि निर्माण के प्रमुख कारण

1. शुष्क जलवायु
2. सिंचाई स्रोतों जैसे ट्यूबवैल व नहरों के पानी की प्रकृति लवणीय व क्षारीय होना
3. दोषपूर्ण सिंचाई पद्धतियों को अपनाना
4. क्षारीय प्रकृति के रासायनिक उर्वरकों का बार–बार प्रयोग करना
5. जल निकास की उचित व्यवस्था न होना
6. बार–बार एक ही गहराई पर खेतों की जुताई करना
7. नहरी क्षेत्रों में जल स्तर का ऊँचा उठना
8. मृदा प्रबंधन में लापरवाही बरतना व दोषपूर्ण कृषि क्रियाओं को अपनाना

3.14 लवणीय भूमि का सुधार

लवणीय भूमियों के सुधार के लिए निम्नलिखित भौतिक विधियों को अपनाकर फसल उत्पादन के योग्य बनाया जा सकता है।

निक्षालन (लीचिंग)

इस विधि के अन्तर्गत सर्वप्रथम खेत को छोटे–छोटे टुकड़ों में बाँटकर मेड़बंदी कर लेते हैं। इसके बाद खेत में 10–15 सेमी तक पानी भर देते हैं जिससे घुलनशील लवण जल में घुलकर पादप जड़ क्षेत्र से नीचे चले जाते हैं। यह विधि उन क्षेत्रों में अपनानी चाहिए जिनका जल स्तर नीचा हो। इस क्रिया के लिए गर्मी का मौसम उत्तम माना जाता है। जिन मृदाओं की निचली सतहों में कठोर परत होती है, वहाँ इस विधि को नहीं अपनाना चाहिए।

जल निकास द्वारा

जिन क्षेत्रों में जल निकास की उचित व्यवस्था नहीं होती है वहाँ पर लवणीय मृदाओं का निर्माण हो जाता है। अतः इन क्षेत्रों में आवश्यकता से अधिक पानी को नालियां व नाले बनाकर खेतों से बाहर निकाल देना चाहिए। जहाँ पर भूमि में सख्त परतें हो या भूमिगत जलस्तर ऊंचा हो तो वहाँ पर इस विधि का प्रयोग करना चाहिए।

खुरचना

जब खेतों में हानिकारक लवण छोटे–छोटे टुकड़ों में परत के रूप में एकत्रित हो जाएं तो उन्हें खुर्पी की मदद से खुरच कर खेतों से बाहर फेंक देना चाहिए।

खाई खोदकर

इस विधि में संपूर्ण खेत में एक निश्चित अंतराल पर खाइयाँ खोदते हैं। खेत के एक किनारे पर पहली खाई खोदते हैं। इस खाई की मिट्टी को मेड़ के रूप में खेत के चारों ओर डाल देते हैं। फिर दूसरी खाई की मिट्टी को पहली खाई में डालते हैं। इस प्रकार ऊपर की लवणयुक्त मिट्टी खाई के नीचे और नीचे की मिट्टी ऊपर आ जाती है। जहाँ पर मजदूर सस्ते व आसानी से उपलब्ध हो उन क्षेत्रों में यह विधि अपनानी चाहिए।

घुलनशील लवणों को ऊपरी सतह से बहाना

इस विधि में खेतों में पर्याप्त पानी भर दिया जाता है जिससे ऊपरी सतह में मौजूद लवण पानी में घुल जाते हैं। यह विधि उन क्षेत्रों के लिए उपयुक्त है जहाँ मृदा के नीचे अधिक गहराई पर कठोर परत होती है। इस प्रकार खेतों में पानी कुछ दिनों तक भरकर रखने से अधिकांश लवण पानी में घुल जाते हैं। इसके बाद इस गंदले पानी को नालियों के द्वारा खेतों से दूर नदी–नालों में निकाल दिया जाता है।

3.15 क्षारीय भूमियों का सुधार

जिप्सम का प्रयोग

क्षारीय भूमियों के सुधार हेतु जिप्सम का प्रयोग अत्यधिक लाभदायक पाया गया है। इन भूमियों में विनिमयशील सोडियम की अधिकता होती है। सर्वप्रथम भूमि की जिप्सम

मांग की जांच के बाद अच्छी गुणवत्तायुक्त बारीक जिप्सम को मृदा में छिटककर सतह से 10 सेमी गहराई तक जुताई करके मिट्टी में मिला देना चाहिए। जिप्सम का प्रयोग मिट्टी परीक्षण के आधार पर ही करें। जहाँ मिट्टी में कैल्शियम की मात्रा कम हो, वहाँ ऊसर भूमि का सुधार जिप्सम से करें।

जिप्सम क्यों डालें?

- कैल्शियम और सल्फर की आवश्यकता की पूर्ति करने के लिए।
- फसलों में जड़ों की सामान्य वृद्धि एवं विकास में सहायता देता है।
- जिप्सम का उपयोग फसल संरक्षण में भी किया जा सकता है क्योंकि इसमें सल्फर उचित मात्रा में होता है।
- तिलहनी फसलों में जिप्सम डालने से सल्फर की पूर्ति होती है, जो बीज उत्पादन तथा पौधे व तेल से आने वाली विशेष गन्ध के लिए मुख्यतया उत्तरदायी होता है।
- जिप्सम देने से मृदा में पोषक तत्वों सामान्यतः नत्रजन, फॉस्फोरस, पोटेशियम, कैल्शियम तथा सल्फर की उपलब्धता में वृद्धि हो जाती है।
- जिप्सम कैल्शियम का एक मुख्य स्त्रोत है जो कार्बनिक पदार्थो को मृदा के क्ले कणों से बाँधता है जिससे मृदा कणों में स्थिरता प्रदान होती है तथा मृदा में वायु का आवागमन सुगम बना रहता है।
- जिप्सम मृदा में कठोर परत बनने को रोकता है तथा मृदा में जल प्रवेश को बढ़ाता है।
- कैल्शियम की कमी के कारण ऊपरी बढ़ती पत्तियों के अग्रभाग का सफेद होना, लिपटना तथा संकुचित होना होता है। अत्यधिक कमी की स्थिति में पौधों की वृद्धि अवरूद्ध हो जाती है तथा वर्धन शिखा भी सूख जाती है जो कि जिप्सम डालने से पूरी की जा सकती है।
- जिप्सम एक अच्छा भू सुधारक है यह क्षारीय भूमि को सुधारने का कार्य करता है।
- जिप्सम अम्लीय मृदा में एल्युमिनियम के हानिकारक प्रभाव को कम करता है।
- जिप्सम का उपयोग फसलों में अधिक उपज तथा उनकी गुणवत्ता बढ़ाने के लिए किया जाता है।

जिप्सम को कब और कैसे डालें?

जिप्सम को मृदा में फसलों की बुवाई से पहले डालते हैं। जिप्सम डालने से पहले खेत को पूर्ण रूप से तैयार करके (2–3 गहरी जुताई एवं पाटा लगाकर) जिप्सम का बुरकाव करें। इसके पश्चात, एक हल्की जुताई करके जिप्सम को मिट्टी में मिला दें। जिप्सम को क्षारीय भूमि में मिलाने की आवश्यक मात्रा, क्षारीय भूमि की विकृति की सीमा, वांछित सुधार की सीमा तथा भू–सुधार के बाद उगाई जाने वाली फसलों पर निर्भर

करती है। कितना सुधारक डालना है, इसकी मात्रा का निर्धारण करने के लिए सबसे पहले कितना जिप्सम डालने की आवश्यकता होगी, का निर्धारण किया जाता है।

क्षारीय भूमि सुधार के कार्यों को प्रारम्भ करने का सबसे उत्तम समय गर्मी के महीनों में होता है। जिप्सम फैलाने के तुरन्त बाद कल्टीवेटर या देशी हल से भूमि की ऊपरी 8–12 सेमी की सतह में मिलाकर और खेती को समतल करके मेढ़बन्दी करना जरूरी है ताकि खेत में पानी सब जगह बराबर लग सके। जिप्सम को मृदा में अधिक गहराई तक नहीं मिलाना चाहिए।

जिप्सम के उपयोग में ध्यान देने योग्य बातें

- जिप्सम को अधिक नमी वाले स्थान पर न रखें तथा जमीन से कुछ ऊपर रखे।
- मृदा परिक्षण के उपरान्त जिप्सम की उचित मात्रा डाले।
- तेज हवा बहने पर जिप्सम का बुरकाव न करें।
- जिप्सम डालने से पहले अगर इसमें ढेले हैं तो इन्हे महीन कर ले।
- जिप्सम का बुरकाव करते समय हाथ सूखे होने चाहिए।
- जिप्सम का बुरकाव पूरे खेत में समान रूप से डालें।
- जिप्सम डालने के पश्चात् उसको मिट्टी में अच्छी प्रकार से मिला दे।
- जिप्सम को बच्चों की पहुँच से दूर रखे।

पायराइट का प्रयोग

क्षारीय भूमि सुधारने के लिए पायराइट का भी प्रयोग किया जाता है। इसकी मात्रा मृदा के पीएच एवं उसकी सघनता पर निर्भर करती है। सामान्यतः 10 से 15 टन पायराइट प्रति हैक्टेयर प्रयोग करना चाहिए। जिन भूमियों में कैल्शियम क्लोराइड लवणों की अधिक मात्रा पाई जाती है, उन मृदाओं के सुधार हेतु पायराइट का प्रयोग उपयोगी सिद्ध हुआ है।

3.16 पौधों के लिए आवश्यक पोषक तत्वों का वर्गीकरण

पौधे जडो द्वारा भूमि से पानी एवं पोषक तत्व, वायु से कार्वन डाई आक्साइड तथा सूर्य से प्रकाश ऊर्जा लेकर अपने विभिन्न भागों का निर्माण करते हैं। पोषक तत्वों को पौधों की आवश्यकतानुसार निम्न प्रकार वर्गीकृत किया गया है।

1. मुख्य पोषक तत्व – नाइट्रोजन, फास्फोरस एवं पोटाश।
2. गौण पोषक तत्व – कैल्शियम, मैग्नीशियम एवं गन्धक।
3. सूक्ष्म पोषक तत्व – लोहा, जिंक, कॉपर, मैग्नीज, मालिब्डेनम, बोरान, निकिल एवं क्लोरीन।

3.17 पौधों में आवश्यक पोषक तत्व एवं उनके कार्य

1. पौधों के सामान्य विकास एवं वृद्धि हेतु कुल 17 पोषक तत्वों की आवश्यकता होती है। इनमें से किसी एक पोषक तत्व की कमी होने पर पैदावार पर प्रतिकूल प्रभाव पड़ता है और भरपूर फसल नहीं मिलती।
2. कार्बन, हाइड्रोजन व ऑक्सीजन को पौधे हवा एवं जल से प्राप्त करते हैं।
3. नाइट्रोजन, फस्फोरस एवं पोटैशियम को पौधे मिट्टी से प्राप्त करते हैं। इनकी पौधों को काफी मात्रा में जरूरत रहती है। इन्हे प्रमुख पोषक तत्व कहते हैं।
4. कैल्शियम, मैग्नीशियम एवं गन्धक को पौधे कम मात्रा में ग्रहण करते हैं। इन्हें गौड अथवा द्वितीयक पोषक तत्व कहते हैं।
5. लोहा, जस्ता, मैगनीज, तांबा, बोरोन, मोलिब्डेनम, निकिल और क्लोरीन तत्वों की पौधों को बहुत कम आवश्यकता पड़ती है। इन्हें सूक्ष्म पोषक तत्व कहते हैं।

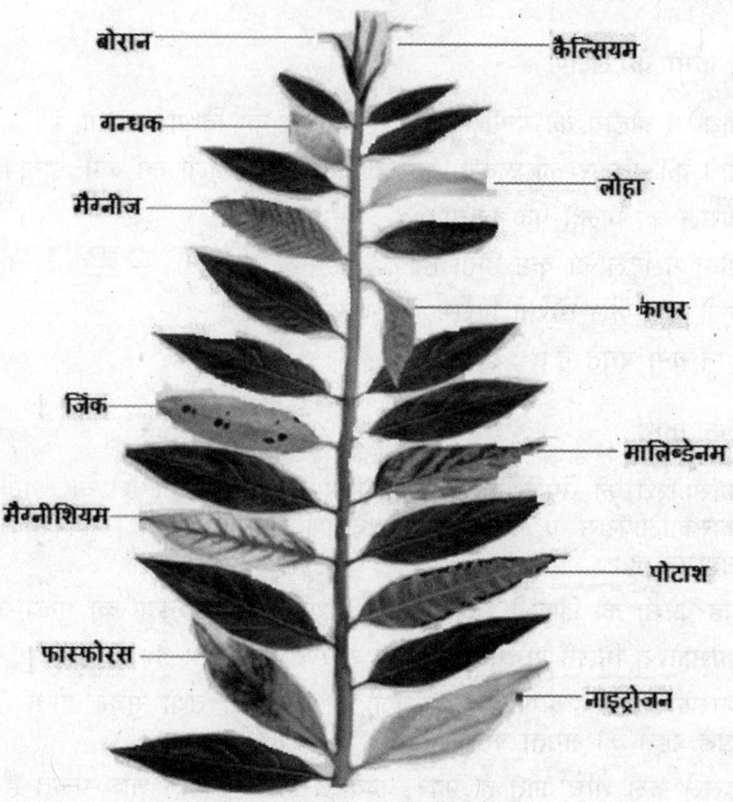

पोषक तत्वो के कमी के लक्षण

चित्र 3.3 पोषक तत्वों की कमी का लक्षण

3.18 प्रमुख पोषक तत्वो के कार्य व कमी के लक्षण

नत्रजन के कार्य

नाइट्रोजन से प्रोटीन बनती है जो जीव द्रव्य का अभिन्न अंग है तथा पर्ण हरित के निर्माण में भी भाग लेती है। नाइट्रोजन का पौधों की वृद्धि एवं विकास में योगदान इस तरह से है

1. सभी जीवित ऊतकों यानि जड़, तना, पत्ती की वृद्धि और विकास में सहायक है।
2. क्लोरोफिल, प्रोटोप्लाज्मा प्रोटीन और न्यूक्लिक अम्लों का एक महत्वपूर्ण अवयव है।
3. पत्ती वाली सब्जियों और चारे की गुणवत्ता में सुधार करता है।
4. यह पौधों को गहरा हरा रंग प्रदान करता है।
5. वानस्पतिक वृद्धि को बढ़ावा मिलता है।
6. यह दानो के बनने में मदद करता है।

नत्रजन की कमी के लक्षण

1. पौधों में प्रोटीन की कमी होना व हल्के रंग का दिखाई पड़ना ।
2. पौधे की बढ़वार का रूकना, कल्ले कम बनना, फूलों का कम आना।
3. फसल का जल्दी पक जाना।
4. पौधों में टिलरिंग कम होती है।
5. फूल और फल गिरना प्रारम्भ कर देते हैं।
6. दाने कम बनते हैं।

फॉस्फोरस के कार्य

1. फॉस्फोरस की उपस्थिति में कोशा विभाजन शीघ्र होता है। यह न्यूक्लिक अम्ल, फास्फोलिपिड्स व फाइटीन के निर्माण में सहायक है। प्रकाश संश्लेषण में सहायक है।
2. यह कोशा की झिल्ली, क्लोरोप्लास्ट तथा माइटोकान्ड्रिया का मुख्य अवयव है।
3. फास्फोरस मिलने से पौधों में बीज स्वस्थ पैदा होता है।
4. फास्फोरस के प्रयोग से जड़ें तेजी से विकसित तथा सुदृढ़ होती हैं। पौधों में खड़े रहने की क्षमता बढ़ती है।
5. इससे फल शीघ्र आते हैं, फल जल्दी बनते हैं व दाने शीघ्र पकते हैं।
6. यह नत्रजन के उपयोग में सहायक है तथा फलीदार पौधों में इसकी उपस्थिति से जड़ों की ग्रंथियों का विकास अच्छा होता है।

फॉस्फोरस की कमी के लक्षण

1. पौधे छोटे रह जाते हैं, पत्तियों का रंग हल्का बैगनी या भूरा हो जाता है। फास्फोरस गतिशील होने के कारण पहले ये लक्षण पुरानी (निचली) पत्तियों पर दिखते हैं। दाल वाली फसलों में पत्तियां नीले हरे रंग की हो जाती हैं।
2. पौधो की जड़ों की वृद्धि व विकास बहुत कम होता है कभी–कभी जड़े सूख भी जाती हैं।
3. अधिक कमी में तने का गहरा पीला पड़ना, फल व बीज का निर्माण सही न होना।
4 इसकी कमी से आलू की पत्तियाँ प्याले के आकार की, छोटी रह जाती है।
5. टिलरिंग घट जाती है।

पोटैशियम के कार्य

1. जड़ों को मजबूत बनाता है एवं सूखने से बचाता है। फसल में कीट व रोग प्रतिरोधकता बढ़ाता है। पौधे को गिरने से बचाता है।
2. स्टार्च व शक्कर के संचरण में मदद करता है। पौधों में प्रोटीन के निर्माण में सहायक है।
3. अनाज के दानों में चमक पैदा करता है। फसलो की गुणवत्ता में वृद्धि करता है। आलू व अन्य सब्जियों के स्वाद में वृद्धि करता है। सब्जियों के पकने के गुण को सुधारता है।
4. मृदा में नत्रजन के कुप्रभाव को दूर करता है। पौधों में ऊपर की कलियों की वृद्धि रूक जाती है।
5. एंजाइमों की क्रियाशीलता बढाता है।
6. ठण्डे और बादलयुक्त मौसम में पौधों द्वारा प्रकाश के उपयोग में वृद्धि करता है, जिससे पौधों में ठण्डक और अन्य प्रतिकूल परिस्थितियों को सहन करने की क्षमता बढ़ जाती है।
7. कार्बोहाइड्रेट के स्थानांतरण, प्रोटीन संश्लेषण और इनकी स्थिरता बनाए रखने में मदद करता है।
8. इसके उपयोग से दाने आकार में बड़े हो जाते हैं और फलों और सब्जियों की गुणवत्ता में वृद्धि होती है।

पोटैशियम की कमी के लक्षण

1. पत्तियाँ भूरी व धब्बेदार हो जाती हैं तथा समय से पहले गिर जाती हैं।
2. पत्तियों के किनारे व सिरे झुलसे दिखाई पड़ते हैं।
3. इसकी कमी से मक्का के भुट्टे छोटे, नुकीले तथा किनारों पर दाने कम पड़ते हैं। आलू में कन्द छोटे तथा जड़ों का विकास कम हो पाता है।

4. पौधों में प्रकाश–संश्लेषण की क्रिया कम तथा श्वसन की क्रिया अधिक होती है।
5. पौधों में ऊपर की कलियों की वृद्धि रूक जाती है।
6. तने कमजोर हो जाते हैं।
7. फल तथा बीज पूर्ण रूप से विकसित नहीं होते तथा इनका आकार छोटा, सिकुड़ा हुआ एवं रंग हल्का हो जाता है।
8 पौधों पर रोग लगने की सम्भावना अधिक हो जाती है।

कैल्शियम के कार्य

1. कोशिका भित्ति का एक प्रमुख अवयव है, जो की सामान्य कोशिका विभाजन के लिए आवश्यक होता है।
2. कोशिका झिल्ली की स्थिरता बनाए रखने में सहायक होता है।
3. एंजाइमों की क्रियाशीलता में वृद्धि करता है।
4. पौधों में जैविक अम्लों को उदासीन बनाकर उनके विषाक्त प्रभाव को समाप्त करता है।
5. कार्बोहाइट्रेड के स्थानांतरण में मदद करता है।
6. यह गुणसूत्र का संरचनात्मक अवयव है।
7. दलहनी फसलों में प्रोटीन निर्माण के लिए आवश्यक है।
8. यह तत्व तम्बाकू, आलू व मूँगफली के लिए अधिक लाभकारी है।
9. यह पौधों में कार्बोहाइड्रेट संचालन में सहायक है।

कैल्शियम की कमी के लक्षण

1. नए पौधों की नई पत्तियां सबसे पहले प्रभावित होती है। ये प्रायः कुरूप, छोटी और असामान्यता गहरे हरे रंग की हो जाती है। पत्तियों का अग्रभाग हुक के आकार का हो जाता है, जिसे देखकर इस तत्व की कमी बड़ी आसानी से पहचानी जा सकती है।
2. जड़ो का विकास बुरी तरह प्रभावित होता है और जड़े सड़ने लगती है।
3. अधिक कमी की दशा में पौधों की शीर्ष कलियाँ (वर्धनशील अग्रभाग) सूख जाती है।
4. कलियां और पुष्प अपरिपक्व अवस्था में गिर जाते हैं।
5. तने की संरचना कमजोर हो जाती है।

मैग्नीशियम के कार्य

1. क्लोरोफिल का प्रमुख तत्व है, जिसके बिना प्रकाश संश्लेषण (भोजन निर्माण) संभव नहीं है।

2. कार्बोहाइट्रेड–उपापचय, न्यूक्लिक अम्लों के संश्लेषण आदि में भाग लेने वाले अनेक एंजाइमों की क्रियाशीलता में वृद्धि करता है।
3. फास्फोरस के अवशोषण और स्थानांतरण में वृद्धि करता है।
4. क्रोमोसोम, पोलीराइबोसोम तथा क्लोरोफिल का अनिवार्य अंग है।
5. चारे की फसलों के लिए महत्वपूर्ण है।

मैग्नीशियम की कमी के लक्षण

1. पुरानी पत्तियाँ किनारों एवं मध्य भाग से पीली पड़ने लगती है तथा अधिक कमी की स्थिति में प्रभावित पत्तियां सूख जाती है और गिरने लगती है।
2 पत्तियाँ आमतौर पर आकार में छोटी और अंतिम अवस्था में कड़ी हो जाती है और किनारों से अन्दर की ओर मुड़ जाती है।
3 टहनियाँ कमजोर होकर फफून्दी जनित रोग के प्रति संवेदनशील हो जाती है। साधाराणतया अपरिपक्व पत्तियां गिर जाती है।

गन्धक (सल्फर) के कार्य

1. यह अमीनो अम्ल, प्रोटीन (सिसटीन व मैथिओनिन), वसा, तेल एव विटामिन्स के निर्माण में सहायक है।
2. तिलहनी फसलों में तेल की प्रतिशत मात्रा बढ़ाता है।
3. यह सरसों, प्याज व लहसुन की फसल के लिए आवश्यक है। तम्बाकू की पैदावार 15–30 प्रतिशत तक बढ़ती है।
4. प्रोटीन संरचना को स्थिर रखने में सहायता करता है।

गन्धक की कमी के लक्षण

1. नई पत्तियों का पीला पड़ना व बाद में सफेद होना।
2. तने की वृद्दि रूक जाती है। तना सख्त, लकड़ी जैसा और पतला हो जाता है।
3. मक्का, कपास, तोरिया, टमाटर व रिजका में तनों का लाल हो जाना।
4. ब्रेसिका जाति (सरसों) की पत्तियों का प्यालेनुमा हो जाना।

लोहा (आयरन) के कार्य

1. लोहा साइटोक्रोम्स, फैरीडोक्सीन व हीमोग्लोबिन का मुख्य अवयव है।
2. क्लोरोफिल एवं प्रोटीन निर्माण में सहायक है।
3. यह पौधों की कोशिकाओं में विभिन्न ऑक्सीकरण–अवकरण क्रियाओं में उत्प्रेरक का कार्य करता है।
4 श्वसन क्रिया में ऑक्सीजन का वाहक है।
5. अनेक एंजाइमों का आवश्यक अवयव है।

लोहा की कमी के लक्षण

1. मध्य शिरा के बीच और उसके पास हरा रंग उड़ने लगता है। नई पत्तियां सबसे पहले प्रभावित होती है। पत्तियों के अग्रभाग और किनारे काफी समय तक हरा रंग बनाये रहते हैं।
2. अधिक कमी की दिशा में, पूरी पत्ती, शिराएँ और शिराओं के बीच का भाग पीला पड़ जाता है। कभी कभी हरा रंग बिल्कुल उड़ जाता है।

जस्ता (जिंक) के कार्य

1. पौधों द्वारा फास्फोरस और नाइट्रोजन के उपयोग में सहायक होता है
2. न्यूक्लिक अम्ल और प्रोटीन–संश्लेषण में मदद करता है।
3. हार्मोन के जैव संश्लेषण में योगदान करता है।
4. अनेक प्रकार के खनिज एंजाइमों का आवश्यक अंग है।

जस्ता की कमी के लक्षण

1. पत्तियों का आकार छोटा, नसों में निक्रोसिस व नसों के बीच पीली धारियों का दिखाई पड़ना।
2. गेहूँ में ऊपरी 3–4 पत्तियों का पीला पड़ना।
3. फलों का आकार छोटा व बीज की पैदावार का कम होना।
4. मक्का एवं ज्वार के पौधों में बिल्कुल ऊपरी पत्तियाँ सफेद हो जाती हैं।
5. धान में जिंक की कमी से खैरा रोग हो जाता है। धान की रोपाई के 15–20 दिन बाद पुरानी पत्तियों पर छोटे हल्के पीले रंग के धब्बे दिखाई देते हैं, जो की बाद में आकार में बड़े होकर आपस में मिल जाते हैं। पत्तियां (लोहे पर जंग की तरह) गहरे भूरे रंग की हो जाती है और एक महीने के अन्दर ही सूख जाती है।

ताँबा (कॉपर) के कार्य

1. यह इंडोल एसीटिक अम्ल वृद्धिकारक हार्मोन के संश्लेषण में सहायक है।
2. ऑक्सीकरण–अवकरण क्रिया को नियमितता प्रदान करता है।
3. अनेक एन्जाइमों की क्रियाशीलता बढ़ाता है। कवक रोगो के नियंत्रण में सहायक है।

ताँबा की कमी के लक्षण

1. फलों के अंदर रस का निर्माण कम होना। नींबू जाति के फलों में लाल–भूरे धब्बे अनियमित आकार के दिखाई देते हैं।
2. अधिक कमी के कारण अनाज एवं दाल वाली फसलों में रिक्लेमेशन नामक बीमारी होना।

बोरान के कार्य

1. प्रोटीन–संश्लेषण के लिए आवश्यक है।
2. कोशिका विभाजन को प्रभावित करता है।
3. केल्शियम के अवशोषण और पौधों द्वारा उसके उपयोग को प्रभावित करता है।
4. कोशिका झिल्ली की पारगम्यता बढ़ाता है, फलस्वरूप कार्बोहाइट्रेड के स्थानांतरण में मदद मिलती है।
5. एंजाइमों की क्रियाशीलता में परिवर्तन लाता है।
6. पौधों में शक्करा के संचालन में सहायक है। परागण एवं प्रजनन क्रियाओ में सहायक है।
7. दलहनी फसलों की जड़ ग्रन्थियों के विकास में सहायक है।
8. यह पौधों में केल्शियम एवं पोटैशियम के अनुपात को नियंत्रित करता है।
9. यह डी.एन.ए., आर.एन.ए., ए.टी.पी., पेक्टिन व प्रोटीन के संश्लेषण में सहायक है

बोरान की कमी के लक्षण

1. पौधो के वर्धनशील अग्रभाग सूखने लगते हैं और मर जाते हैं।
2. पत्तियों मोटे गठन की हो जाती है, जो कभी–कभी मुड़ जाती है और काफी सख्त हो जाती है।
3. पौधे की ऊपरी बढ़वार का रूकना, इन्टरनोड की लम्बाई का कम होना।
4. पौधों में बौनापन होना एवं जड़ का विकास रूकना।
5. जड़ वाली फसलों में "ब्राउन हार्ट" नामक बीमारी हो जाती है, जिसमें जड़ के सबसे मोटे हिस्से में गहरे रंग के धब्बे बन जाते हैं। कभी–कभी जड़े मध्य से फट भी जाती है। टमाटर, अनार व अन्य फलों का फटना।
6. सेब जैसे फलों में आंतरिक और बाह्य काक्र के लक्षण दिखाई देते हैं।

मैंगनीज के कार्य

1 प्रकाश और अन्धेरे की अवस्था में पादप कोशिकाओं में होने वाली क्रियाओं को नियंत्रित करता है।

2 नाइट्रोजन के उपापचय और क्लोरोफिल के संश्लेषण में भाग लेने वाले एंजाइमों की क्रियाशीलता बढ़ा देता है।

3 पौधों में होने वाली अनेक महत्वपूर्ण एंजाइमयुक्त और कोशिकीय प्रतिक्रियाओं के संचालन में सहायक है।

4 कार्बोहाइट्रेड के आक्सीकरण के फलस्वरूप कार्बन आक्साइड और जल का निर्माण करता है।

मैंगनीज की कमी के लक्षण

1 नई पत्तियों के शिराओं के बीच का भाग पीला पड़ जाता है, बाद में प्रभावित पत्तियाँ मर जाती है।

2 नई पत्तियों के आधार के निकट का भाग धूसर रंग का हो जाता है, जो धीरे–धीरे पीला और बाद में पीला–नारंगी रंग का हो जाता है।

3 अनाज वाली फसलों में "ग्रे स्प्रेक" एवं मटर में "मार्श स्पाट" आदि रोग लग जाते हैं।

क्लोरीन के कार्य

1 क्लोरीन पादप हार्मोनों का अवयव है।

2 बीजों में यह इण्डोलएसिटक एसिड का स्थान ग्रहण कर लेता है।

3 एंजाइमों की क्रियाशीलता में वृद्धि करता है।

4 कवकों और जीवाणुओं में पाए जाने वाले अनेक यौगिकों का अवयव है।

क्लोरीन की कमी के लक्षण

1 पत्तियों का अग्रभाग मुरझा जाता है, जो अंत में लाल रंग का हो कर सूख जाता है।

2. कुछ पौधों की पत्तियों में ब्रोन्जिंग तथा नेक्रोसिस रचनाएँ पाई जाती हैं।

3. पत्तागोभी के पत्ते मुड़ जाते हैं तथा बरसीम की पत्तियाँ मोटी व छोटी दिखाई पड़ती हैं।

मालिब्डेनम के कार्य

1. यह पौधों में एन्जाइम नाइट्रेट रिडक्टेज एवं नाइट्रोजिनेज का मुख्य भाग है।

2. यह दलहनी फसलों में नत्रजन स्थिरीकरण, नाइट्रेट एसीमिलेशन व कार्बोहाइड्रेट मेटाबॉलिज्म क्रियाओ में सहायक है।

3. पौधों में विटामिन–सी व शर्करा के संश्लेषण में सहायक है।

मालिब्डेनम की कमी के लक्षण

1. इसकी कमी में नीचे की पतियों की शिराओं के मध्य भाग में पीले रंग के धब्बे दिखाई देते हैं। बाद में पत्तियों के किनारे सूखने लगते हैं और पत्तियां अन्दर की ओर मुड़ जाती है।

2. सरसों जाति के पौधो व दलहनी फसलों में मालिब्डेनम की कमी के लक्षण जल्दी दिखाई देते हैं।

3. पत्तियों का रंग पीला हरा या पीला हो जाता है तथा इस पर नारंगी रंग का चितकबरापन दिखाई पड़ता है।

4. टमाटर की निचली पत्तियों के किनारे मुड़ जाते हैं तथा बाद में मोल्टिंग व नेक्रोसिस रचनाएँ बन जाती हैं।
5. इसकी कमी से फूल गोभी में व्हिपटेल एवं मूली में प्याले की तरह रचनाएँ बन जाती हैं।
6. नीबू जाति के पौधो में मॉलिब्डेनम की कमी से पत्तियों में पीला धब्बा रोग लगता है।

जैविक खेती

3.19 जैविक खेती क्या है?

जैविक खेती एक ऐसी पद्धति है, जिसमें रासायनिक उर्वरकों, कीटनाशकों तथा खरपतवारनाशियों के स्थान पर जीवांश खाद पोषक तत्वों (गोबर की खाद कम्पोस्ट, हरी खाद, जीवाणु कल्चर, जैविक खाद आदि) जैवनाशियों (बायो–पैस्टीसाईड) व बायो एजैन्ट जैसे क्राईसोपा आदि का उपयोग किया जाता है, जिससे न केवल भूमि की उर्वरा शक्ति लम्बे समय तक बनी रहती है, बल्कि पर्यावरण भी प्रदूषित नहीं होता तथा कृषि लागत घटने व उत्पाद की गुणवत्ता बढ़ने से कृषक को अधिक लाभ भी मिलता है ।

जैविक खेती वह सदाबहार कृषि पद्धति है, जो पर्यावरण की शुद्धता, जल व वायु की शुद्धता, भूमि का प्राकृतिक स्वरूप बनाने वाली, जल धारण क्षमता बढ़ाने वाली, रसायनों का उपयोग आवश्यकता अनुसार कम से कम करते हुए कृषक को कम लागत से दीर्घकालीन स्थिर व अच्छी गुणवत्ता वाली उपज को दिलाने वाली पारम्परिक पद्धति है।

3.20 जैविक खेती के सिद्धांत

1. प्रकृति की धरोहर है।
2. प्रत्येक जीव के लिए मृदा ही स्त्रोत है।
3. हमें मृदा को पोषण देना है न की पौधे को जिसे हम उगाना चाहते हैं।
4. परिस्थितिकी का पुनरूद्धार।

3.21 जैविक खेती के उद्देश्य

इस प्रकार की खेती करने का मुख्य उद्देश्य यह है की रासायनों उर्वरकों का उपयोग न हो तथा इसके स्थान पर जैविक उत्पाद का उपयोग अधिक से अधिक हो लेकिन वर्तमान में बढ़ती जनसंख्या को देखते हुए तुरन्त उत्पादन में कमी न हो अतः इसे (रासायनिक उर्वरकों के उपयोग को) वर्ष प्रति वर्ष चरणों में कम करते हुए जैविक उत्पादों को ही प्रोत्साहित करना है। जैविक खेती का प्रारूप निम्नलिखित प्रमुख क्रियाओं के क्रियान्वित करने से प्राप्त किया जा सकता है।

1. कार्बनिक खादों का उपयोग
2. जीवाणु खादों का प्रयोग

3. फसल अवशेषों का उचित उपयोग
4. जैविक तरीकों द्वारा कीट व रोग नियंत्रण
5. फसल चक्र में दलहनी फसलों को अपनाना
6. मृदा संरक्षण क्रियाएँ अपनाना

3.22 जैविक खेती के महत्व

1. भूमि की उर्वरा शक्ति में टिकाऊपन
2. जैविक खेती प्रदुषण रहित
3. कम पानी की आवश्यकता
4. पशुओं का अधिक महत्व
5. फसल अवशेषों को नष्ट करने की समस्या नहीं
6. अच्छी गुणवत्ता की पैदावार
7. कृषि मित्रजीव सुरक्षित एवं संख्या में बढोतरी
8. स्वास्थ्य में सुधार
9. कम लागत
10. अधिक लाभ

3.23 जैविक खाद बनाने की विधि

नाडेप

इस विधि में कम से कम गोबर का उपयोग करके अधिक मात्रा में अच्छी खाद तैयार की जा सकती है। टांके भरने के लिए गोबर, कचरा (बायोमास) और बारीक छनी हुई मिट्टी की आवश्यकता रहती हैं। जीवांश को 90 से 120 दिन पकाने में वायु संचार प्रक्रिया का उपयोग किया जाता है। इसके द्वारा उत्पादित की गई खाद में प्रमुख रूप से 0.5 से 1.5% नत्रजन, 0.5 से 0.9% स्फुर एवं 1.2 से 1.4% पोटाश के अलावा अन्य सूक्ष्म पोषक तत्व भी पाए जाते हैं।

नाडेप बनाने की विधि

टांका भरने की विधि

खाद सामग्री पूरी तरह एकत्रित करने के बाद नीचे बताए क्रम अनुसार ही टांका भरें।

प्रथम भराई – टांका भरने से पहले टांके के अंदर की दीवार एवं फर्श गोबर व पानी के घोल से अच्छा गीला कर दें।

पहली परत – वानस्पतिक कचरा, ऊँठल, टहनियाँ, पत्तियाँ आदि पूरे टांके में छः इंच की ऊँचाई तक भर दें। इस 30 घनफीट में 100 से 110 किलो वानस्पतिक सामग्री

आएगी। इस परत में 3 से 4 प्रतिशत नीम या पलाश की हरी पत्तियाँ मिलाना लाभप्रद होगा। जिससे दीमक पर नियंत्रण होगा।

दूसरी परत – गोबर का घोल 125 से 150 लीटर पानी में 4 किलो गोबर मिलाकर पहली परत के ऊपर इस तरह छिड़के की पूरी वानस्पतिक सामग्री अच्छी तरह भीग जाए। गर्मी में पानी की मात्रा अधिक रखें। यदि बायोगैस की स्लरी उपयोग करें तो 10 लीटर स्लरी को 125 से 150 लीटर पानी में घोल कर छिड़कें।

तीसरी परत – भीगी हुई दूसरी पतर के उपर, साफ छनी हुई मिट्टी 50 से 60 किलो के लगभग समान रूप से बिछा दें। परतों के इसी क्रम में टांके को उसके मुँह से 1.5 फीट उपर तक झोपड़ीनुमा आकार से भरें। सामान्यतः 11–12 परतों में टांका भर जावेगा। टांका भरने के बाद टांका सील करने के लिए 3 इंच मिट्टी की परत जमा कर गोबर से लीप दें। इस पर दरारें पड़े तो उन्हे पुनः गोबर से लीप दें।

द्वितीय भराई – 15–20 दिन बाद टांके में भरी सामग्री सिकुड़ कर 8–9 इंच नीचे चली जाएगी तब पहली भराई की तरह ही वानस्पतिक पदार्थ, गोबर का घोल एवं छनी मिट्टी की परतों से टांके को उनके मुँह से 1.5 फीट उपर तक भरकर पहले भराव के समान ही सील कर लीप दें।

सावधानियाँ

कम्पोस्ट को पकने के लिए 90 से 120 दिन लगते हैं। इस दौरान नमी बनी रहने के लिए एवं दरारे बंद करने के लिए गोबर पानी का घोल छिड़कते रहें जिससें दरारें न पड़े। घास आदि उगे तो उसे उखाड़ दे व नमी कायम रखें। कड़ी धूप हो तो घास–फूस से छाया कर दें।

खाद की परिपक्वता

3–4 महीने में खाद गहरे भूरे रंग की बन जाती है और दुर्गंध समाप्त होकर अच्छी खुशबू आती है। खाद सूखना नहीं चाहिए। इस खाद को एक फीट में 35 तार वाली चलनी से छान लेना चाहिए और फिर उपयोग में लाना चाहिए। छलनी के उपर से निकला अधपका कच्चा खाद फिर से खाद बनाने के काम में लेना चाहिए । एक टांके से निकला खाद 6–7 एकड़ भूमि को दिया जा सकता है। एक टांके से 160 से 175 घन फीट छना खाद व 40 से 50 घन फीट कच्चा माल मिलेगा। मतलब एक टांके से 3 टन (लगभग 6 बैलगाड़ी) अच्छा पका खाद मिलता है।

नाडेप टांका विधि से कम से कम गोबर में अधिकाधिक मात्रा में अच्छी गुणवत्ता का खाद तैयार होता है। मात्र एक गाय के साल भर के गोबर से 10 टन खाद मिलने की संभावना है। जिसमें नत्रजन 0.5 से 1.5 प्रतिशत स्फूर 0.5 से 0.9 प्रतिशत तथा पोटाश 1.2 से 1.4 प्रतिशत होता है।

3.24 वर्मीकम्पोस्ट (केंचुआ खाद)

मिट्टी की उर्वरता एवं उत्पादकता को लंबे समय तक बनाए रखने में पोषक तत्वों के संतुलन का विशेष योगदान है, जिसके लिए फसल मृदा तथा पौध पोषक तत्वों का संतुलन बनाए रखने में हर प्रकार के जैविक अवयवों जैसे – फसल अवशेष, गोबर की

खाद, कम्पोस्ट, हरी खाद, जीवाणु खाद इत्यादि की अनुशंसा की जाती है वर्मीकम्पोस्ट उत्पादन के लिए केंचुओं को विशेष प्रकार के गड्ढों में तैयार किया जाता है तथा इन केचुओं के माध्यंम से अनुपयोगी जैविक वानस्पतिक जीवांशो को अल्प अवधि में अपघटन करके जैविक खाद का निर्माण कर, इसके उपयोग से मृदा के स्वास्थ्य में आशातीत सुधार होता है एवं मृदा की उर्वरा शक्ति बढ़ती है जिससे फसल उत्पादन में स्थिरता के साथ गुणात्मक सुधार होता है इस प्रकार केंचुओं के माध्यम से जो जैविक खाद बनाई जाती है उसे वर्मीकम्पोस्ट कहते हैं। वर्मीकम्पोस्ट में नाइट्रोजन, फास्फोरस एवं पोटाश के अतिरिक्त विभिन्न प्रकार सूक्ष्म पोषक तत्व भी पाये जाते हैं।

वर्मीकम्पोस्ट उत्पादन के लिए आवश्यक अवयव

केंचुओं का चुनाव – एपीजीक या सतह पर निर्वाह करने वाले केंचुए जो प्रायः भूरे लाल रंग के एवं छोटे आकार के होते हैं, जो की अधिक मात्रा में कार्बनिक पदार्थों को विघटित करते हैं।

नमी की मात्रा – केंचुओं की अधिक बढ़वार एवं त्वरित प्रजनन के लिए 30 से 35 प्रतिशत नमी होना अति आवश्यक है।

वायु – केंचुओं की अच्छी बढ़वार के लिए उचित वायु संचार तथा गड्ढे की गहराई ज्यादा नहीं होनी चाहिए।

अंधेरा – केंचुए सामान्यतः अंधेरे में रहना पसंद करते हैं अतः केचुओं के गड्ढों के ऊपर बोरी अथवा छप्पर युक्त छाया या मचान की व्यवस्था होनी चाहिए।

पोषक पदार्थ – इसके लिए ऊपर बताए गए अपघटित कूड़े–कचरे एवं गोबर की उचित व्यवस्था होनी चाहिए।

केंचुओं में प्रजनन

उपयुक्त तापमान, नमी खाद्य पदार्थ होने पर केंचुए प्रायः 4 सप्ताह में वयस्क होकर प्रजनन करने लायक बन जाते हैं। वयस्क केंचुआ एक सप्ताह में 2–3 कोकून देने लगता है एवं एक कोकून में 3–4 अण्डे होते हैं। इस प्रकार एक प्रजनक केंचुए से प्रथम 6 माह में ही लगभग 250 केंचुए पैदा होते हैं।

वर्मीकम्पोस्ट के लिए केंचुए की मुख्य किस्में

आइसीनिया फोटिडा
यूड्रिलस यूजीनिया
पेरियोनेक्स एक्जकेटस

गड्ढे का आकार

(40 X 3 X 1) 120 घन फिट आकार के गड्ढे से एक वर्ष में लगभग चार टन वर्मीकम्पोस्ट प्राप्त होती है। तेज धूप व लू आदि से केंचुओं को बचाने के लिए दिन में एक–दो बाद छप्परों पर पानी का छिड़काव करते रहें ताकि अंदर उचित तापक्रम एवं नमी बनी रहे।

वर्मी कम्पोस्ट बनाने की विधि

उपरोक्त आकार के गड्ढों को ढंकने के लिए 4–5 फिट ऊँचाई वाले छप्पर की व्यवस्था करें, ताकि तेज धूप, वर्षा व लू आदि से बचाव हो सके। गड्ढे में सबसे नीचे ईटो के टुकडो, छोटे पत्थरों व मिट्टी की 1–3 इंच मोटी तह बिछाएँ।

गड्ढा भरना

सबसे पहले दो–तीन इंच मोटी मक्का, ज्वार, गन्ना या अन्य पौधों के अवशेषों की परत बिछाएं। इसके ऊपर दो–ढाई इंच मोटी आंशिक रूप के पके गोबर की परत बिछाएं एवं इसके ऊपर दो इंच मोटी वर्मी कम्पोस्ट जिसमें उचित मात्रा कोकुन (केंचुए के अण्डे) एवं वयस्क केंचुए हो, इसके बाद 4–6 इंच मोटी घास की पत्तियां, फसलों के अवशेष एवं गोबर का मिश्रण बिछाएं और सबसे ऊपर गड्ढे को बोरी या टाट आदि से ढक कर रखें। मौसम के अनुसार गड्ढों पर पानी का छिड़काव करते रहें। इस दौरान गड्ढे में उपस्थित केंचुए इन कार्बनिक पदार्थों को खाकर कास्टिंग के रूप में निकालते हुए केंचुए गड्ढे के ऊपरी सतह पर आने लगते हैं। इस प्रक्रिया में 3–4 माह का समय लगता है। गड्ढे की ऊपरी सतह का काला होना वर्मीकम्पोस्ट के तैयार होने का संकेत देता है। इसी प्रकार दूसरी बार गड्ढा भरने पर कम्पोस्ट 2–3 महीनों में तैयार होने लगती है।

उपयोग विधि

वर्मीकम्पोस्ट तैयार होने के बाद इसे खुली जगह पर ढेर बनाकर छाया में सूखने देना चाहिए परन्तु इस बात का ध्यान रहे की उसमें नमी बने। इसमें उपस्थित केंचुए नीचे की सतह पर एकत्रित हो जाते हैं। जिसका प्रयोग मदर कल्चर के रूप में दूसरे गड्ढे में डालने के लिए किया जा सकता है। सूखने के पश्चात् वर्मीकम्पोस्ट का उपयोग अन्य खादों की तरह बुवाई के पहले खेत/वृक्ष के थालों में किया जाना चाहिए। फलदार वृक्ष बड़े वृक्षों के लिए पेड़ के थालों में 3–5 किलो वर्मीकम्पोस्ट मिलाएं एवं गोबर तथा फसल अवशेष इत्यादि डालकर उचित नमी की व्यवस्था करें।

सब्जी वाली फसलें

2–3 टन प्रति एकड़ की दर से वर्मीकम्पोस्ट खेत में डालकर रोपाई या बुवाई करें।

मुख्य फसले

सामान्य फसलों के लिए भी 2–3 टन वर्मी कम्पोस्ट उपयोग बुवाई के पूर्व करें।

वर्मीकम्पोस्ट के लाभ

- जैविक खाद होने के कारण वर्मीकम्पोस्ट में लाभदायक सूक्ष्म जीवाणुओं की क्रियाशीलता अधिक होती है जो भूमि में रहने वाले सूक्ष्म जीवों के लिए लाभदायक एवं उत्प्रेरक का कार्य करते हैं।
- वर्मीकम्पोस्ट में उपस्थित पौध पोषक तत्व पौधों को आसानी से उपलब्ध हो जाते हैं।

- वर्मीकम्पोस्ट के प्रयोग से मृदा की जैविक क्रियाओं में बढ़ोतरी होती है।
- वर्मीकम्पोस्ट के प्रयोग से मृदा में जीवांश पदार्थ (हयूमस) की वृद्धि होती है, जिससे मृदा संरचना, वायु संचार तथा की जल धारण क्षमता बढ़ने के साथ–साथ भूमि उर्वरा शक्ति में वृद्धि होती है।
- वर्मीकम्पोस्ट के माध्यम से अपशिष्ट पदार्थों या जैव अपघटित कूड़े–कचरे का पुनर्चक्रण आसानी से हो जाता है।

3.25 बायोगैस स्लरी

बायोगैस संयंत्र में गोबर गैस की पाचन क्रिया के बाद 25 प्रतिशत ठोस पदार्थ का रूपान्तरण गैस के रूप में होता है और 75 प्रतिशत ठोस पदार्थ का रूपान्तरण खाद के रूप में होता हैं। जिसे बायोगैस स्लरी कहा जाता हैं दो घनमीटर के बायोगैस संयंत्र में 50 किलोग्राम प्रतिदिन या 18.25 टन गोबर एक वर्ष में डाला जाता है। उस गोबर में 80 प्रतिशत नमीयुक्त करीब 10 टन बायोगैस स्लेरी का खाद प्राप्त होता हैं। ये खेती के लिए अति उत्तम खाद होता है। इसमें 1.5 से 2% नत्रजन, 1% स्फुर एवं 1% पोटाश होता हैं।

बायोगैस संयंत्र में गोबर गैस की पाचन क्रिया के बाद 20 प्रतिशत नाइट्रोजन अमोनियम नाइट्रेट के रूप में होता है। अतः यदि इसका तुरंत उपयोग खेत में सिंचाई नाली के माध्यम से किया जाए तो इसका लाभ रासायनिक खाद की तरह फसल पर तुरंत होता है और उत्पादन में 10–20 प्रतिशत बढ़त हो जाती है। स्लरी के खाद में नत्रजन, स्फुर एवं पोटाश के अतिरिक्त सूक्ष्म पोषण तत्व एवं ह्यूमस भी होता हैं जिससे मिट्टी की संरचना में सुधार होता है तथा जल धारण क्षमता बढ़ती है। सूखी खाद असिंचित खेती में 5 टन एवं सिंचित खेती में 10 टन प्रति हैक्टर की आवश्यकता होगी। सूखी खाद का उपयोग अन्तिम बखरनी के समय एवं ताजी स्लरी का उपयोग सिंचाई के दौरान करें। स्लरी के उपयोग से फसलों को तीन वर्ष तक पोषक तत्व धीरे–धीरे उपलब्ध होते रहते हैं।

3.26 भभूत अमृत पानी

अमृत पानी तैयार करने के लिए के लिए 10 किलोग्राम गाय का ताजा गोबर 250 ग्राम घी, 500 ग्राम शहद और 200 लीटर पानी की आवश्यकता होती है। सर्वप्रथम 200 लीटर के ड्रम में 10 किलोग्राम गाय का ताजा गोबर डालें उसमें 250 ग्राम घी, 500 ग्राम शहद को डालकर अच्छी तरह मिलायें इसके पश्चात् ड्रम को पूरा पानी से भर ले तथा एक लकड़ी की सहायता से घोल तैयार करें इस घोल को जब फसल 15 से 20 दिन की हो जावे तब कतार के बीच में 3 से 4 बार प्रयोग करें इसके प्रयोग के समय मृदा में नमी का होना अति आवश्यक है।

3.27 अमृत जल

यह गोबर, गौ–मूत्र और गुड को मिला कर बनाया गया एक ऐसा घोल है जिसमें सूक्ष्मजीवों की संख्या और विविधता बहुत अधिक होती है। इसमें मौजूद तत्व मिट्टी को उपजाऊ बनाते हैं और सूक्ष्मजीव मिट्टी की भौतिक और रासानिक गुणों को बढ़ाते हैं।

अमृत जल तैयार करने के लिए आवश्यक सामग्री?

अमृत जल तैयार करने के लिए निम्न सामग्री की आवश्यकता होती है–

1. एक लीटर गाय का गोमूत्र।
2. एक किलो ताजा गोबर।
3. दस लीटर पानी।
4. देशी गुड़ 50 ग्राम या गुड की जगह 12 पके हुए केले।

अमृत जल तैयार करने की विधि?

सबसे पहले दस लीटर पानी में एक लीटर गोमूत्र मिलाएँ। अब इसमें एक किलो ताजे गोबर को अच्छी तरह घोलकर मिलाएं। इसके बाद 50 ग्राम गुड़ को पानी में तब तक घोलें जब तक वह अच्छी तरह न घुल जाए। अब इस मिश्रण को ढँककर रख दें। दिन में 3 बार इस मिश्रण को 12 बार घड़ी की दिशा में और 12 बार घड़ी की उल्टी दिशा में घुमाएँ। घोल बनाने के 72 घंटों बाद इसमें 100 लीटर पानी मिलाएं। करीब 111 लीटर के इस घोल को अमृत जल कहा जाता है।

3.28 मटका खाद

मटका खाद की विशेषताएँ

- स्थानीय संसाधनों से तैयार किया जाता है।
- यह तकनीक सरल, सस्ती और प्रभावशाली है।
- पौधों में वानस्पतिक वृद्धि तेजी से करती है।
- भूमि में मित्र जीवाणुओं की संख्या बढ़ाता है।
- भूमि की उर्वरा शक्ति में वृद्धि करता है और उत्पादन बढ़ाता है।
- इसके उपयोग से रासायनिक खादों पर निर्भरता कम होगी।
- फसल की गुणवत्ता में वृद्धि होती है।

आवश्यक सामग्री

गौमूत्र	15 ली.
गाय का ताजा गोबर	15 कि.ग्रा.
गुड़	250 ग्राम
पानी	15 लीटर
प्लास्टिक का पात्र या मटका	1

बनाने की विधि

सर्वप्रथम 15 ली. पानी में 250 ग्राम गुड़ का घोल तैयार करें। इसके बाद पात्र में गौमूत्र डाल कर हिला दीजिए। मटके में 5 ली. गौमूत्र, 5 कि.ग्रा. गोबर व एक तिहाई गुड़ का घोल मिला दीजिए और एक लकड़ी की सहायता से दो मिनट तक सीधा व फिर उलटा घुमाइए। इसे क्रमवार दो बार करके सभी सामग्री अच्छी तरह मिला दीजिए। कुछ देर बाद 5 मिनट तक डण्डे से घुमाइए। इसके बाद घड़े का मुँह बंद कर दीजिए और ढक्कन को गोबर व मिट्टी से लीप दीजिए। 7–10 दिन तक छाया में रखें। तब खाद तैयार हो जायेगी। फिर 200 लीटर का ड्रम लेकर 150 ली, पानी भरकर यह मटका खाद उसमें मिला कर 30 मिनट तक घुमाएँ। इसके बाद (पहला छिड़काव बुआई से दो दिन पहले व दूसरा बुआई के 55–60 दिन बाद तथा तीसरा छिड़काव फूल आने से पहले करें। मटका खाद बनाने के बाद दो तीन दिन में ही इसका उपयोग करना अनिवार्य है। 7 दिन से ज्यादा पुराना गौमूत्र उपयोग नहीं करना चाहिए।

उपयोग

- अनाज वाली फसलों में – बुआई के 25 दिन, 50 दिन, व 70 दिन पर पानी में मिला कर छिड़काव करें।
- इसका छिड़काव करते समय खेत में नमी का होना आवश्यक है।।

3.29 पंचगव्य

प्राचीन काल से ही भारत जैविक आधारित कृषि प्रधान देश रहा है। हमारे ग्रन्थों में भी इसका उल्लेख किया गया है। पंचगव्य का अर्थ है पंचगव्य (गाय से प्राप्त पाँच पदार्थों का घोल) अर्थात् गौमूत्र, गोबर, दूध, दही, और घी के मिश्रण से बनाए जाने वाले पदार्थ को पंचगव्य कहते हैं। प्राचीन समय में इसका उपयोग खेती की उर्वरक शक्ति को बढ़ाने के साथ पौधों में रोग प्रतिरोधक क्षमता बढ़ाने के लिए किया जाता था।

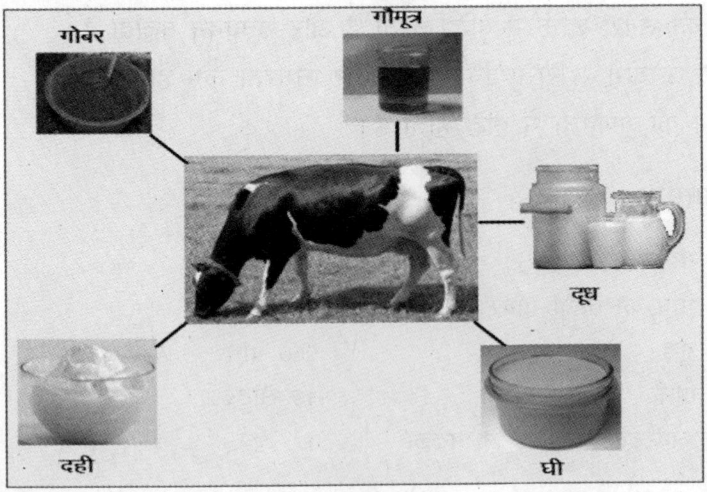

चित्र 3.4 पंचगव्य

विशेषताएँ

- भूमि में जीवांशों (सूक्ष्म जीवाणुओं) की संख्या में वृद्धि होती है।
- भूमि की उर्वरा शक्ति में वृद्धि होती है।
- फसल उत्पादन एवं उसकी गुणवत्ता में वृद्धि होती है।
- भूमि में हवा व नमी को बनाए रखना
- फसल में रोग व कीट का प्रभाव कम करना
- स्थानीय संसाधनों पर आधारित
- सरल एवं सस्ती तकनीक पर आधारित

आवश्यक सामग्री

गौमूत्र	1.5 ली.
गोबर	2.5 कि.ग्रा.
दही	1 कि.ग्रा.
दूध	1 ली.
देशी घी	250 ग्राम

पंचगव्य बनाने की विधि

प्रथम दिन 2.5 कि.ग्रा. गोबर व 1.5 लीटर गोमूत्र में 250 ग्राम देशी घी अच्छी तरह मिलाकर मटके में डाल दें व ढक्कन अच्छी तरह से बंद कर दें। अगले तीन दिन तक इसे रोज हाथ से हिलाएं। अब चौथे दिन सारी सामग्री को आपस में मिलाकर मटके में डाल दें व फिर से ढक्कन बंद कर दें। अगले दिन इसे लकड़ी से हिलाने की प्रक्रिया शुरू करें और सात दिन तक प्रतिदिन दोहराएँ। इसके बाद जब इसका खमीर बन जाए और खुशबू आने लगे तो समझ लें की पंचगव्य तैयार है। इसके विपरीत अगर खटास भरी बदबू आए तो हिलाने की प्रक्रिया एक सप्ताह और बढ़ा दें। इस तरह पंचगव्य तैयार होता है अब इसे 10 ली. पानी में 250 ग्रा. पंचगव्य मिलाकर किसी भी फसल में किसी भी समय उपयोग कर सकते हैं। अब इसे खाद, बीमारियों से रोकथाम, कीटनाशक के रूप में व वृद्धिकारक उत्प्रेरक के रूप में उपयोग कर सकते हैं। इसे एक बार बना कर 6 माह तक उपयोग कर सकते हैं। इसको बनाने की लागत 70 रु. प्रति लीटर आती है।

उपयोग विधि

- पंचगव्य का उपयोग अनाज व दालों (धान, गेहूँ, मंडुवा, राजमा आदि) तथा सब्जियों (शिमला मिर्च, टमाटर, गोभी वर्गीय व कन्द वाली) में किया जाता है।
- छिड़काव के समय खेत में पर्याप्त नमी होनी आवश्यक है।
- बीज उपचार से लेकर फसल कटाई के 25 दिन पहले तक 25 से 30 दिन के अन्तराल में इसका उपयोग किया जा सकता है।

बीज उपचार

1 लीटर पंचगव्य के घोल में 500 ग्राम वर्मीकम्पोस्ट मिलाकर बीजों पर छिड़काव करें और उसकी हल्की परत बीज पर चढ़ाए व 30 मिनट छाया में सुखाकर बुआई करें।

पौध के लिए उपचार

- पौधशाला से पौध निकाल कर घोल में डुबायें और रोपाई करें।
- पौध रोपण या बुआई के पश्चात् 15–25 दिन के अन्तराल पर 3 बार लगातार छिड़काव करें।

सावधानियाँ

- पंचगव्य का उपयोग करते समय खेत में नमी का होना आवश्यक है।
- इसका छिड़काव सुबह 10 बजे से पहले तथा शाम 3 बजे के बाद करना चाहिए।
- पंचगव्य मिश्रण को हमेशा छायादार व ठण्डे स्थान पर रखना चाहिए।
- इसको बनाने के 6 माह तक इसका प्रयोग अधिक प्रभावशाली रहता है।
- टीन, स्टील व ताम्बा के बर्तन में इस मिश्रण को नहीं रखना चाहिए। इसके साथ रासायनिक कीटनाशक व खाद का उपयोग नहीं करना चाहिए।

3.30 जैविक पद्धति द्वारा जैविक कीट एवं व्याधि नियंत्रण

नीम के उत्पाद

नीम भारतीय मूल का पौधा है, जिसे वैद्य के रूप में मान्यता प्राप्त है। इससे मनुष्य के लिए उपयोगी औषधियाँ तैयार की जाती हैं तथा इसके उत्पाद फसल संरक्षण के लिए अत्यन्त उपयोगी हैं।

नीम पत्ती का घोल

नीम की 10–12 किलो पत्तियाँ, 200 लीटर पानी में 4 दिन तक भिगोंयें। पानी हरा पीला होने पर इसे छानकर, एक एकड़ की फसल पर छिड़काव करने से इल्ली की रोकथाम होती है। इस औषधि की तीव्रता को बढ़ाने हेतु बेसरम, धतूरा, तम्बाकू आदि के पत्तों को मिलाकर काढ़ा बनाने से औषधि की तीव्रता बढ़ जाती है और यह दवा कई प्रकार के कीड़ों को नष्ट करने में यह दवा उपयोगी सिद्ध हुई है।

नीम की निबोली

नीम की निबोली 2 किलो लेकर महीन पीस लें इसमें 2 लीटर ताजा गौ मूत्र मिला लें। इसमें 10 किलो छाछ मिलाकर 4 दिन रखें और 200 लीटर पानी मिलाकर खेतों में फसल पर छिड़काव करें।

नीम की खली

जमीन में दीमक तथा व्हाइट ग्रब एवं अन्य कीटों की इल्लियाँ तथा प्यूपा को नष्ट करने तथा भूमि जनित रोग, विल्ट आदि के रोकथाम के लिए किया जा सकता है। 6–8 क्विंटल प्रति एकड़ की दर से अंतिम बखरनी करते समय कूटकर बारीक खेम में मिलावें।

गौ–मूत्र

गौमूत्र, कांच की शीशी में भरकर धूप में रखे हैं। जितना पुराना गौमूत्र होगा उतना अधिक असरकारी होगा। 12–15 मि.मी. गौमूत्र प्रति लीटर पानी में मिलाकर स्प्रेयर पंप से फसलों में बुआई के 15 दिन बाद, प्रत्येक 10 दिन में छिड़काव करने से फसलों में रोग एवं कीड़ों में प्रतिरोधी क्षमता विकसित होती है जिससे प्रकोप की संभावना कम रहती है।

मट्ठा

मट्ठा, छाछ, मही आदि नाम से जाना जाने वाला तत्व मनुष्य के लिए अनेक प्रकार से गुणकारी है और इसका उपयोग फसलों में कीट व्याधि के उपचार के लिए लाभप्रद हैं। मिर्ची, टमाटर आदि जिन फसलों में चुर्रामुर्रा या कुकड़ा रोग आता है, उसके रोकथाम हेतु एक मटके में छाछ डाकर उसका मुँह पॉलीथिन से बांध दे एवं 30–45 दिन तक उसे मिट्टी में गाड़ दें। इसके पश्चात् छिड़काव करें 100–150 मि.ली. छाछ 15 लीटर पानी में घोल कर छिड़काव करने से कीट–व्याधि का नियंत्रण होता है। यह उपचार सस्ता, सुलभ, लाभकारी होने से कृषकों में लोकप्रिय है।

आइपोमिया (बेशरम) पत्ती घोल

आइपोमिया की 10–12 किलो पत्तियाँ, 200 लीटर पानी में 4 दिन तक भिगोंए। पत्तियों का अक्र उतरने पर इसे छानकर एक एकड़ की फसल पर छिड़काव करें इससे कीटों का नियंत्रण होता है।

मिर्च / लहसुन

आधा किलो हरी मिर्च, आधा किलो लहसुन पीसकर चटनी बनाकर पानी में घोल बनाएँ इसे छानकर 100 लीटर पानी में घोलकर, फसल पर छिड़काव करें। 100 ग्राम साबुन पाउडर भी मिलाएँ। जिससे पौधों पर घोल चिपक सके। इसके छिड़काव करने से कीटों का नियंत्रण होता है।

ट्राईकोडर्मा

ट्राईकोडर्मा एक ऐसा जैविक फफूंद नाशक है जो पौधों में मृदा एवं बीज जनित बीमारियों को नियंत्रित करता है। बीजोपचार में 5–6 ग्राम प्रति किलोगाम बीज की दर से उपयोग किया जाता है। मृदा उपचार में 1 किलोग्राम ट्राईकोडर्मा को 100 किलोग्राम अच्छी सड़ी हुई खाद में मिलाकर अंतिम बखरनी के समय प्रयोग करें।

कटिंग व जड़ उपचार

200 ग्राम ट्राईकोडर्मा को 15–20 लीटर पानी में मिलाएँ और इस घोल में 10 मिनिट तक रोपण करने वाले पौधों की जड़ों एवं कटिंग को उपचारित करें या 3 ग्राम ट्राईकोडर्मा प्रति लीटर पानी में घोल बनाकर 10–15 दिन के अंतर पर खड़ी फसल पर 3–4 बार छिड़काव करने से वायुजनित रोग का नियंत्रण होता है।

3.31 जैव–उर्वरक

मिट्टी में लगातार रसायनों के छिड़काव एवं रासायनिक उर्वरकों की बढ़ती मांग ने पर्यावरण को प्रदूषित करने के साथ–साथ मिट्टी की उर्वरा शक्ति को भी घटाया है। इन रसायनों के प्रभाव से मिट्टी को उर्वरकता प्रदान करने वाले सूक्ष्म जीवों की संख्या में अत्यधिक कमी हो गई है। जैसे कि हवा से नाइट्रोजन खींचकर जमीन में स्थिरीकरण करनेवाले जीवाणु राइजोबियम, एजेटोबैक्टर, एजोस्पाइरलम, फास्फेट व पोटाश घुलनशील जीवाणु आदि। इसलिए मिट्टी में इन जीवाणुओं की संख्या बढ़ाने हेतु इनके कल्चर का उपयोग जैविक खादों के साथ मिलाकर किया जाता है। किसी विशिष्ट उपयोगी जीवाणु/कवक/फुंफंद को उचित माध्यम में (जो की साधरणतः ग्रेनाइट या लिग्नाइट का चुरा होता है) ये जीवाणु 6 माह से एक वर्ष तक जीवित रह सकते हैं। सामान्यतः अधिक गर्मी (40 से ऊपर) में ये जीवाणु मर जाते हैं। जीवाणु कल्चर का भंडारण सावधानी पूर्वक शुष्क एवं ठंडी जगह पर करना चाहिए।

जैव–उर्वरक विभिन्न प्रकार के मिट्टी जनित रोगों के नियंत्रण में सहायक सिद्ध होते हैं। इसके अतिरिक्त जैव उर्वरकों से किसी भी प्रकार का प्रदुषण नहीं फैलता है और इसका कोई दुष्परिणाम भी देखने में नहीं आया है और न ही इसका प्रयोग करनेवालों पर इनका कोई दुष्प्रभाव देखा गया है। जैव–उर्वरकों के उपयोग करने से रासायनिक उर्वरकों पर निर्भरता में कमी देखी जा सकती है। पिछले कुछ दशकों से निम्न कुछ प्रमुख जैव–उर्वरकों का प्रयोग किसानों द्वारा किया जा रहा है।

जैव उर्वरकों के प्रकार

जैव उर्वरक कई प्रकार के होते हैं जैसे – नाइट्रोजन की आपूर्ति बढ़ाने वाले जैव उर्वरकों में नाइट्रोजन स्थिरीकारक जीवाणु (राइजोबियम, एजोटोबैक्टर एवं एजोस्पीरिलम), नील हरित शैवाल एवं एजौला महत्वपूर्ण हैं। फास्फोरस विलयकारी जीवाणु (पीएसबी) और माइकोराइजी मृदा में उपस्थित अघुलनशील फास्फोरस को घुलनशील बनाकर पौधों के लिए फास्फोरस की उपलब्धता बढ़ाते हैं।

राइजोबियम

नाइट्रोजन का अधिकाँश भाग (लगभग 80%) वायुमंडल में विद्यमान है। सूक्ष्म जीवाणु वायुमंडलीय नाइट्रोजन को वायुमंडल से भूमि में पहुँचाने का एक माध्यम है। राइजोबियम दलहनी फसलों की जड़ों में ग्रंथियाँ बनाने की क्षमता रखने वाले उस जीवाणु का नाम है जो की वायुमंडल की नाइट्रोजन का स्थिरीकरण कर उसे पौधों तक पहुंचाता है। राइजोबियम कल्चर का प्रयोग दलहनी फसलों में किया जाता है।

राइजोबियम कल्चर के प्रयोग से फसल का उत्पादन 20–30% तक बढ़ जाता है, एवं भूमि में लगभग 30–40 किलो नाइट्रोजन प्रति हैक्टेयर तक बढ़ जाती है। राइजोबियम कल्चर से चना, मसूर, उड़द, मूँग, अरहर, मटर, मूँगफली, सोयाबीन, ढैंचा, सनई, सेम एवं अन्य सभी दलहनी फसलों को लाभ होता है।

एजोटोबैक्टर

एजोटोबैक्टर केला, पपीता, आलू, प्याज, टमाटर, भिण्डी, गन्ना, कपास, तंबाकू मक्का, ज्वार, बाजरा, गेहूं, धान आदि फसलों में प्रयोग किया जाता है। एजोटोबैक्टर स्वतंत्र रूप से पौधों में नाइट्रोजन स्थिरीकरण करते हैं। एजोटोबैक्टर नाइट्रोजन स्थिरीकरण के अतिरिक्त इन्डोल एसिटिक एसिड, जिब्रेलिक एसिड तथा विटामिन भी उत्पन्न करते हैं। एजोटोबैक्टर के प्रयोग से लगभग 10–15 किलोग्राम तक नाइट्रोजन प्रति हैक्टेयर नाइट्रेट में परिवर्तित होकर पौधों को मिल जाती है। इसके इस्तेमाल से फसल का उत्पादन भी लगभग 10–20 प्रतिशत तक बढ़ जाता है।

एजोस्पीरिलम

धान, गन्ना, मोटे अनाज, कपास, कद्दूवर्गीय एवं उद्यानिकी फसलों में इसका प्रयोग किया जाता है। एजोस्पीरिलम पादप जड़ों के साथ मुक्त संबंध में नाइट्रोजन स्थिरीकरण करता है। इसके प्रयोग से फसलों में 10–15 प्रतिशत तक की उपज में वृद्धि होती है। एजोस्प्रिलम का प्रयोग भूमि उपचार, बीजोपचार तथा रोपाई के समय भी किया जाता है।

एसीटोबैक्टर

यह जीवाणु गन्ने की फसल में नाइट्रोजन स्थिरीकरण में सहायक है। एसीटोबैक्टर फसलों व पौधों की जड़ों के आस–पास विखंडित होकर भूमि की नाइट्रोजन को नाइट्रेट में बदलकर पौधों तक पहुंचाते हैं। एसीटोबेक्टर का प्रयोग मिट्टी व बीज उपचार के लिए किया जाता है। एसीटोबेक्टर से मिट्टी की उर्वरा शक्ति का विकास होता है। यह रासायनिक खाद के प्रयोग को कम करता है। यह गन्ने व चुकंदर की फसल में उत्पादन वृद्धि के साथ–साथ उसमें शक्रा की मात्रा को भी बढ़ाता है।

नील–हरित शैवाल

नील–हरित शैवाल प्रकाश संश्लेषी सूक्ष्म के जीव होते हैं, जो नाइट्रोजन के स्थिरिकरण में सहायक हैं। नील–हरित शैवाल को "सायनोबैक्टरिया" भी कहा जाता है। सभी नील–हरित शैवाल नाइट्रोजन के स्थिरिकरण में सहायक नहीं होते हैं। मिट्टी में पाई जाने वाली नील–हरित शैवाल प्रजातियाँ बड़े आकार की तथा संरचना में जटिल होती हैं।

नील–हरित शैवाल की कुछ प्रजातियाँ एनिबिना एजोली, एनाबिना फर्टिलिसिया, एनाबिना लेवेन्छरी, नॉस्टॉक फॉरमीडियम, आसिलेटोरिया, ट्राइकोडेसियम, इत्यादि हैं। नील–हरित शैवाल की इन प्रजातियों में हीटरोसिस्ट युक्त व हीटरोसिस्ट रहित दोनों प्रजातियाँ शामिल है, नील–हरित शैवाल धान की फसल के लिए बहुत उपयोगी हैं।

एजोला

एजोला विश्व भर में पाया जाने वाला एक निम्नवर्गीय पादप हैं। यह मुख्यतः स्वच्छ जल, तालाबों, गड्ढों तथा झीलों में पानी की सतह पर तैरता रहता है। भारत में पाई जाने वाली इसकी प्रजाति एजोला पिन्नोटा है, जिसमें नाइट्रोजन स्थिरिकरण की क्षमता कम होती है इसीलिए इनके स्थान पर धान की फसलों के प्रयोग हेतु अन्य प्रजाति एजोला माइक्रोफिलाव केरोलिनिआना का प्रयोग किया जाता है, जो की अच्छी नाइट्रोजन स्थिरीकरण करने वाली प्रजातियाँ हैं। इनसे फसल की बढ़वार भी तेजी से होती है।

एजोला का प्रयोग धान की फसल में किया जाता है। एक एकड़ खेत के लिए पौध रोपने के 15 दिन बाद पानी लगाकर उसमें लगभग 10 किलोग्राम एजोला डाल देते हैं। इसके बाद खेत का पानी निकालकर इसे मिट्टी में अच्छी तरह से मिला देते हैं। खेत में दुबारा पानी लगाने पर एजोला के बीज में अंकुरण प्रारंभ हो जाता है, जो की आगामी फसल के लिए लाभप्रद होता है देश के अनेक भागों में एजोला का प्रयोग धान की फसल में हरी खाद के रूप में किया जाता है। यह नाइट्रोजन के स्थिरीकरण में सहायक है। जिसके फलस्वरूप धान में वृद्धि होती है।

फास्फोरस विलयकारी जीवाणु (पीएसबी वैम)

ये सूक्ष्म जीवाणु निम्न पीएच मान के कार्बनिक अम्ल छोड़ते हैं जिससे मृदा में उपस्थित अघुलनशील फास्फोरस, घुलनशील फास्फोरस में परिवर्तित हो जाता है और फसल के लिए उपलब्ध होता है। इसके उपयोग से फास्फोरस की उपलब्धता में 10–30 प्रतिशत की वृद्धि होती है। पीएसबी कल्चर का प्रयोग धान, गेहूं, चना, मटर, आलू, गन्ना आदि फसलों में बहुत उपयोगी पाया गया है। वेसीकुलर आरबस्कुलर माइकाराइजी (वैम) जो पादप जड़ों और विशेष कवकों के सहजीवन का प्रकार है, फसलों में फास्फोरस की उपलब्धता और अधिग्रहण को बढ़ाता है।

3.32 जैव उर्वरकों की प्रयोग विधि – राइजोबियम, एजोटोबेक्टर, एजोस्पीरिलम व फास्फोरस विलयकारी सूक्ष्म जीवों को निम्न विधियों से प्रयोग किया जा सकता है –

बीज उपचार

एक पैकेट (200 ग्रा.) जैव उर्वरक को आधा लीटर पानी और 50 ग्राम गुड़ में घोल बनाकर 10–12 किग्रा बीज के साथ अच्छी तरह मिलाकर किसी छायादार स्थान में सुखाने के तुरंत बाद ठंडे समय (सुबह) में बुवाई करें।

पौध (रोपणी) उपचार

धान, सब्जियों की पौध या गन्ना, आलू आदि के टुकड़े जिन्हें बीज के रूप में काम लिया जाना है, उनमें एक से तीन किग्रा जैव उर्वरक को लगभग 50 लीटर पानी के घोल में 5–10 मिनट तक डुबोकर रोपाई करें।

भूमि उपचार

इस विधि में 100–125 किग्रा अच्छी सड़ी गोबर की खाद या कम्पोस्ट में 10–12 किग्रा जैव उर्वरक मिलाकर खेत की तैयारी के समय भूमि में मिलाएँ। खड़ी फसल में भी जैव उर्वरक का प्रयोग किया जा सकता है। इसके लिए सिंचाई से पहले या बाद में जैव उर्वरक को साफ व भुरभुरी मिट्टी में मिलाकर समान रूप से खड़ी फसल में बिखेर दें।

जैव उर्वरकों के लाभ

1. जैव उर्वरक पौधों के लिए आवश्यक सभी प्रमुख एवं सूक्ष्म पोषक तत्व प्रदान करते हैं।
2. इनके प्रयोग से मृदा में लाभकारी जीवाणुओं व केंचुओं की संख्या में वृद्धि होती है।
3. भूमि में स्थिर अघुलनशील फास्फोरस जीवाणुओं की सक्रियता से घुलनशील रूप में परिवर्तित होकर पौधों के लिए प्रचुर मात्रा में उपलब्ध होता है।
4. इनके उपयोग से पौधों के लिए आवश्यक अनेक पादप वृद्धि नियामक भी मिलते हैं।
5. जैव उर्वरक रासायनिक उर्वरकों की तुलना में कम समय और कम खर्च में तैयार हो जाते हैं।
6. जैव उर्वरकों का प्रभाव धीरे–धीरे होता है परन्तु मृदा उर्वरकता लम्बे समय तक बनी रहती है जिससे रासायनिक उर्वरकों की तरह इन्हें बार–बार खेत में नहीं डालना चाहिए।
7. जैव उर्वरकों के प्रयोग से न सिर्फ रासायनिक उर्वरकों की खपत में कमी होती है बाल्कि रासायनिक उर्वरकों की उपयोग क्षमता भी बढ़ती है।
8. जैव उर्वरकों का प्रयोग मानव स्वास्थ्य और पर्यावरण संरक्षण की दृष्टि से सर्वोत्तम है जो टिकाऊ खेती के महत्वपूर्ण कारक हैं।

3.33 जैव उर्वरकों के प्रयोग में सावधानियाँ

1. जैव उर्वरक के पैकेट पर लिखे दिशा–निर्देश का पालन अवश्य करें।
2. पैकेट पर लिखी अंतिम तिथि से पहले प्रयोग करें।
3. जैव उर्वरक ठण्डे व सूखे स्थान पर रखें।
4. प्रत्येक दलहनी फसल के लिए राइजोबियम की प्रजाति भिन्न–भिन्न होती है। अतः इनका प्रयोग फसलवार करना चाहिए।
5. जीवाणु कल्चर से शोधित बीज को कभी भी धूप में नहीं सुखाना चाहिए, इससे जीवाणु मर जाते हैं।
6. जीवाणु कल्चर के बीजशोधन के समय या उसके बाद किसी भी प्रकार के रसायन से बीज उपचार नहीं करना चाहिए। रसायन के जहरीले प्रभाव से

जीवाणु मर सकते हैं। अतः यदि रसायन से बीज उपचारित करना हो तो इसे कल्चर शोधन से पहले करना चाहिए।

महत्वपूर्ण बिन्दु

1. मृदा परीक्षण के आधार पर उर्वरकों का प्रयोग करें।
2. रासायनिक उर्वरकों के साथ–साथ कार्बनिक खाद, जैविक उर्वरकों का भी प्रयोग करें।
3. फास्फोरस उर्वरक को बुवाई के समय कूड़े में डालें।
4. सूक्ष्म पोषक तत्वों की आवश्यकतानुसार पूर्ति करें।
5. दलहनी फसलों के बीजों को राइजोबियम कल्चर से अवश्य उपचारित करें।
6. दलहनी फसल के बाद उगाई जाने वाली फसल में नाइट्रोजन की मात्रा में 15–20 प्रतिशत की कटौती करें।
7. जहाँ तक संभव हो सके फसल चक्र में एक दलहनी फसल अवश्य लें।
8. फसल उत्पादन की उन्नत प्रौद्योगिकी जैसे उचित फसल व प्रजाति का चयन, प्रमाणित बीज का प्रयोग, समय पर बुवाई, संस्तुत बीज दर, लाइनों में बुवाई, समुचित जल प्रबंध, खरपतवार व रोग प्रबंधन अपनाएँ।

पिछले कुछ वर्षों में जैव–उर्वरकों की आवश्यकता महसूस की गई है, क्योंकि इनके उपयोग से बढ़ते रासायनिक उर्वरकों पर निर्भरता में कमी देखी गई है। यद्यपि जैव–उर्वरकों के प्रयोग से हम अच्छी एवं गुणवत्ता युक्त उपज प्राप्त कर सकते हैं, परन्तु इसके बावजूद भी आजकल जैव उर्वरक आम किसान तक नहीं पहुँच पाया है। किसान आज भी जैव उर्वरक के प्रयोग एवं इससे होने वाले लाभ से अनभिज्ञ है। इस ज्ञान को आम किसान तक पहुँचाने के प्रयास किए जाएँ तो किसानों को उचित लाभ मिल सकता है।

सारणी 3.3 जैविक खादों में पोषक तत्वों की मात्रा

जैविक खाद का नाम	पोषक तत्वों की प्रतिशत मात्रा		
	नाइट्रोजन	फॉस्फोरस	पोटाश
गोबर की खाद	0.5	0.3	0.4
कम्पोस्ट	0.4	0.4	1.0
अंडी की खली	4.2	1.9	1.4
नीम की खली	5.4	1.1	1.5
करंज की खली	4.0	0.9	1.3
सरसो की खली	4.8	2.0	1.3
तिल की खली	5.5	2.1	1.3
कुसुम की खली	7.9	2.1	1.3
बादाम की खली	7.0	2.1	1.5

सारणी 3.4 रासायनिक उर्वरक में पोषक तत्त्वों की मात्रा

उर्वरक का नाम	पोषक तत्वों की प्रतिशत मात्रा				
	नाइट्रोजन	फॉस्फोरस	पोटाश	केल्शियम	गंधक
यूरिया	46.0	–	–		
अमोनियम सल्फेट	20.6	–	–		
अमोनियम सल्फेट नाइट्रेट	26.0	–	–		
अमोनियम नाइट्रेट	35.0	–	–		
कैल्शियम अमोनियम नाइट्रेट	25.0	–	–		
कैल्शियम नाइट्रेट	15.5	–	–		
मैग्नीशियम नाइट्रेट	11	–	–		
अमोनियम क्लोराइड	25.0	–	–		
सोडियम नाइट्रेट	16.0	–	–		
सिंगल सुपर फॉस्फेट	–	16.0	–		
ट्रिपल सुपर फॉस्फेट	–	48.0	–		
डाई कैल्शियम फॉस्फेट	–	38.0	–		
पोटैशियम सल्फेट	–	–	48.0		
म्यूरिएट ऑफ पौटाश	–	–	60.0		
पोटैशियम नाइट्रेट	13.0	–	40.0		
मोनो अमोनियम फॉस्फेट	11.0	48.0	–		
डाई अमोनियम फॉस्फेट	18.0	46.0	–		

■■■■■

4

नर्सरी उत्पादन तकनीक

सब्जियों की फसलों में कुछ सब्जियाँ जैसे – सेम, मटर, गाजर, मूली एवं पत्तेदार सब्जियाँ, आलू, लहसुन आदि सीधे बीज बोकर तैयार की जाती है, जबकि अन्य सब्जियाँ जैसे टमाटर, मिर्च, फूलगोभी, पत्तागोभी, प्याज आदि की पौध तैयार की जाती है फिर उसे खेत में प्रतिरोपित किया जाता है। पौधशाला वह स्थान है जहाँ विकास के प्रांरभिक अवस्था में अंकुरण एवं विकास के लिए उपयुक्त वातावरण प्रदान किया जाता है, जब तक की खुले खेत में प्रतिरोपण के लिए मजबूत न हो जाए।

4.1 सब्जी उत्पादन में नर्सरी का महत्व

1. पौधशाला का क्षेत्र सीमित होने के कारण पौधों की देखभाल तथा पालन–पोषण आसानी से किया जाता है।
2. पॉलीहाउस या नेट हाउस में पौधों के अंकुरण तथा वुद्धि के लिए अनुकूल परिस्थितियाँ प्रदान की जाती है अतः पर्यावरण की प्रतिकूल परिस्थतियों में भी पौधों को सफलतापूर्वक तैयार किया जा सकता है।
3. पौधशाला में सघन देखभाल संभव है अतः पौधों को समय पर कीट, रोग व खरपतवारों से बचाया जा सकता है।
4. विभिन्न सब्जियों व फलों की अगेती व पिछेती फसल लेकर अच्छी आमदनी ली जा सकती है और इसके लिए पौध की उपलब्धता अच्छी पौधशाला से ही संभव है।
5. सब्जियों के संकर किस्मों के बीज महँगे होने के कारण इन्हें पौधशाला में तैयार करना अधिक व्यवहारिक होता है।

4.2 नर्सरी स्थापना के लिए ध्यान रखने योग्य बातें

स्वस्थ नर्सरी तैयार करने के लिए निम्नलिखित बातों का ध्यान रखना जरूरी है

स्थान का चयन : पौधशाला स्थापित करने के लिए ऐसे स्थान का चयन करना चाहिए जहाँ पर्याप्त मात्रा में प्रकाश उपलब्ध होता हो, सिंचाई की सुविधा तथा पानी की निकास की समुचित व्यवस्था उपलब्ध हो। पानी में यदि लवण की मात्रा अधिक है तो उसे सिंचाई के लिए उपयोग करना चाहिए। स्थान विशेष में आवागमन की सुविधा का भी ध्यान रखना चाहिए।

भूमि का चयन : पौधशाला के लिए जीवांश युक्त दोमट भूमि जिसका पी एच 6 से 7.5 हो, उपयुक्त होती है। अधिक बलुई भूमि तथा भारी चिकनी भूमि में वायु संचार की कमी के कारण पौधों की वृद्धि अच्छी नही होती। अधिक क्षारीय, लवणीय, उसरीली तथा कंकरीली भूमि का भी चयन पौधशाला के लिए नही करना चाहिए। उत्तर–पश्चिम दिशा में वायुरोधक पौधे लगाए जाने चाहिए। जो सर्दियों में पश्चिमी ठण्डी हवाओं की भी रोकथाम करें। दक्षिण तथा पूर्व में ऐसे फलदार बीजू पौधे लगाएं जो तेज हवा को रोकने का कार्य करने के साथ नर्सरी के लिए बीजू पौधों के बीजों की आवश्यकता की भी पूर्ति कर सकें।

मृदा उपचार : पौधशाला की मिट्टी को कीट तथा रोग से मुक्त रखने के लिए मिट्टी का उपचार करना अति आवश्यक है। मृदा उपचार निम्नविधियों से कर सकते हैं।

- कीटनाशक दवाईयां जैसे थिमेट को मिट्टी में मिलाकर कीटों से मुक्त किया जा सकता है।
- यदि मृदा में दीमक की समस्या है तो भूमि की तैयारी करते समय क्लोरोपाइरीफॉस (2 मिली./ली) के मिश्रण का छिड़काव करने से इसकी रोकथाम की जा सकती है।
- पौधशाला में लगने वाले मृदा जनित रोगों से बचाव हेतु कवकनाशक दवाईयों जैसे बाविस्टीन (2 ग्राम/लि.) आदि का घोल बनाकर मिट्टी को अच्छी तरह तर कर दें।
- एक भाग फॉरमेल्डीहाईड तथा सौ भाग पानी को अच्छी तरह मिलाकर फॉरमेलिन के घोल की पाँच लीटर मात्रा एक वर्गमीटर में छिड़काव करें। तत्पश्चात इसे अच्छी तरह आठ दिन तक ढक दे। उसके बाद पॉलीथीन हटाएं और भूमि को 6–10 दिन खुला छोड़े। इस उपचार से पौधशाला की मिट्टी में लगने वाले कीट व रोगों पर आसानी से नियंत्रण किया जा सकता है। पॉलीथीन की थैलियों में उपयोग होने वाले मिश्रण को भी उपयुक्त विधि से उपचारित कर लेना चाहिए।
- शुष्क क्षेत्रों में जहाँ सूर्य का प्रकाश बहुत तेज तथा गर्मियों में तापमान अधिक रहता है उस समय मिट्टी का सौर्यीकरण किया जाना चाहिए। इस विधि में मिट्टी को बारीक बनाने तथा गोबर खाद मिलाने के पश्चात् अच्छी तरह पानी से भिगो देना चाहिए तथा उसके ऊपर 250 गेज की पारदर्शी पॉलीथीन से ढक कर 3–4 सप्ताह के लिए छोड़ देना चाहिए। इससे मिट्टी में उपस्थित कीड़ों के अण्डे बीमारियों के रोगाणु एवं खरपतवार के बीज नष्ट हो जायेगें। यह कार्य अप्रैल से जून तक किया जा सकता है।

4.3 सब्जी पौध उत्पादन की विधियाँ

4.3.1 प्रो ट्रे के उपयोग द्वारा अच्छी गुणवत्ता वाली पौध तैयार करना

छोटे पौध जिन्हें बीज द्वारा प्रवर्धित किया जाता है, इन्हें वृद्धि की प्रारंभिक अवस्था में विशेष रूप से बहुत देखभाल की आवश्यकता होती है। इन्हें जैविक एवं अजैविक

कारकों की कमी या अधिकता के प्रभाव से सुरक्षित रखा जाता है। जब सब्जियों के बीजों को सीधे ऊंची उठी हुयी क्यारियों में लगाया जाता है, तब भी बीजों का अंकुरण कम होता है तथा मुख्य खेत में पौध को लगाने के समय यह देखा गया है की कुछ पौधे मर जाते हैं, जो की जड़ों की क्षति या नये वातावरण के प्रारंभिक प्रभाव के कारण होता है। जब पौधशाला में प्रो ट्रे या प्लग ट्रे में एक–एक बीज एक–एक खण्ड में डालकर कृत्रिम माध्यम के साथ उगाया जाता है, तब बीजों का 95 प्रतिशत से अधिक अंकुरण होता है तथा पौध के स्थानांतरण के समय लगने वाले झटके से कम मात्रा में या नही के बराबर नुकसान होता है, इसलिए पौध उत्पादन में प्लग या कंटेनर पौध उत्पादन पद्धति से वर्ष पर्यन्त अच्छी गुणवत्ता की पौध कम खर्च व श्रम के द्वारा उत्पन्न की जाती है। इन पौध वाली ट्रे की निचली सतह पर छिद्र बने रहते हैं, जिससे वायु संचार व जल निकास होता है।

आज सब्जी बीजों के शत प्रतिशत अंकुरण एवं रोग रहित पौधा उत्पादन हेतु आवश्यक है कि किसान सब्जी पौधा तैयार करने हेतु प्लग ट्रे तकनीकी का उपयोग करें। इस तकनीकी में प्लास्टिक की ट्रे में कोकोपीट, वर्मीक्यूलाईट, परलाईट (मृदा रहित माध्यम) क्रमशः आयतन आधार पर 3:1:1 अनुपात में मिला कर प्रयोग कर स्वस्थ पौधे तैयार किया जाते हैं। इस प्रकार पौध तैयार करने में पौधों में जड़ो का विकास बहुत अच्छा होता है। पौध को कम समय में तैयार हो जाता हैं तथा साथ बीज दर में भी काफी कमी (40–50%) आती है। इन ट्रे में 1.5 से 4.0 वर्ग इंच के खण्ड बने होते हैं जिनका चयन सब्जियों के किस्म के आधार पर किया जाता है प्लास्टिक ट्रे में 50–108 तक के खण्ड बने होते हैं। प्रत्येक खण्ड में मृदा रहित मिश्रण भरकर केवल 1 बीज डाले जाते हैं इस विधि से टमाटर, बैगन, शिमलामिर्च, मिर्च, फूलगोभी, पत्तागोभी, कद्दवर्गीय सब्जियों आदि के पौधे तैयार किए जा सकते हैं। इन ट्रे को अल्प एवं मध्यम लागत के ग्रीन हाउस में रखकर वर्ष भर गुणवत्ता युक्त पौधे तैयार किए जा सकते हैं। इस प्रकार के पौध उत्पादन को ग्रामीण युवक व्यवसाय के रूप में अपना कर रोजगार प्राप्त कर सकते हैं। इस प्रकार 500 वर्ग मीटर वाले ग्रीन हाउस में एक बार में 2.0 लाख सब्जियों के पौधे तैयार किए जा सकते हैं। तथा वर्ष भर में 5 से 6 बार पौधा तैयार करना संभव है।

चित्र 4.1 प्रो ट्रे

4.3.2 प्रो–ट्रे में सब्जियों की पौध उत्पादन के लाभ

- उत्पादकों द्वारा बहुत अधिक महंगे बीजों की बचत।

- बीजों का जल्दी एवं उचित अंकुरण।
- प्रत्येक बीज को अंकुरित होने तथा वृद्धि करने के लिए स्थान की स्वतंत्रता।
- पौध की मृत्यु दर में कमी।
- सभी पौध की वृद्धि एक समान होना।
- रोगमुक्त पौध का उत्पादन।
- जड़ों का अच्छी तरह विकास।
- रखरखाव एवं परिवहन में सरलता।
- प्रतिरोपण के समय जड़ों की क्षति का बहुत कम होना।
- मुख्य खेत में पौध का अच्छी तरह स्थापित होकर फसल की अच्छी वृद्धि होना।
- आवश्यकता अनुसार किसी भी समय नर्सरी तैयार करने की सुविधा।

4.3.3 प्रो ट्रे में पौध उगाने की विधि

- समान्यतः प्रो–ट्रे में नर्सरी उगाने की तकनीक में माध्यम के रूप में अधिकतर मृदा रहित माध्यम कोकोपीट, वर्मीक्यूलाईट एवं परलाईट के मिश्रण का उपयोग किया ज़ाता है। इन तीन अंशों को आयतन के आधार पर क्रमशः 3 : 1 : 1 भाग में मिश्रित करके उपयोग करते हैं कोकोपीट में जल धारण क्षमता बहुत अधिक होती है। साथ ही अच्छा वायुसंचार तथा जलनिकास होता है। यह पूर्ण रूप से कीट एवं रोगों के प्रकोप से मुक्त होता है।
- ट्रे को उचित मात्रा वाले वृद्धि के लिए उपयुक्त माध्यम से भरते हैं।
- बीज को बोने के लिए खण्ड के बीच में 5 से.मी. गहरा गड्ढा करते हैं।
- एक–एक बीज प्रत्येक खण्ड में डालकर उसके उपर माध्यम डालकर ढ़क दिया जाता है।
- जब कोकोपीट में पर्याप्त नमी होती है तो बीज की बुवाई के पहले या बाद में सिंचाई नही की जाती है।
- फसल के अनुसार 3–6 दिनो के लिए 10–15 ट्रे को एक के उपर एक रखकर इन्हे पॉलीथीन से ढक दिया जाता है, जिससे अंदर का तापमान बढ़ जाए।
- ट्रे को प्लास्टिक के अंदर जब 3–6 दिनों के लिए रखते हैं तब जलवायु व मौसम के अनुसार बारिक फुहार वाले हजारे से हल्की सिंचाई की जाती है।
- उगाए जाने वाले माध्यम में जब पौध में पोषक तत्वों की कमी के लक्षण दिखाई देते हैं, तब माध्यम में पोषक तत्वों की पूर्ति की जाती है।
- ट्रे में उगे हुए छोटे पौधों को मरने से बचाने के लिए सावधानी के तौर पर फफूंद नाशी के घोल से ड्रेंचिंग करते हैं।
- ट्रे को सुरक्षित संरचनाओं जैसे (पॉलीहाउस/शेडनेट हाउस/कीट अवरोधी जाली आदि) में रखते हैं।

- आवश्यकतानुसार ट्रे को प्लास्टिक आवरण से ढककर बारिश से सुरक्षित रखा जाता है।
- पौध को मुख्य खेत में स्थानांतरित करने से पहले सिंचाई को रोककर तथा पौधो को आंशिक छायाग्रह में रखकर मजबूत बनाए जाते हैं।
- वायरस जनित बीमारियों के वाहक रसचूसक कीटों से रक्षा करने के लिए अंकुरण के 7–10 दिनों बाद एवं स्थानान्तरण के पहले इमिडाक्लोप्रिड (0.3 मिली./ली.) के घोल का छिड़काव किया जाता है।
- फसल के अनुसार पौध 20–40 दिनों की अवस्था में मुख्य खेत में स्थानांनतरण के लिए तैयार हो जाती है।

चित्र 4.2 प्रो ट्रे में पौध तैयार करने की विधि

4.4 अच्छी गुणवत्ता वाली पौध के उत्पादन के लिए आवश्यक सुविधाएँ

अच्छी गुणवत्ता एवं स्वस्थ पौध के उत्पादन के लिए निम्नलिखित संरचनाएँ अलग से या साथ में सहायक होती है।

- शेड नेट : 50 प्रतिशत पराबैंनी अवरोधी
- कीट अवरोधी जाली : 40 मेश पराबैंनी अवरोधी
- लो–टनल, शेड नेट/कीट अवरोधी जाली/पॉलीफिल्म द्वारा ढ़का हुआ।

चित्र 4.3 : लो टनल में प्रो ट्रे

4.5 संरक्षित स्थितियों में पौध उत्पादन के लाभ

- वृद्धि की प्रारंभिक अवस्था में सिंचाई जल एवं उर्वरक का उपयोग अधिक प्रभावशील होता है।
- अत्यधिक महंगे बीजों की बचत होती है।
- अत्यधिक अंकुरण दर।
- विभिन्न जैविक एवं अजैविक कारकों के प्रभाव से सुरक्षा।
- कीटों से सुरक्षा।
- प्रकाश की तीव्रता में कमी।
- बरसात से सुरक्षा।
- उच्च गुणवत्ता की पौध।

4.6 सब्जियों की पौध तैयार करते समय ध्यान रखने योय बातें

1. पौधशाला की मिट्टी को 2–2.5 ग्राम/वर्गमीटर से थायराम या केप्टान से उपचारित करना चाहिए। ट्राइकोडर्मा विरिडी 4–5 किग्रा/है की दर से उपचारित कर सकते हैं।
2. क्यारियों का आकार सतह से 20–30 सेमी ऊँची उठी हुई 1 मी चौड़ी तथा 3 मीटर लम्बी बनाना चाहिए। रबी की नर्सरी समतल भूमि में डाली जा सकती है परंतु वर्षा ऋतु में ऊँची उठी हुई क्यारियाँ बनाना उचित होता है।
3. सिंचाई के लिए पानी की समुचित व्यवस्था तथा अधिक पानी के निकास की व्यवस्था रखनी चाहिए।

4. 2–3 किग्रा सड़ी गोबर की खाद तथा 10–20 ग्राम डी.ए.पी. प्रतिवर्ग मीटर के हिसाब से मिला दें।
5. तैयार क्यारियों में चौड़ाई के समानान्तर 5 सेमी की दूरी पर 2 सेमी हरी पंक्तियाँ बना लेते हैं। उपचारित बीज (2.5 ग्राम थायरम/किलो बीज) को इन्हीं पंक्तियों में बुवाई कर देते हैं तथा मिट्टी, सड़ी हुई गोबर की बारीक खाद या कम्पोस्ट खाद तथा बालू को अच्छी तरह मिलाकर, क्यारियों में इस प्रकार डालें की सभी बीज ढक जाए।
6. हजारे से हल्की सिंचाई के उपरान्त सूखी घास आदि से अच्छी से अच्छी तरह ढक दें समय–समय पर फव्वारें से सिंचाई करते रहें। जब बीज उगना शुरू हो जाए तो आवरण हटा दें।
7. बुवाई के लगभग 15–20 दिन बाद थायरम या केप्टान से 2–2.5 ग्राम/ली पानी की दर से ड्रेन्चिगं करना चाहिए।
8. लगभग 20 दिनों बाद बायोएंगलीन नामक पोषक (4 मिली/ली पानी) की दर से छिड़काव करें व लगभग 2 बार मल्टीन्यूट्रीयेंट घोल (2 मिली/ली पानी) के हिसाब से छिड़काव करें इससे नर्सरी की वृद्धि शीघ्र एवं स्वस्थ होती है।
9. एक माह बाद यदि पौधे कमजोर या अच्छी बढ़वार न होतो 5 ग्राम प्रति वर्गमीटर की दर से पानी लाने बाद यूरिया का बुरकाव कर दें या 1–2 ग्राम/ली पानी में घोल कर पत्तियों पर छिड़काव कर दें।
10. खरपतवार नियंत्रण हेतु स्टॉम्प 2–5 लीटर प्रति हैक्टर की दर से बुवाई से 15–20 दिन पूर्व पौधशाला में डालें।

4.7 पौधों को कठोर बनाना

पॉलीहाउस या अन्य नियंत्रित वातावरण में तैयार की नई पौध बहुत ही नाजुक होती है, जो खेत में रोपाई के बाद ठीक तरह से लग नही पाती तथा अधिक मात्रा में पौधे मरते हैं। अतः नियंत्रित वातावरण से प्राकृतिक वातावरण में ले जाने से पहले पौध को कठोर बनाना अतिआवश्यक है। इसके लिए पौधों की रोपाई के 6–7 दिन पूर्व पानी देना बंद कर देते हैं। रोपाई से 6–7 दिन पहले प्रो–ट्रे या थैलियों को बाहर निकालकर शेडनेट के नीचे खुले वातावरण में रखे और धीरे–धीरे शेडनेट हटा दें ताकि पौध रोपाई के बाद अच्छी तरह विकसित हो सकें। पौध को कठोर बनाने के लिए 1 प्रतिशत म्यूरेट आफ पोटाश (10 ग्रा/ली पानी) का घोल स्प्रे करना चाहिए या सोडियम क्लोराइड के 6 ग्राम/ली के घोल का स्प्रे भी कर सकते हैं।

4.8 संरक्षित अवस्था में पौध में फर्टीगेशन करना। (गार्टन, 1997)

नाइट्रोजनः ग्रीनहाऊस में पौध की वृद्धि पर नाइट्रोजन सांद्रता का महत्वपूर्ण प्रभाव पड़ता है। 50 – 100 पी पी एम नाइट्रोजन। (सप्ताह में एक या दो बार) देना उचित होता है।

फास्फोरसः फास्फोरस, प्रो ट्रे पौध की वृद्धि के ऊपर कम प्रभाव डालता है। फास्फोरस की सांद्रता 0–10 पी पी एम देने पर पौध की ऊँचाई तने की मोटाई एवं शुष्क भार में तेजी से वृद्धि होती है।

पोटेशियम : पोटेशियम प्रो ट्रे की पौध की वृद्धि पर कम प्रभाव डालता है, 0.2 पी पी एम सांद्रता वाले पोटेशियम के घोल का उपयोग करने पर पौध की ऊँचाई, तने की मोटाई एवं शुष्क भार में कम बढ़ोत्तरी होती है।

सारणी 4.1 : ग्रीनहाउस में मृदा रहित प्रो ट्रे तकनीकी द्वारा पौधा उत्पादन का आर्थिक विशलेषण

पाली हाउस का आकार	एक माह के बैच में कुल पौध उत्पादन संख्या	प्रति वर्ष बैच की संख्या	प्रति वर्ष कुल उत्पादित पौध संख्या	पौध का औसत मूल्य	कुल आय	कुल लागत	शुद्ध लाभ
500 वर्ग मीटर	2.0 लाख	6	12.0 लाख	1.0 रू	12.0 लाख	8.0 लाख	4.0 लाख

4.9 प्रतिरोपण हेतु उपयुक्त पौध

- पौध सीधी होना चाहिए ।
- पौध का तना मोटा होना चाहिए।
- फसल के अनुसार पौध 12–17 सेमी. ऊँची होना चाहिए।
- पौध हरी पत्तीदार, चपटी पत्तियों वाली पूर्ण विकसित होना चाहिए।
- पौध के तने के निचले हिस्से में तथा पत्तियों की निचली सतह पर हल्का बैंगनी रंग दिखाई देने लगता है।

4.10 तैयार पौधों की ट्रे का रखरखाव

- प्रो ट्रे पौध को उचित रूप से तैयार की गई संरचना में रखकर परिवहन करना।
- यह सुनिश्चित करना की ग्रीनहाउस से निकलने के पहले अच्छी तरह पानी दिया हो ताकि कृषक के खेत में पहुँचने तक नमी बनी रहे।
- पौधों को लगातार देखते रहना चाहिए, जब पत्तियाँ सूखने लगे तब पानी देना चाहिए।

4.11 प्रो ट्रे पौधों का भण्डारण

- प्रो ट्रे पौधों को 2 सप्ताह तक सुरक्षित रखा जा सकता है।
- जब पौधों को एक दिन से अधिक रखा जाता है, तब इन्हें पुनः ग्रीनहाउस में वापस लाना चाहिए या बाहर भी सुरक्षित क्षेत्र में रखकर पानी दिया जाना चाहिए।

- पौध को एक या दो दिन से ज्यादा बंद वाहन या खलिहान में नही रखना चाहिए।
- जब पौध को मुख्य खेत में लाने में 5–7 दिनों की देरी हो तथा उनमें पोषक तत्वों की कमी के लक्षण दिखने लगे तो उनमें उर्वरकों द्वारा पोषक तत्वों की पूर्ति करना चाहिए।

4.12 व्यावसायिक स्तर पर उपलब्ध होने वाली ट्रे या कंटेनर

भारत में वर्तमान समय में अधिकतर उपलब्ध एवं उपयोग में आने वाली एकमात्र खण्ड ट्रे या प्रो ट्रे है। सामान्य रूप से उपलब्ध ट्रे का आकार तथा इन ट्रे में बुवाई के लिए उपयोग किए जाने वाले अनुशंसित बीजों की जानकारी नीचे सारणी में दी गई है।

सारणी 4.2 बाजार में उपलब्ध ट्रे

खण्डों की संख्या	ट्रे का आकार (मिमी. X मिमी.)	अनुशंसित फसलें
98	530 X 280	मिर्च, शिमलामिर्च, टमाटर, बैंगन
50	530 X 272	पत्तागोभी, फूलगोभी, तरबूज, खरबूज
40	355 X 255	ब्रोकली, लेट्यूस, सेलेरी
18	240 X 300	पपीता, लौकी, ककड़ी

अधिक उर्वरक की मात्रा देने से या अधिक सिंचाई एवं कम प्रकाश की स्थिति के कारण पौध की ऊँचाई ट्रे में अधिक हो जाती है। जिसे उचित तापमान, प्रकाश, पानी की नियंत्रित पूर्ति एवं साइकोसिल 5–10 पी पी एम की दर से बीज के अंकुरण या पौध की छोटी अवस्था में छिड़ाकाव करके नियंत्रित किया जाता है।

चित्र 4.4 : विभिन्न खण्डों वाली प्रो ट्रे

4.13 ऊँची उठी हुई क्यारी में सब्जी पौध उत्पादन

स्थल का चुनाव

वर्षा काल में उन स्थानों पर नर्सरी डालना चाहिए, जो थोड़े ऊँचे हो तथा जहाँ पानी एकत्र न होता हो। रबी एवं गर्मी में क्यारियाँ जल स्त्रोत के समीप होना चाहिए। नर्सरी की मिट्टी बलुई दोमट होनी चाहिए, यदि काली अथवा भारी मिट्टी हो तो मिट्टी में बराबर अनुपात में रेत मिला देना चाहिए। नर्सरी में जल निकास की उचित व्यवस्था होनी चाहिए। भूमि का पी. एच. सामान्य होना चाहिए अन्यथा पी. एच. कम होने पर चूने या अधिक होने पर जिप्सम से मिट्टी को उपचारित करना चाहिए। क्यारी बनाने के लिए छायादार स्थल का चुनाव नहीं करना चाहिए तथा नर्सरी स्थल को पशुओं एवं अन्य जानवरों से सुरक्षा के लिए कांटेदार तार से सुरक्षित करना चाहिए।

क्यारियों की तैयारी

खरीफ, रबी एवं जायद के अनुसार पौध (नर्सरी) हेतु क्यारी तैयार की जाती है।

- खरीफ – ऊँची उठी हुई क्यारी
- रबी – समतल सतही क्यारी
- गर्मी – उथली हरी क्यारी

चित्र 4.5 ऊँची उठी हुई क्यारी

खरीफ – जमीन से 15–20 से.मी. ऊँची, 7.5 मी. लम्बी व 1 मी. चौड़ी क्यारियाँ तैयार कर लेते हैं। दो क्यारियों के बीच 60 सें.मी. चौड़ी नाली बना लें, ताकि वर्षा का जल निकास हो जाए और निदाई–गुड़ाई का कार्य आसानी से किया जा सके।

रबी –रबी में नर्सरी हेतु सितम्बर–अक्टूबर से तैयारी शुरू कर देनी चाहिए। यदि जल पर्याप्त और समीप में हो तो ऊँची उठी हुई क्यारी ही बनाना चाहिए अन्यथा समतल सतही क्यारी बनाकर बीज की बुवाई करनी चाहिए। ज्यादा गहराई में होने के कारण पौध की ताप से रक्षा हो जाती है तथा झुलसने से बच जाते हैं। छायादार जाली (शेड नेट) का भी उपयोग कर झुलसने से बचा जा सकता है।

सारणी 4.3: खरीफ में विभिन्न फसलों के लिए नर्सरी डालने का समय

क्र.	सब्जी का नाम	नर्सरी डालने का समय	रोपण के लिए पौध की आयु
1	टमाटर	मई–जून	5–6 सप्ताह
2	बैंगन	मई–जून	5–6 सप्ताह
3	मिर्च	मई–जून	6–7 सप्ताह
4	फूलगोभी	मध्य मई से जून (अगेती) जुलाई (पछेती)	4–6 सप्ताह
5	पत्ता गोभी	जुलाई–अगस्त	4–6 सप्ताह
6	प्याज	जून	6–7 सप्ताह

सारणी 4.4: रबी में विभिन्न फसलों के लिए नर्सरी डालने का समय

क्र.	सब्जी का नाम	नर्सरी डालने का समय	रोपण के लिए पौधे की आयु
1	टमाटर	अक्टूबर	6–7 सप्ताह
2	बैंगन	अक्टूबर	6–7 सप्ताह
3	मिर्च	अक्टूबर	6–7 सप्ताह
4	प्याज	अक्टूबर–नवम्बर	6–7 सप्ताह
5	शिमला मिर्च	अक्टूबर–नवम्बर	5–6 सप्ताह

सारणी 4.5: विभिन्न फसलों के लिए बीज की मात्रा

क्र.	सब्जी का नाम	बीज की मात्रा	
		उन्नत	संकर
1	टमाटर	300–500 ग्राम	150 ग्राम
2	बगैंन	500–700 ग्राम	120 ग्राम
3	मिर्च	1000 ग्राम	180 ग्राम
4	शिमला मिर्च	400–500 ग्राम	250 ग्राम
5	फूलगोभी	300–500 ग्राम	190 ग्राम
6	पत्तागोभी	300–500 ग्राम	150 ग्राम
7	प्याज	10–12 किलोग्राम	उपयुक्त नहीं
8	आलू (टी.पी.एस.)	–	100 ग्राम

4.14 बीजोपचार

बीज जनित रोग बीज के अंकुरण तथा पौध अवस्था को नुकसान पहुँचाते हैं, अतः बीज जनित बीमारियों से पौधों को बचाने के लिए फफूँदनाशी जैसे – बाविस्टीन से 2. 5–3 ग्रा. प्रति किलो बीज के हिसाब से उपचारित करना चाहिए। पौध को रोग से बचाने के लिए 5 ग्राम प्रति किलो बीज के हिसाब से जैविक फफूँदनाशी ट्राइकोडर्मा से भी

उपचारित किया जा सकता है। बीज को उपचारित करने के लिए फफूँदनाशी को बीज में डालकर, घड़े या प्लास्टिक या लकड़ी की टोकरी में, बंद कर अच्छी तरह से मिलाना चाहिए, ताकि फफूँदनाशी बीज में चिपक जाए तथा रोपाई से पहले फफूंद जनित रसायनों से पौधों का उपचार करना चाहिए।

चित्र 4.6 मृदा का निर्जर्मीकरण

मृदा का निर्जर्मीकरण वह प्रक्रिया है, जिसमें बीमारियों, कीटों एवं खरपतवारों को नष्ट किया जाता है। सूक्ष्मजीवों को घातक अभिकर्मक द्वारा मार दिया जाता है, जो की भौतिक, रासायनिक या आयनिक प्रकृति के होते हैं।

4.15 निर्जर्मीकरण की विधियाँ

मृदा के निर्जर्मीकरण के लिए विभिन्न विधियाँ एवं तकनीकी उपलब्ध है। प्रत्येक विधियों की अपनी सीमाएँ है। इन विधियों का चयन इनकी क्षमता, उपयोगिता, विषाक्त्ता (जहरीलापन), उपलब्धता एवं लागत पर निर्भर करता है।

रासायनिक अभिकर्मक

1. मिथाइल ब्रोमाइड
2. फार्मल्डिहाइड
3. डायजोमेट
4. हाइड्रोजन परॉक्साइड

मृदा सौर्य उपचार

1. मृदा सौर्यीकरण

रासायनिक अभिकर्मक

1. मिथाइल ब्रोमाइड – मिथाइल ब्रोमाइड द्वारा निजर्मीकरण करने के लिए 25 प्रतिशत रसायन का उपयोग किया जाता है इसमें 2 प्रतिशत क्लोरोपिकरिन उपस्थित

रहता है। ये मानव के लिए अत्याधिक घातक रसायन है इसलिए हमें सावधानी से उपयोग करना चाहिए बाजार में यह 454–680 ग्राम के केन या सिलेंडर में उपस्थित है इसका उपयोग 0.6 कि.ग्रा प्रति वर्ग मीटर की मात्रा में उपयोग किया जाता है।

2. फार्मल्डिहाइड (फार्मलिन) – फार्मलिन द्वारा निर्जर्मीकरण करने के लिए पानी में 1:10 के अनुपात में मिलाया जाता है। ड्रेंचिंग के लिए फार्मलिन का उपयोग 7.5 ली., 100 मी^{2} के लिए एवं 37.5 ली. फार्मलिन, 500 मी^{2} पॉलीहाउस के लिए आवश्यक होता है। यह विधि नेमाटोड को नियंत्रित नही कर पाता है तथा इसके द्वारा खड़ी फसल में मृदा निर्जर्मीकरण नही किया जा सकता है।

विधि – फार्मलिन द्वारा मृदा निर्जर्मीकरण करने की प्रक्रिया नीचे फ्लोचार्ट के रूप में दिया गया है।

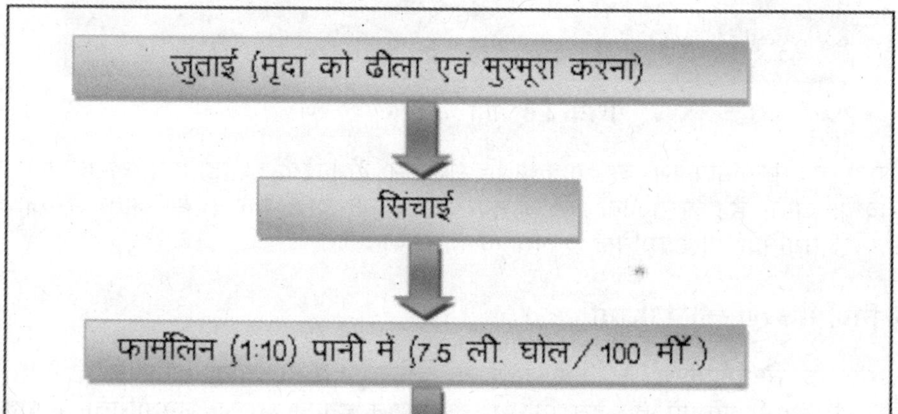

चित्र 4.7 फार्मलिन द्वारा मृदा निर्जर्मीकरण

3. डेजोमेट – सफेद रंग का ठोस अवस्था में बाजार उपलब्ध है। यह एक सूक्ष्म बारीक जिसमें 98 प्रतिशत डेजोमेट उपस्थित होता है। जब इसको मिट्टी में मिलाया जाता है तो यह मिथाइल आइसोंसायनेंट गैस को छोडता है। यह 41 ग्राम प्रति वर्ग मी की मात्रा में उपयोग किया जाता है।

विधि – डेजोमेट द्वारा मृदा निर्जर्मीकरण करने की प्रक्रिया नीचे फ्लोचार्ट के रूप में दिया गया है।

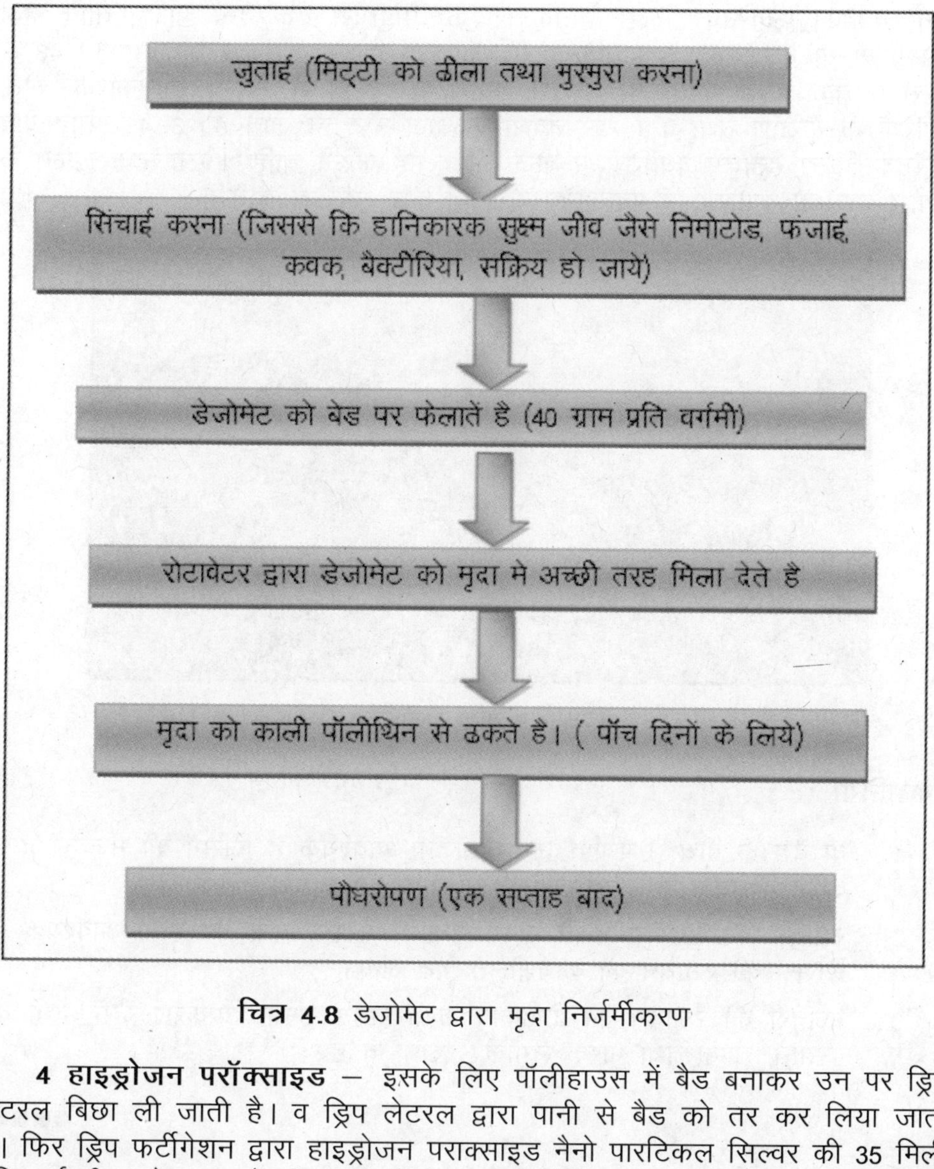

चित्र 4.8 डेजोमेट द्वारा मृदा निर्जर्मीकरण

4 हाइड्रोजन परॉक्साइड – इसके लिए पॉलीहाउस में बैड बनाकर उन पर ड्रिप लेटरल बिछा ली जाती है। व ड्रिप लेटरल द्वारा पानी से बैड को तर कर लिया जाता है। फिर ड्रिप फर्टीगेशन द्वारा हाइड्रोजन पराक्साइड नैनो पारटिकल सिल्वर की 35 मिली प्रति वर्ग मीटर के मान से दी जाती है। इस विधि में कम समय लगता है। कार्य करने

वाले श्रमिकों के लिए नुकसानदायक नही है व मृदा निर्जर्मीकरण करने के अगले दिन ही फसल को बोया या प्रतिरोपण किया जा सकता है।

4.16 मृदा सौर्यीकरण

गर्मी तेज धूप एवं सूखे के समय जब तापमान 40 डिग्री से. 45 डिग्री से. के मध्य हो तब मृदा सौर्यीकरण करना चाहिए। इसके लिए क्यारियों को हल्का नम कर या हल्की सिंचाई कर, 200 गेज के प्लास्टिक के पारदर्शी फिल्म से ढक कर 3–4 सप्ताह तक रखना चाहिए। प्लास्टिक फिल्म के किनारों को मिट्टी से ढ़क देना चाहिए ताकि हवा अंदर प्रवेश ना कर सके। इस प्रक्रिया से प्लास्टिक फिल्म के अंदर का तापमान 48 – 56 से.ग्रे. तक पहुँच जाता है, जिससे क्यारी की मिट्टी में मौजूद हानिकारक कीट, बीमारियों के बीजाणु तथा कुछ खरपतवारों के बीज नष्ट हो जाते हैं। 3–4 सप्ताह बाद प्लास्टिक फिल्म हटाकर क्यारियों में बीज की बुआई करनी चाहिए। प्लास्टिक फिल्म के उपयोग करने से क्यारियों में मृदाजनित रोग एवं कीट नष्ट हो जाते हैं।

चित्र 4.9 मृदा सौर्यीकरण

सावधानियाँ

1. दो बैड के बीच में पर्याप्त जगह छोड़ना आवश्यक है जिसमें की मजदूरों द्वारा दवाई छिड़कने का कार्य असानी से किया जा सके।
2. रसायन का उपयोग करते समय मृदा में पर्याप्त नमी का होना आवश्यक है जिससे की रसायन की कार्यशीलता बढ़ जाए।
3. मजदूरों को रसायन का छिड़काव करते समय सुरक्षा उपकरण जैसे हाथों के दस्ताने, चश्मा तथा मास्क लगाकर रखना चाहिए।

■■■■

5

मल्चिंग

पौधों के चारों तरफ की भूमि को प्राकृतिक अवशेष या प्लास्टिक फिल्म से व्यवस्थित रूप से ढकने को मल्चिंग कहते हैं। प्लास्टिक मल्चिंग पैदावार बढ़ाने, नमी बनाए रखने एवं खरपतवार की वृद्धि रोकने का सबसे आसान तरीका है।

5.1 प्लास्टिक मल्चिंग

मृदा के वातावरण में होने वाले परिवर्तनों को उपयुक्त मल्चिंग के उपयोग से अनुकूल बनाया जा सकता है। वर्तमान में प्रयोग में लाए जाने वाले पलवारों में प्लास्टिक फिल्म बहुआयामी एवं उपयोगी पाई गई है, जो विभिन्न रंगों एवं मोटाई में उपलब्ध है तथा इसे बड़े पैमाने पर मल्चिंग हेतु उपयोग में लाया जा रहा है।

सामान्यतः काली फिल्म का प्रयोग बागवानी में मल्चिंग हेतु किया जा रहा है। इसका लाभ खरपतवारों की वृद्धि को रोकने में भी देखा गया है। पारदर्शी फिल्म की अपेक्षा काली फिल्म पराबैंगनी किरणों के प्रति अधिक प्रतिरोधी होती है जिससे पारदर्शी फिल्म की तुलना में काले रंग की फिल्म में ह्रास की दर बहुत कम होती है। अतः काले रंग की फिल्म सरल रखरखाव के साथ अधिक आयु वाली होती है।

चित्र 5.1 प्लास्टिक मल्चिंग

मृदा में जड़ के आसपास का तापमान बहुत महत्वपूर्ण होता है, जिसका ध्यान प्लास्टिक मल्च द्वारा फसल प्रबंध के दौरान रखा जाता है। जड़ो के आसपास की मृदा पर कई कारकों का प्रभाव पड़ता है और उसको अनुकूल बनाने के लिए प्लास्टिक फिल्म के प्रयोग का अपना महत्व है।

5.2 बागवानी में प्लास्टिक मल्चिंग का लाभ

- नमी के संरक्षण के लिए।
- खरपतवार की वृद्धि रोकने के लिए।
- पानी की बचत के लिए।
- मृदा के तापमान को नियंत्रित करने के लिए।
- पौधे के वृद्धि एवं विकास हेतु अनुकूल वातावरण प्रदान करने के लिए।
- जड़ के बेहतर विकास के लिए।
- भूमि को कठोर होने से बचाने के लिए।
- जल्दी से बीज अंकुरण के लिए।
- उपज बढ़ाने के लिए।
- उत्पाद गुणवत्ता में सुधार के लिए।
- शुष्क भूमि में खेती को प्रभावशाली बनाने के लिए।

5.3 प्लास्टिक मल्च के प्रकार

रंग एवं मोटाई के उचित चुनाव से मृदा के लिए वातावरण को नियंत्रित किया जा सकता है। प्लास्टिक मल्च विभिन्न रंगों में उपलब्ध होती है। मल्च का रंग फसलों की उत्पादकता के लिए महत्वपूर्ण कार्य करता है। यह निश्चित रूप से इसलिए होता है, क्योकि विभिन्न रंग विभिन्न प्रकाश के किरणों को परावर्तित करता है।

चित्र 5.2 प्लास्टिक मल्च के प्रकार

काला

यह व्यवसायिक उद्यानिकी में खरपतवार नियंत्रण के लिए उपयोग होने वाला प्रचलित रंग है। इस रंग का मल्च सूर्य की किरणों को अवशोषित करने के साथ दृश्य, इंफ्रारेड, पराबैंगनी प्रकाश को अवशोषित करता है। उष्मीय उर्जा का अधिक उत्सर्जन वायुमंडल में संवहन एवं विकीर्णन द्वारा होता है। मृदा की उष्णता उपयुक्त स्तर पर रहती है। मल्च फिल्म सूर्य प्रकाश को मृदा में प्रवेश नही करने देता है, जिससे खरपतवारों का प्रकाश संश्लेषण नही हो पाता है तथा उसकी वृद्धि फिल्म के नीचे ही रूक जाती है।

चित्र 5.3 काला मल्च

नीला

नीले रंग की मल्च में काले मल्च की तुलना में कद्दूवर्गीय सब्जियों में फलों की अधिक संख्या प्राप्त होती है। नीले रंग की मल्च से माहो एवं थ्रिप्स का प्रकोप फसलों पर कम होता है।

चित्र 5.4 नीला मल्च

पारदर्शी

यह बहुत कम सूर्य किरणों को अवशोषित करती है। पानी की बूदें संघनित होकर मल्च के अंदर रहती है तथा गर्मी/उष्णता बाहर नही जा पाती है। यह फिल्म सूर्य

किरणों को अंदर जाने देती है, जिससे खरपतवार की वृद्धि इसमें मुख्य समस्या होती है। पारदर्शी प्लास्टिक मल्च मृदा सौर्य उपचार के लिए उपयोग किया जाता है। मृदाजनित रोगों को नष्ट करने के लिए अच्छी मात्रा में नमी संघटक का होने से उष्मीय संवहन एवं ठण्डी के मौसम में ठण्डी जलवायु में तापमान बढ़ाने के लिए मृदा में प्रभावशील होता है।

सफेद / काली

मृदा के तापमान को कम करने के लिए सफेद मल्च का उपयोग किया जाता है यह प्रकाश को वापस परावर्तित करता है। यह फसल को ग्रीष्म ऋतु में वृद्धि करने में मदद करता है तथा फसल को कम तापमान से ठण्डक मिलती है। मल्च का सफेद रंग उपरी सतह पर एवं काला रंग आंतरिक सतह पर फसल की उपज को बढ़ाता है क्योंकि काला रंग खरपतवार की संख्या को कम करता है, तथा सफेद प्रकाश को परावर्तित करता है।

सिल्वर / काला : यह मल्च सामान्यतः मृदा को ठण्डक देने में मदद करता है, लेकिन सफेद / काली फिल्म में इतना विस्तार नही होता है। यह मल्च रसचूसक कीटों जैसे माहों आदि को हटाने के लिए लाभदायक होता है, जो की विभिन्न वायरस जनित बीमारियों को फैलाने में माध्यम का कार्य करते हैं। इस मल्च के द्वारा केनॉपी से प्रकाश को वापस परावर्तित करने से यह ग्रीष्म ऋतु में फसल को तेज प्रकाश के घातक प्रभाव से बचाता है।

चित्र 5.5 सिल्वर मल्च

लाल / काला

यह मल्च अंशतः पारदर्शी होती है जो की विकिरणों को इससे होकर जाने देती है एवं मृदा को गर्म बनाती है। लाल एवं इंफ्रारेड विकिरणों को बदलकर पौधों के छत्र से वापस परावर्तित करता है। यह सब्जी, फूलों के पौधों में विकास एवं उपापचय द्वारा जल्दी फलन एवं कुछ फलों एवं सब्जियों में उपज बढ़ाने में सहायक है। लाल मल्च में यह देखा गया है की इससे टमाटर की गुणात्मक एवं मात्रात्मक उपज में वृद्धि होती है तथा इससे टमाटर में अगेती अंगमारी होने की संभावना भी कम हो जाती है। लाल मल्च में यह भी देखा गया है की यह निश्चित रूप से मृदा के तापमान को बढ़ा देता है। इससे स्ट्राबेरी एवं खरबूजा की उपज में वृद्धि होती है।

ाली फसलों में प्लास्टिक मल्च को लगाने की विधि

चित्र 5.6 लाल मल्च

पीला/भूरा

यह मल्च रसचूसक कीटों जैसे माहों को आकर्षित करता है, यह मल्च विभिन्न विकिरणों को पौध वितान (केनोपी) से वापस परावर्तित करने का कार्य करता है जिससे प्रकाश संश्लेषण प्रभावित होता है। मल्च की संगतता के बीच में पीले/भूरे मल्च की संगतता सही पाई गई है। भूरा रंग काले मल्च के समान कार्य करता है, यह खरपतवार संख्या को कम करने का कार्य करता है।

चित्र 5.7 पीला मल्च

5.4 मल्च का चुनाव

सारणी 5.1 मल्च का चुनाव विभिन्न प्रकार की पारिस्थितिक स्थितियों पर निर्भर करता है जैसे

स्थिति	मल्च
बागवानी एवं वृक्ष वाली फसलों मे	मोटी मल्च (अधिक माइक्रोन वाली)
मृदा सौयीकरण	पतली पारदर्शी मल्च
खरपतवार नियंत्रण	काली मल्च
बलुई मृदा	काली मल्च
सिंचाई युक्त पानी खारा हो	काली मल्च
ग्रीष्मकालीन फसलों के लिए	सफेद मल्च
कीट से बचाने के लिए	चमकीली मल्च

5.5 मल्च फिल्म की मोटाई

प्लास्टिक मल्चिंग में मल्च फिल्म की मोटाई फसलों की उम्र एवं उनके प्रकार के अनुसार निश्चित करना चाहिए। मल्च फिल्म की मोटाई के लिए यह सुझाव दिया जाता है की कम से कम जितना संभव हो इच्छित जीवनकाल एवं मजबूती की होना चाहिए। विभिन्न फसलों के लिए मल्च फिल्म की मोटाई की अनुशंसा निम्नलिखित तालिका में दी गई है –

सारणी 5.2: विभिन्न फसलों हेतु प्लास्टिक मल्च फिल्म की मोटाई

फसल काल	मोटाई			
	माइक्रॉन	गेज	फैलाव / किग्रा. वर्ग मी.	दजन / वर्ग मी. ग्राम
एक वर्षीय फसल	25	100	42	2.3
द्विवर्षीय फसल	50	200	21	46
बहुवर्षीय फसल	100	400	11	93

सारणी 6.3: प्लास्टिक मल्च फिल्म फैलाव का क्षेत्र विस्तार

प्लास्टिक मल्च फिल्म फैलाव का क्षेत्र विस्तार (%)	अनुशंसित फसलें
20–25	सभी बेलदार फसलें
40 – 50	बगीचें की फसलों का प्रांरभिक अवस्था
40–60	फलदार फसलें एवं कद्दूवगीय सब्जियां
70–80	सब्जियाँ, पपीता, अन्नानास इत्यादि
100	मृदा सौर्यीकरण

5.6 सब्जी वाली फसलों में प्लास्टिक मल्च को लगाने की विधि

5.6.1 सब्जी वाली फसलों में

भारत में अधिकांश किसानों द्वारा सब्जियों को अन्य अनाज वाली फसलों की तुलना में सामान्यतः छोटे क्षेत्र में उगाया जाता है। सब्जियों वाली फसलों की खेती में मुख्यतः 25–30 माइक्रॉन पराबैंगनी अवरोध प्लास्टिक मल्च फिल्म का उपयोग किया जाता है। मल्च फिल्म कुछ स्थितियो में श्रमिको द्वारा हाथों से लगाई जाती है। ऊँची उठी हुई क्यारियाँ या तो हाथों द्वारा बनाई जाती है, या ट्रैक्टर चालित यंत्र द्वारा बनायी जाती है। क्यारियों को भुरभूरा बनाकर तथा पत्थर के टुकड़े आदि साफ करना चाहिए। इनलाइन ड्रिप सिंचाई लैटरल लाइंस को क्यारियों के ऊपर लगाया जाता है। ड्रिपर के अंतराल को फसल के अंतराल मृदा के आधार पर निश्चित किया जाता है। ड्रिप लैटरल को लगाने के बाद उचित रंग के मल्च फिल्म के रोल को क्यारी के उपर तीन श्रमिकों की सहायता से बिछाया जाता है। एक श्रमिक मल्च फिल्म के किनारे को पकड़कर क्यारी के दूसरे

सिरे पर जाता है तथा दो श्रमिक मल्च फिल्म के दोनो वि
की मिट्टी से दबाते हैं, जिससे मल्च फिल्म के अंदर हवा
जाने वाली फसल के अंतराल अनुसार मल्च फिल्म के
बनाए जाते हैं तथा इनके उपर जी. आई. पाइप से उ
इस विधि द्वारा चरणबद्ध रूप से खेत में संपूर्ण क्यारि
5.9)। प्लास्टिक मल्च को बड़े क्षेत्र में श्रमिकों द्वारा
मल्च लगाने वाली मशीन कम समय में बड़े क्षेत्र पर य
से यह मशीन उपलब्ध है। इसके अलावा कुछ मशी
बनाने, ड्रिप लैटरल लगाने तथा मल्च फिल्म को क्या
का कार्य एक साथ किया जाता है। छेद करने वाले
किए हुए क्षेत्र में छेद करने का कार्य हो जाता है।

चित्र 5.8

5.6.2 फल वाली फसलों में

फल वाली फसलों में साम
उपयोग की जाती है। इन फस
मल्च फिल्म लगाई जाती है।
के कम से कम 50 प्रतिशत
फसल के जड़ क्षेत्र में तने
खरपतवार इकट्ठा करके
आसपास चारों तरफ बना
मिट्टी से दबाया जा सके।
मल्च फिल्म को काटकर
सेमी. दूसरे सतह पर
फिल्म का फलदार फस
दिखाया गया है।

चित्र 5.9: सब्जी

चित्र 5.10: फल वाली फसलों में प्लास्टिक मल्च बिछाने की विधि

5.7 खेत में प्लास्टिक मल्चिंग करते समय सावधानियाँ।

मल्चिंग करते समय निम्न सावधानियाँ आवश्यक रूप से रखनी चाहिए।

1. प्लास्टिक फिल्म हमेशा सुबह या शाम के समय लगानी चाहिए।
2. फिल्म में ज्यादा तनाव नही रखना चाहिए।
3. फिल्म में जो भी सल हो उसे निकलने के बाद ही मिट्टी चढ़ाएँ।
4. फिल्म में छेद करते वक्त सावधानी से करे सिचाई नली का ध्यान रखें।
5. छेद एक जैसे करे और फिल्म न फटे इस बात का ध्यान रखें।
6. मिट्टी चढाने में दोनों साइड एक जैसी रखें।
7. फिल्म की घड़ी हमेशा गोलाई में करें।
8. फिल्म को फटने से बचाए ताकि उसका उपयोग दूसरी बार भी कर पाए और उपयोग होने के बाद उसे सुरक्षित रखें।

5.8 प्रति एकड़ प्लास्टिक मल्च का गणितीय आँकलन

टमाटर बेगन तथा शिमला मिर्च के लिए मल्च (25 माइक्रॉन) फिल्म की गणना

लेटरल के बीच की दुरी = 180 से.मी.

पौधों के बीच की दुरी = 40 / 60 से.मी. (चित्र 6.11)

एक एकड़ क्षेत्र के लिए ड्रिप लाइन की गणना = क्षेत्रफल (वर्ग मीटर) / लेटरल के बीच की दुरी

= 4000 / 1.8

= 2222 मीटर

एक एकड़ क्षेत्र में लगने वाली मल्च फिल्म = मल्च फिल्म x कुल ड्रिप लाइन की लंबाई

= 1.2 x 2222

= 2666.6 वर्ग मीटर

अतः गणितीय आँकलन से यह प्रमाणित होता है की एक एकड़ क्षेत्र के लिए 2666 वर्ग मीटर प्लास्टिक मल्च फिल्म की जरूरत होगी।

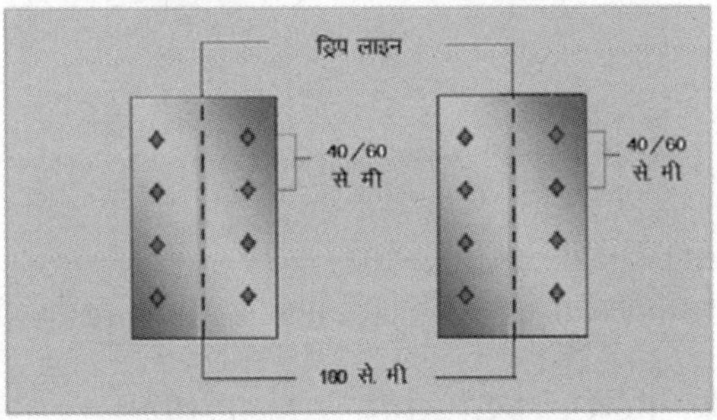

चित्र 5.11 प्लास्टिक मल्च की गणितीय आँकलन का लेखाचित्र

5.9 प्लास्टिक मल्चिंग पर अनुदान

भारत सरकार द्वारा मल्चिंग के उपर 50 प्रतिशत की दर से अनुदान देने का प्रावधान है। रू. 32,000 प्रति हैक्टेयर की लागत के आधार पर शुद्ध अनुदान रू. 16,000 प्रति हैक्टेयर के अनुसार मल्चिंग अपनाने वाले किसानों को दिया जाता है। वहीं पहाड़ी क्षेत्रों में यह लागत रू. 36,800 प्रति हैक्टेयर होती है इन योजनाओं को उद्यानिकी विभाग द्वारा विभिन्न राज्यों में चलाया जा रहा है। कृषक अपने जिलों में स्थित जिला उद्यानिकी कार्यालय में संपर्क कर इस योजना का लाभ उठा सकते हैं।

■■■■

6

संरक्षित खेती में उपयोग होने वाली मशीन तथा मापक यंत्र

6.1 संरक्षित खेती में उपयोग होने वाली मशीन

6.1.1 रेज्डबेड प्लान्टर

रेज्डबेड प्लान्टर से सोयाबीन, गेहूँ, मक्का, कपास गन्ना एवं उद्यानिकी फसलों की बुवाई दो या तीन कतारों में की जाती है तथा बैड के दोनों तरफ बनी नालियों से सिंचाई का पानी दिया जाता है। बैड की चौड़ाई 70 से 90 से.मी. तथा ऊँचाई 15 से 30 से.मी. होती है। इस पद्धति में फ्लड इरीगेशन की तुलना में लगभग 30 प्रतिशत पानी की बचत होती है। इस पद्धति में बुवाई करने के पूर्व सिंचाई करने में सुविधा होती है एवं रसायनिक विधि से खरपतवार नियंत्रण आसानी से किया जा सकता है। इस फसल के बाद दूसरी फसल की बुवाई हेतु रेज्डबेड को पुन आकार देकर उसका उपयोग किया जा सकता है। मृदा की जैविक एवं भौतिक स्थिति में सुधार होने से जड़ों में हवा संचार (एरोबिक) अच्छा होता है। जिससे जड़ों को बेहतर विकास होने से पौधा स्वस्थ एवं मजबूत रहता है इस पद्धति में बीज में 10 प्रतिशत, खाद में 20 प्रतिशत की बचत होने के साथ–साथ समय एवं मजदूरी में भी बचत होती है

चित्र 6.1 रेज्डबेड प्लान्टर

6.1.2 ट्रैक्टर चलित प्लास्टिक मल्च लेइंग मशीन

इस मशीन का उपयोग प्लास्टिक फिल्म बिछाने हेतु प्रयोग किया जाता है, ताकि मृदा नमी का दक्षतापूर्ण संरक्षण एवं उपयोग किया जा सके। प्लास्टिक मल्च का उपयोग अधिक ठंडे मौसम में बीजों के अंकुरण हेतु मृदा के तापमान को बढ़ाकर अंकुरण के अनुकूल बनाना, पर्यावरण तथा मिट्टी की संरचना का रखरखाव एवं खरपतवार पर नियंत्रण किया जा सके। मशीन में 400 मिमी व्यास के दो अवतल डिस्क, 350 मिमी व्यास के दो न्यूमैटिक प्रेस पहिये, 600 मि.मी. व्यास के दो न्यूमैटिक परिवहन पहिए, मिट्टी से प्लास्टिक फिल्म के किनारों को ढंकने के लिए दो स्क्रैपर्स टैलिस्कोप द्वारा समायोजनीय रॉड पर मुख्य ढांचे पर क्लैम्प्स की सहायता से लगाए जाते हैं प्लास्टिक शीट को रोल होल्डर एसेम्बली पर ऊँचाई तथा चौड़ाई के समायोजन के साथ रखना पड़ता है।

चित्र 6.2 प्लास्टिक मल्च लेइंग मशीन

6.1.3 ट्रैक्टर चलित रोटावेटर

रोटावेटर में लेवलर की सहायता से मिट्टी समतल होती है। इसके मुख्य भाग कार्बन शाफ्ट ब्लेड गीयर बाक्स एसम्बली, स्परीयर एसम्बली, ट्रेलि बोर्ड इत्यादि है। जिस खेत में गहरी जुताई नहीं हुई हो, उस खेत में इस यंत्र से मचाई करके धान की रोपाई किया जाता है इस यंत्र से 30–35 प्रतिशत समय की बचत होती है।

चित्र 6.3 ट्रैक्टर चलित रोटावेटर

6.1.4 ट्रैक्टर चालित मिट्टी पलट हल

इस हल से सख्त से सख्त मिट्टी को भी आसानी से तोड़ा जा सकता है। इस हल से देशी हल की तुलना में 40–50 प्रतिशत मजदूर की बचत, 30 प्रतिशत संचालन खर्च में बचत तथा 4–5 प्रतिशत उपज में बढ़ोतरी होती है।

यह एक प्राथमिक भूपरिष्करण यंत्र हैं। इसका मुख्य कार्य मिट्टी काटना, उठाना एवं भुर–भुरा बनाना है। यह खेत में ली हुई हरित खाद वाली फसलों को भी मिट्टी में अच्छी तरह मिला देता है, जिससे मिट्टी में हयूम्स बढ़ता है। इसके अलावा यह खेत में छिंटे हुए कम्पोस्ट, चूना को भी मिट्टी में अच्छी तरह मिला देता है।

चित्र 6.4 ट्रैक्टर चालित मिट्टी पलट हल

6.1.5 नैपसैक स्प्रेयर

यह पीतल, प्लास्टिक या सफेद चादर का बना होता है। दवा छिड़कने के लिए लगातार पम्प लीवर को चलाना पड़ता है। इसकी टंकी के अन्दर या बाहर एक पम्प लगा होता है। पम्प घोल को टंकी से खींचता है और निकास नली में लगे नोजल द्वारा बाहर फेकता है। इसे पीठ पर लाद कर चलाया जाता है। इसकी कार्यक्षमता 0.4 हे/दिन है इसके लिए 90 लीटर पानी की आवश्यकता पड़ती है। यह 10–18 लीटर की टंकी में उपलब्ध हैं इसका प्रयोग छोटे तथा मध्यम प्रक्षेत्र के पेड़ पौधे तथा कतार में लगें पौधे में छिड़कने के कार्य में किया जाता हैं।

चित्र 6.5 नैपसैक स्प्रेयर

6.1.6 फुटस्प्रेयर

इस स्प्रेयर का प्रयोग पैर द्वारा करते हैं। इसके भी सेक्शन नली में छलनी लगी होती है जिसे घोल की टंकी में डाल दिया जाता है। इसका पम्प लोहे के बने स्टैण्ड में लगा होता है और पम्प सिलिंडर को पाव से चला कर दाब उत्पन्न किया जाता है। इसमें आवश्यकतानुसार एक या दो निकास नली लगाई जा सकती है। इसका प्रयोग खेतों, फुलवाड़ियों एवं बगीचों में कर सकते हैं।

चित्र 6.6 फुटस्प्रेयर

6.2 संरक्षित खेती में उपयोग किए जाने वाले मापक यंत्र

6.2.1 स्पेड मीटर : स्पेड मीटर पौधों की पत्तियों में क्लोरोफिल की मात्रा को बताता है। पौधों की पत्तियों में उपस्थित क्लोरोफिल की मात्रा का आकलन कर फसल की गुणवत्ता एवं उपज में सुधार किया जा सकता है। ताकि अगर पौधों में क्लोरोफिल की मात्रा कम है तो हम आवश्यकतानुसार पोषण तत्वों को फसल में डालने के लिए अनुशंसित कर सकते हैं जिससे पौधों में क्लोरोफिल की मात्रा बढ़ेगी और क्लोरोफिल की मात्रा बढ़नें से फोटोसिन्थेसिस की प्रक्रिया सुचारू रूप से होगी जिससे फसल की उत्पादकता और गुणवत्ता में बढ़ोत्ती होगी।

चित्र 6.7 स्पेड मीटर

6.2.2 इनफ्रारेड मीटर (IR Meter) : इनफ्रारेड मीटर का उपयोग सतह तापमान एवं मुख्य रूप से पौधों की पत्तियों की ऊपरी सतह से तापमान को रिकार्ड कर स्वेद दर (पत्तियों से वाष्पोत्सर्जन की दर) तथा रंध्र चालकता का आँकलन में किया जाता है। पौधों को जीवित रहने के लिए निश्चित हवा एवं पानी की आवश्यकता होती है जिसका निर्धारण फसल पानी सूचकांक के द्वारा किया जाता है, यह सूचकांक मौसम की स्थिति तथा पौधे के तापमान पर निर्भर करता है। यह मीटर तापमान के जरिये पौधों में उपस्थित पानी की मात्रा को दर्शाता है। पानी की कमी होने पर स्टोमेटा बंद हो जाता है जिसके फलस्वरूप पौधा पानी ग्रहण करना बंद कर देता है और पौधे की पत्तियों के तापमान में वृद्धि हो जाती है। आई.आर. थर्मामीटर परवेशी वायु तापमान तथा पत्ती के तापमान के बीच में अंतर का परीक्षण करने का सरल साधन एवं सटीक उपकरण है। यह विभिन्न बातों पर निर्भर करता है।

1. पौधों की पत्तियों की सतह शुष्क होनी चाहिए।
2. स्थल में हवा का बहाव 10 मील प्रति घंटा से कम होना चाहिए।
3. उपयोगकर्ता की पीठ सूर्य की रोशनी की तरफ होनी चाहिए।
4. दिन में अधिकतम तापमान की स्थिति में उपकरण का उपयोग करना चाहिए। गर्मियों के दिनों में 1–4 बजे तक तथा सर्दियों में 1–3 बजें तक तापमान लेना चाहिए।

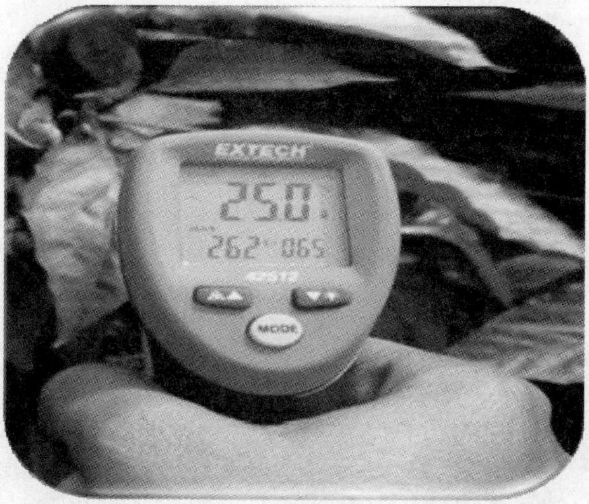

चित्र 6.8 इनफ्रारेड मीटर

6.2.3 लक्स मीटर : लक्स मीटर का उपयोग प्रकाश की तीव्रता का विश्लेषण करने के लिए किया जाता है। किसान इसका उपयोग करके पॉलीहाउस के अंदर प्रकाश की मात्रा का आँकलन कर सकते हैं। क्योंकि हम जानते हैं कि पॉलीहाउस के अंदर पौधों को 50000 लक्स प्रकाश की आवश्यकता होती है। इसे अधिक प्रकाश होने पर कुछ विकल्पिक उपाये जैसे पॉलीहाउस को नेट से ढ़ककर प्रकाश की तीव्रता को कम किया जा सकता है।

चित्र 6.9 लक्स मीटर

6.2.4 हाईग्रोथर्मोमीटर : यह यंत्र तापमान के साथ–साथ आर्द्रता को भी दर्शाता है। पॉलीहाउस के अंदर फसलों को वृद्धि करने के लिए एक उपयुक्त तापमान के साथ–साथ नमी की आवश्यकता होती है इस यंत्र की सहायता से हम फसलों की जरूरत के अनुसार पॉलीहाउस में लगे फोगर्स को कुछ समय के लिए चलाकर तापमान तथा आद्रता को नियंत्रित कर सकते हैं।

चित्र 6.10 हाइग्रोथर्मोमीटर

6.2.5 स्पेक्ट्रोरेडियोमीटर : स्पेक्ट्रोरेडियोमीटर का उपयोग एनडीवीआई वेल्यू पता करने के लिए किया जाता है। स्पेम्ट्रो मीटर पौधों की पत्तियों से परावर्तित प्रकाश की गणना करता है। परावर्तित प्रकाश की मात्रा का अनुपात अलग–अलग प्रकाश तंरग में अलग–अलग होता है पौधों कसे आवश्यक प्रकाश वर्णक्रम 400 nm से 700 nm होता है।

चित्र 6.11 स्पेक्ट्रोरेडियोमीटर

7

ग्रीनहाउस में सब्जियों एवं फूलों का उत्पादन एवं प्रबंधन

(अ) ग्रीनहाउस में शिमला मिर्च का उत्पादन एवं प्रबंधन

रंगीन शिमला मिर्च पॉलीहाउस/ग्रीनहाउस में सर्वाधिक उगाई जाने वाली सब्जी है जबकि टमाटर व खीरा क्रमशः दूसरे तथा तीसरे स्थान पर आते हैं। पॉलीहाउस के अंदर उगाई जाने वाली शिमला मिर्च बाहर खेतों में उगाई जाने वाली शिमला मिर्च से कई बातों में भिन्न है जैसे फसल की उम्र, तुड़ाई का समय इत्यादि। पॉलीहाउस के अंदर सब्जी उगाने का खर्च भी ज्यादा आता है इसलिए किसान को अधिक एवं अच्छी गुणवत्ता के फल एवं ज्यादा उत्पादन मिलता है तथा बे–मौसमी होने के कारण ज्यादा मुनाफा कमाया जा सकता है, शिमला मिर्च उगाने के साथ–साथ लागत भी कम करनी चाहिए। शिमला मिर्च की पैदावार पॉलीहाउस के स्थान, उर्वरता, मौसम, पौधों को सहारा देने की विधि, किस्म, सिंचाई तथा उर्वरकों की मात्रा पर निर्भर करती है। शिमला मिर्च उगाने के लिए क्षेत्र तथा परिस्थितियों के अनुसार पॉलीहाउस का डिजाईन तैयार किया जाना चाहिए तभी सब्जी उत्पादन लाभदायक सिद्ध हो सकता है।

शिमला मिर्च सब्जियों की अति महत्वपूर्ण सब्जी है जो विभिन्न रंग, आकार एवं विटामिन सी से भरपूर होती है, इसका सबसे अधिक उत्पादन अमेरिका में फ्लोरिडा, केलीफोर्निया, टेक्सास, न्यूजर्सी एवं नार्थ केरोलिना में होता है। भारत में यह हिमाचल प्रदेश, उत्तरप्रदेश, गुजरात, महाराष्ट्र, कर्नाटक, बिहार और तमिलनाडु के पहाड़ी हिस्से में उगाई जाती है। गर्मी के मौसम में यह पहाड़ी क्षेत्रों में एवं ठंडे मौसम में मैदानी क्षेत्रों में उगाई जाती है।

वर्तमान में ग्रीनहाउस पद्धति से भी शिमला मिर्च का उत्पादन होने लगा है। यह खेतों में उगाई गई फसल से विपरित है। ग्रीनहाउस पद्धति में शिमला मिर्च को पॉलीथीन शीट के अंदर उगाया जाता है जहाँ वातावरण को कृत्रिम तरह से नियंत्रित किया जाता है। और हानिकारक कीट एवं बीमारियों को कम किया जाता है। ग्रीनहाउस में उगाई गई शिमला मिर्च उच्च गुणवत्ता वाली एवं अधिक पैदावार वाली होती है जिसका बाजार में मूल्य पुरानी पद्धति से उगाई गई शिमला मिर्च से अधिक मिलता है।

7.1 ग्रीनहाउस में शिमला मिर्च उत्पादन के लाभ

1. लम्बी तोड़ाई अवधि (8 –9 माह)
2. कीटनाशक एवं अन्य हानिकारक रसायनों के उपयोग में कमी
3. अधिक उत्पादन
4. अच्छी उत्पादकता
5. ज्यादा आमदनी
6. स्वरोजगार आदि

7.2 ग्रीनहाउस के लिए शिमला मिर्च की उन्नत जातियाँ

इन्द्रा, भारत, तनवी, एंजल, नतासा, स्वर्णा, केलिर्फोनियाँ वंडर, अर्का मोहिनी, ओरोविले, पूसा दिप्ती, सोलन हाइब्रिड–1 आदि।

7.3 मृदा की विशेषताएं

1. मृदा संरचना अच्छी एवं नमी की उचित मात्रा होनी चाहिए।
2. मृदा का पी.एच. 5.5 से 6.5 के बीच होना चाहिए।
3. इलेक्ट्रॉनिक कनडक्टीविटी (EC) 1.5–2.5 मिली साइमन्स से.मी. होना चाहिए।
4. मृदा अधिक लवणीय एवं पोषक तत्वो का स्तर अधिक नही होना चाहिए।
5. पौधो की जड़ो की वृद्धि के लिए केल्शियम एवं नाइट्रेट की मात्रा आवश्यक होती है।

7.4 बिना मृदा के कल्चर

1. कोकोपिट 2. वर्मीकुलाइट 3. परलाइट

बिना मृदा के कल्चर की पद्धति

1. इस विधि में पौधे को छोटे– छोटे कन्टेनर में बोया जाता है जिसमें मृदा का उपयोग न करके कोकोपिट, परलाइट एवं वर्मीकुलाइट का मिश्रण 3:1:1 अनुपात में रखा जाता है।

2. इस कल्चर को हम अन्य दूसरी फसल के लिए भी उपयोग कर सकते हैं अगर इस कल्चर में कोई रोग का संक्रमण न हुआ हो।
3. कन्टेनर सिंगल या डबल कतारो वाली हो सकती है

7.5 पौधो को रोपने की विधि (Transplanting method)

बेड तैयार करना

धूमीकरण

मृदा का धूमीकरण फार्मेलिन से किया जाता है जिसमें 37–40 प्रतिशत फार्मेल्डिहाइड होता है। इस विधि में फार्मेलिन को पानी के साथ (1:10) के अनुपात में मिलाया जाता है इसके पश्चात् 7.5 लीटर तैयार घोल को 1 वर्ग मी. में छिड़का जाता है। छिड़काव होने के बाद बैड को पॉलीथीन से ढ़क दिया जाता है एवं दो सप्ताह के बाद पॉलीथीन हटाकर बैड़ तैयार करके पौधो को रोपना चाहिए।

मृदा धुमीकरण

मृदा धुमीकरण के बाद बैड का आकार निम्न होना चाहिए–

बेड की ऊँचाई – 40 से.मी

दो बैड के बीच की दूरी – 50 से.मी

बेड की चौड़ाई – 90 से.मी

रोपाई की दूरी –

पौधे से पौधे की दूरी – 45–50 सेमी.

कतार से कतार की दूरी – 60 सेमी.

7.6 बीज बोने का उचित समय

शिमला मिर्च को 15 अगस्त से 15 सितम्बर तक बोते हैं। अच्छी अंकुरण के लिए निम्न बातों पर ध्यान देना आवश्यक है।

1. अच्छी और उचित गुणो वाली पॉलीहाउस का उपयोग करना आवश्यक है जो वायरस रहित हो।
2. उचित अंकुरण के लिए तापक्रम 24–25 डिग्री से. होना चाहिए।

3. अंकुरण के पश्चात् कल्चर को हटा देना चाहिए एवं उस समय तापक्रम 23 डिग्री से. होना चाहिए।

पौध रोपणी (Transplanting)

पौधो को रोपते समय निम्नलिखित बातों का ध्यान रखना आवश्यक है।

1. बीमारी रहित पौध को रोपणी के लिए उपयेाग करना चाहिए।
2. पौध की ऊँचाई 16–20 सेमी. होनी चाहिए।
3. 4–6 पत्तियों वाली पौध रोपण के लिए अच्छी होती है।

पौध घनत्व (Plant density)

2.5 पौध पर वर्ग मीटर होना चाहिए।

नर्सरी के लिए आवश्यक बातों का ध्यान रखना चाहिए

1. प्रकाश का संचार अच्छा हो
2. हवा का संचार अच्छा हो
3. उचित नमी की मात्रा हो
4. रात का तापक्रम 20 डिग्री से. और नमी 80 प्रतिशत होनी चाहिए।
5. जड़ो का तापक्रम 20 – 22 डिग्री से होना चाहिए।

7.7 शिमला मिर्च में सिंचाई (Irrigation)

1. शिमला मिर्च की 8 माह तक जल की आवश्यकता 2 लीटर प्रतिदिन है।
2. खेतों की अपेक्षा पॉलीहाउस में जल उपभोग क्षमता अधिक होती है।
3. अगर जल उपयोग क्षमता अधिक होगी तो उर्वरक उपयोग क्षमता भी अधिक होगी जिससे उर्वरकों को लींचिग द्वारा नष्ट होने से रोका जा सकता है।
4. सिंचाई को हम ड्रिप (टपक) विधि से देते हैं।
5. अगर पॉलीहाउस में हम मल्च और फर्टीगेशन (उर्वरक को ड्रिप विधि से देना) का उपयेाग करते हैं तो इससे उत्पादन बढ़ जाता है।

7.8 फर्टीगेशन (Fertigation)

1. शिमला मिर्च से अधिक उत्पादन प्राप्त करने हेतु सप्ताह में दो बार फर्टीगेशन देना चाहिए जिससे उत्पादन अधिक प्राप्त होता है।
2. पुरानी विधि से उर्वरकों को देने की अपेक्षा जल में घुलनशील उर्वरकों को फर्टीगेशन के माध्यम से देना चाहिए।

सारणी 7.1 शिमला मिर्च में फर्टीगेशन शेड्यूल

संख्या	फसल की अवस्था	फसल की अवधि	उर्वरक श्रेणी	उर्वरक (किलो ग्राम प्रति है)	पोषक तत्व उपलब्धता		
					नाइट्रोजन	फास्फोरस	पोटाश
1	फसल रोपण से लेकर स्थापित होने तक	10	19:19:19	39.47	7.50	7.50	7.50
			13:0:45	16.66	2.16	.	7.50
			यूरिया	33.28	15.30	.	.
				कुल योग	**24.96**	**7.50**	**15.0**
2	वृद्धि अवस्था	30	12:61:0	24.60	2.95	15.00	.
			13:0:45	133.33	17.33	.	60.0
			यूरिया	173.0	79.58	.	.
				कुल योग	**99.86**	**15.00**	**60.00**
3	फूल आने से लेकर पहली फल टूटने तक	30	19:19:19	39.47	7.50	7.50	7.50
			13:0:45	83.33	10.83	.	37.50
			यूरिया	122.97	56.57	.	.
				कुल योग	**74.90**	**7.50**	**45.00**
4	पहली फल टूटने से लेकर अंतिम बार टूटने तक	95	12:61:0	12.30	1.48	7.50	.
			13:0:45	66.66	8.67	.	30.0
			यूरिया	86.51	39.79	.	.
				कुल योग	**49.94**	**7.50**	**30.0**
5	**योग**	**165**			**250.0**	**37.50**	**150.0**

7.9 कल्चर विधियाँ (Cultural method)

8 माह तक पौधों से अच्छा उत्पादन प्राप्त करने के लिए निम्नलिखित कल्चर विधियाँ अपनाई जाती है।

पौधों को सहारा देना तथा काँट–छाँट

शिमला मिर्च में 8–12 पत्तों के बाद एक मुख्य फूल बनता है जहाँ पौधा दो या अधिक टहनियों में विभाजित हो जाता है। हरेक टहनी में एक या दो पत्तों के बाद फूल बनता है जहाँ से वह फिर दो भागों में बंट जाता है इसी तरह पौधे की बढ़ोत्तरी होती है। चूंकि पॉलीहाउस में शिमला मिर्च का पौधा 6–7 फीट तक चला जाता है इसलिए इसे 2 तरीकों से बढ़ाया जाता है। V तरीका या स्पैनिश तरीका।

V तरीके में पौधे को दो या चार शाखाओं पर चलाया जाता है। इसमें आमने सामने केवल एक–एक या दो–दो शाखाएँ रखी जाती है तथा बाकि शाखाओं को निकाल दिया जाता है। इस प्रकार पौधा अंग्रेजी के V शब्द का आकार ले लेता है तथा इसे V तरीके

से पौधा चलाना कहते हैं। काँट–छाँट हर हफ्ते करें। गर्मियों में फल को बचाने के स्पैनिश तरीके में पौधे की काँट–छाँट नही की जाती है। पौधे को प्राकृतिक रूप से बढ़ने दिया जाता है। इस प्रकार इस तरीके में काँट–छाँट का खर्चा बच जाता है। पौधों को सहारा देने के लिए नाइलोन की रस्सी एवं हुक का इस्तेमाल किया जाता है। पौधें को बैड की सतह से 2 मी. की ऊँचाई तक बॉधा जाता है। बांधने वाली रस्सी अच्छी गुणवत्ता की (12 गेज) की होनी चाहिए। एक पौधे को बांधने के लिए चार रस्सियों की आवश्यकता होती है।

पौधों को सहार देना

पिंचिग (Pinching)

पिंचिग पौधे की एक आवश्यक क्रिया है जिसमें शीर्ष भाग को तोड़कर फेंक दिया जाता है जिससे की ज्यादा से ज्यादा तनो का विकास हो सके। पिंचिग की क्रिया रोपण के एक महीने पश्चात् करनी चाहिए। सिर्फ दो या चार पत्तियां ही पौधे पर रखनी चाहिए जिससे तनें का विकास जहॅा से पत्तियाँ निकलती है अच्छा होता है जिसे हम इन्टनोड कहते हैं। एक या दो फल को हर तने पर रखना चाहिए।

पिंचिग

ट्रेनिंग (Training)

1. **दो लीडर पद्धति** – पिंचिग के पश्चात् इस विधि में दो मुख्य शाखाओं को रखा जाता है और बाकी शाखाओं को हटा दिया जाता है। और एक शाखा पर केवल एक ही फल रखा जाता है।
2. **चार लीडर पद्धति** – इस विधि में पिंचिग के पश्चात् चार शाखाओं को छोड़ा जाता है और अन्य शाखाओं को हटा दिया जाता है प्रत्येक शाखा पर एक या दो फल रखे जाते हैं।

फूलों की अवस्था एवं फूल खिलना

पौध रोपण के 6 सप्ताह पश्चात् जब 7–13 पत्तियाँ आ जाती है तब पौधों पर फूल बनने की अवस्था आरंभ हो जाती है।

- फूल बनते समय दिन रात का तापक्रम 20–21 डिग्री से होना चाहिए।
- बहुत कम तापमान होने पर फूलों का उत्पादन कम होता है जिससे फल छोटे आकार के आते हैं। और बहुत अधिक तापक्रम होने पर ब्लोसम एण्ड रूट रोग की सक्रियता बढ़ जाती है।
- शिमला मिर्च के पौधे में 3–4 हफ्तों में फूल आना शुरू हो जाते हैं। जब उसमें 7–15 पत्ते होते हैं। पहला फूल हमेशा निकाल देना चाहिए। फूल खिलने के समय तापमान 25/22 सेन्टीग्रेड (दिन व रात) होना चाहिए अन्यथा वह फल के आकार को प्रभावित करता है।

परागण (Pollination)

शिमला मिर्च स्व–परागित फसल है किन्तु मधुमक्खियों द्वारा परागित फसल सही आकार, ज्यादा पैदावार तथा फल जल्दी आते हैं। इसके लिए फूल खिलने के समय हो सके तो पॉलीहाउस के अंदर मधुमक्खियों के बक्से रखें।

फल बनना तथा फल भार

जब तापमाप व रोशनी सही मात्रा में उपलब्ध होते हैं तो फल बनना शुरू हो जाता है। गर्मियों में रात का तापमान 18–20 से.ग्रे. तथा दिन का तापमान 22–25 से.ग्रे. हो तो फल अच्छा बनता है। 18 से.ग्रे. से नीचे का तापमान फल बनने के लिए उपयूक्त नही होता है। छोटे पौधों में फल बनना आसान होता है लेकिन जैसे जैसे पौधे बड़े होते हैं फल बनने में समय ज्यादा लगता है। फल को जल्दी पकाने के लिए तापमान को औसतन 24 से.ग्रे. तक रखे जब फल हरा हो। हर पौधें की फल वहन करने की एक क्षमता होती है। एक पौधे पर जरूरत से अधिक फल पौधें को नुकसान पहुंचा सकते हैं। एक छोटा पौधा एक समय में 4–8 फल ही वहन कर सकता है जबकि बड़ा पौधा 8–12 फल वहन कर सकता है। छोटे पौधे में किसान खुद नियंत्रण रखें तथा अवांछित फलों को निकाल दें।

फल का बढ़ना

फूल खिलने से लेकर फल बनने तक 7–12 हफ्ते लग सकते हैं। फल बनने में 4–5 हफ्ते का अंतर कई कारणों से हो सकता है। जैसे मौसम, तापमान, फल भार पौधों की देख रेख, किस्म इत्यादि। फल का बढ़ना 24–25° से.ग्रे. तापमान में अधिक होता है तथा तापमान में 1 से.ग्रे. की वृद्धि फल के बढ़ने में 2–3 दिन की कमी ला सकती है। यह ध्यान रखना चाहिए की तापमान 30 से.ग्रे.से अधिक या 18° से.ग्रे. से कम न हों।

फलों को गिरने से बचाना

फलों को गिरने से बचाने के लिए निम्न बातों का ध्यान रखना चाहिए।

शिमला मिर्च के एक पौधे पर एक समय में 4–8 फल लगते हैं और पुराने पौधे पर 10 फल एक साथ लगते हैं। यह ध्यान रखना चाहिए की फलों का वजन 250 ग्राम से अधिक न हो फलों का अधिक वजन होने से पौधे झुक जाएंगे एवं इससे फलों की गुणवत्ता पर विपरीत असर होगा – अगर फलों की संख्या प्रति पौधा अधिक है तो अतिरिक्त फल को निकाल देना चाहिए।

7.10 खरपतवार नियंत्रण

1. शिमला मिर्च के उत्पादन में एकवर्षीय एवं बहुवर्षीय खरपतवारों को नियंत्रित करना कठिन हैं।
2. अगर मृदा का धूमीकरण न किया गया हो तो उस स्थिति में हम पौधों के उगने से पहले खरपतवारनाशी या हेड हो से खरपतवार को नियंत्रित कर सकते हैं।
3. काली प्लास्टिक मल्च के उपयोग से भी खरपतवारों को नियंत्रित किया जा सकता हैं।

7.11 तनाव प्रबंधन

पौधकार्यिकी विकार

1 फल एवं जड़ों की बीमारी (Fruit and root rot)

- फलों द्वारा केल्शियम का कम अवशोषण फल एवं जड़ों की बीमारी का कारण है।
- इसका मुख्य कारण कल्चर में केल्शियम की सान्द्रता कम होना व अत्यधिक लवणीयता और अधिक नमी का होना है।

प्रंबधन

- अत्यधिक नमी की अवस्था को कम करना चाहिए।
- सप्ताह में एक बार केल्शियम नाइट्रेट का छिड़काव पौधों के ऊपर करना चाहिए, जो कि फल एवं जड़ों की बीमारी को कम करती है।

फल एवं जड़ों की बीमारी

2. सनस्केल्ड

फल जो सीधे सूर्य के प्रकाश के प्रभाव में होते हैं सनस्केल्ड का कारण होते हैं।

प्रंबधन

- कटाई–छटाई की प्रक्रिया निश्चित समय पर करनी चाहिए।
- फलों का तापमान 35 डिग्री सेल्सियस से अधिक नही रखना चाहिए।
- गर्मी के मौसम में ग्रीनहाउस में शेड नेट का उपयोग करना चाहिए।

सनस्केल्ड

3. फलों का फटना

1. शिमला मिर्च फल की सतह का फटना मुख्य विकार है। फलों का फटना निम्न कारणों से होता है।
2. अधिक नमी (85 प्रतिशत)।
3. अचानक मौसम में परिवर्तन।
4. फल की सतह का अधिक मोटा होना।

प्रंबधन

1. अधिक नमी को रोकना
2. पतली सतह वाली शिमला मिर्च वाली प्रजाति का उपयोग करना।

7.12 रोग कारण एवं निदान

1 डेपिंग ऑफ (कमर तोड़)

इस रोग का प्रकोप नर्सरी अवस्था में होता है। इसमे जमीन की सतह वाले तने का भाग काला पडकर गल जाता है। और छोटे पोधे गिरकर मरने लगते हैं।

प्रबंधन

1. ग्रीनहाउस में संरचना में स्वच्छता का ध्यान रखें।
2. पौधें को उचित तापमान एवं नमी प्रदान करें।
3. ट्राइकोडर्मा विरडी (4 ग्राम / किग्रा) या स्यूडोमोनास (10 ग्राम / किग्रा) से बुवाई से 24 घंटे पहले बीज को उपचारित करें।
4. बुआई से पूर्व बीजों को थाइरम, केप्टान या बाविस्टिन 2.5–3 ग्राम प्रति किलो बीज की दर से उपचारित कर बोयें। नर्सरी, आसपास की भूमि से 6 से 8 इंच उठी हुई भूमि में बनावें। मृदा उपचार के लिए नर्सरी में बुवाई से पूर्व थाइरम या केप्टान या बाविस्टिन का 0.2 प्रतिशत सांद्रता का घोल मृदा में सींचा जाता है जिसे ड्रेंचिंग कहते हैं। रोग के लक्षण प्रकट होने पर बोर्डो मिश्रण या कॉपर आक्सीक्लोराइड 3 ग्राम प्रति लीटर पानी में घोल कार छिडकाव करें।

डेपिंग ऑफ

2 ग्रे मोल्ड

1. यह रोग बोट्राइटिस नामक कवक से होता है।
2. इस रोग से अनियमित धब्बे फल के उपर दिखाई देते हैं।
3. अत्यधिक ठंड और नमी की स्थिति में कवक के विषाणु फल के उपरी सतह पर दिखाई देते हैं।

प्रबंधन

1. भंडारण से पहले गर्म वायु उपचार 38 डिग्री सेल्सियस पर 48–72 घंटों तक करें।
2. गर्म जल से उपचार 50–53 डिग्री सेल्सियस पर 2 से 3 मिनट तक करें।

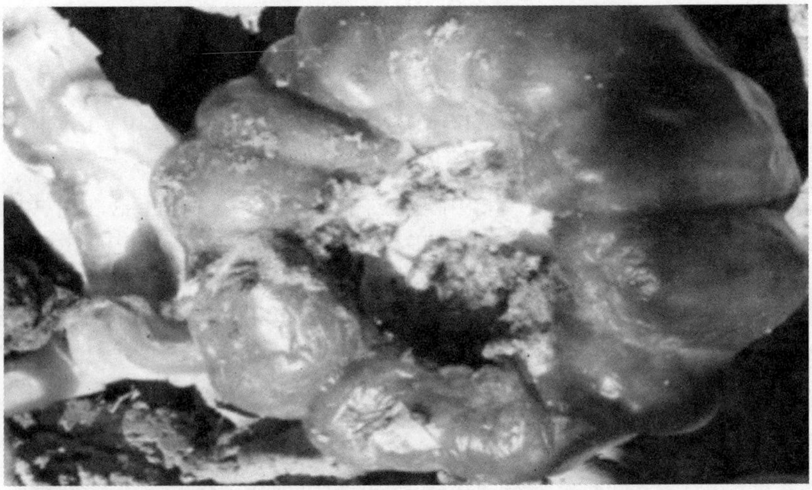

ग्रे मोल्ड

3. ग्रीन हाउस में पाउडरी मिल्डयू का प्रकोप सबसे अधिक होता है। इसमें पत्तियों के ऊपर सफेद पाउडरनुमा परत दिखाई पड़ती हैं। यह फंगस पौधे के तनों एवं फूलों की कलियों पर भी दिखाई देती है। इस रोग में पौधे की पत्तियों की कोशिकाएँ मर जाती है।

प्रबंधन

- तापक्रम 21° से.ग्रे. व से 27° से.ग्रे. के बीच रहना चाहिए
- पाउडरी मिल्डयू का प्रकोप कम बारिश की वजह या बिल्कुल बारिश न होने की वजह से ज्यादा फैलता है।
- रोग के रोकथाम के लिए सल्फेक्स या केलेक्सिन का 0.2 प्रतिशत सांद्रता का घोल 15 दिन के अंतराल पर 2–3 बार छिड़काव करे।

3. पाउडरी मिल्डयू

पाउडरी मिल्डयू

4. श्याम वर्ण व फल सड़न

रोग के शुरूआती लक्षणो में पत्तियो पर छोटे–छोटे काले धब्बे बनते हैं। रोग की तीव्रता होने पर शाखाएँ ऊपर से नीचे की तरफ सूखने लगती है। फलों के पकने की अवस्था में छोटे–छोट काले गोल धब्बे बनने लगते हैं बाद में इनका रंग धूसर हो जाता है जिसके किनारो पर गहरे रंग की रेखा होती है। प्रभावित फल समय से पहले झड़ने लगते हैं। अधिक आद्रता इस रोग को फैलाने में सहायक होती है।

प्रबंधन

फसल चक्र अपनाना चाहिए। स्वस्थ एवं उपचारित बीजों का ही प्रयोग करे। मेन्कोजेब, डायफोल्टान, या ब्लाइटॉक्स का 0.2 प्रतिशत सांद्रता का घोल बनाकर 15 दिन के अंतराल पर 2 बार छिड़काव करे।

5 बैक्टीरियल लीफ स्पाट (पत्ति धब्बा रोग)

- यह रोग कोलिटोट्राइकम केप्सिकी के द्वारा फैलता है।
- प्रारंभिक पत्ती पर लक्षण एक पीले रंग की प्रभामंडल से घिरा हो सकता है, जो छोटे, गोल से अनियमित, गहरे घावों जैसे होते हैं। घाव, पत्ती के किनारों और अग्र भाग पर 3–5 मिमी व्यास के आकार में वृद्धि करते हैं। प्रभावित पत्तियां झुलसी हुई दिखाई देती है।

प्रबंधन

0.2 प्रतिशत मेनकोजेब का छिडकाव करें। सभी संक्रमित पौधों को निकाल देना चाहिए और आगे फैलने से बचने के लिए इन्हें नष्ट कर देना चाहिए।

पत्ती धब्बा रोग

6 टोमेटो स्पाटेड बिल्ट वायरस : यह रोग वायरस के द्वारा फैलता है जिसका मुख्य वाहक माहू होता है। इस रोग में पत्तियों की ऊपरी सतह पर काले भूरे रंग के धब्बे दिखाई देते हैं एवं फूलों पर हल्के पीले से नांरगी रंग के धब्बे दिखाई पड़ते हैं।

प्रबंधन : यह रोग माहू के द्वारा फैलता है अतः माहू को रोकने के लिए उचित कीटनाशी का उपयोग करें।

टोमेटो स्पाटेड बिल्ट वायरस

7 फ्यूजेरियम स्टेम एवं फ्रूट रोग

- यह रोग फ्यजेरियम सोलेनाई के द्वारा होता है।
- गहरें काले या भूरे रगं के धब्बे तने एवं फल पर बन जाते हैं।

प्रबंधन

- ग्रीनहाउस की स्वच्छता पर विशेष ध्यान दें।
- ग्रीनहाउस में हवा का विचलन अच्छा हो और अधिक नमी न हों।
- खराब, चोट लगे फल व तने को पौधे से अलग कर दें।

8 पर्ण कुंचन (लीफ कर्ल) व मोजेक

ये विषाणु जनित रोग है। पर्ण कुंचन रोग के कारण पौधों के पत्ते सिकुडकर मुड़ जाते हैं तथा छोटे व भूरे रंग युक्त हो जाते हैं। ग्रसित पत्तियां आकार में छोटी, नीचे की ओर मुडी हुई मोटी व खुरदुरी हो जाती है। मोजेक रोग के कारण पत्तियों पर गहरा व हल्का पीलापन लिए हुए हरे रंग के धब्बे बन जाते हैं। उक्त रोगों को फैलाने में कीट अहम भूमिका निभाते हैं! प्रभावित पौधे पूर्ण रूप से उत्पादन देने में असमर्थ सिद्ध होते हैं रोग द्वारा उपज की मात्रा व गुणवत्ता दोनो प्रभावित होती है।

प्रबंधन

बुवाई से पूर्व कार्बोफ्यूरान 3 जी, 8 से 10 ग्राम प्रति वर्ग मीटर के हिसाब से भूमि में मिलावें। पौध रोपण के 15 से 20 दिन बाद डाइमिथोएट 30 ई.सी. या इमिडाक्लोप्रिड एक मिली प्रति लीटर पानी की दर से छिड़काव करें। यह छिड़काव 15 से 20 दिन के अन्तराल पर आवश्यकतानुसार दोहरावें। फूल आने के बाद उपरोक्त कीटनाशी दवाओं के स्थान पर मैलाथियान 50 ई.सी. 1 मिली प्रति लीटर पानी के हिसाब से छिड़काव करें!

7.13 कीट नियंत्रण एवं निदान : कुछ प्रमुख कीटों का विवरण नीचे दिया जा रहा है जो पालीहाउस में सामान्य है।

1 रूटनोड़ नेमाटोड़

नेमाटोड एक मृदा जीवि कीट है जिसे आंखों के द्वारा नही देखा जा सकता है। इन्हें सूक्ष्मकृमि भी कहते हैं और केवल माइक्रोस्कोप की सहायता से देखा जा सकता है नेमाटोड की कई प्रजातियां पाई जाती है, जो पौधे को सीधे हानि पहुँचाती है।

प्रबंधन

फोरेट की 6.0 ग्राम प्रतिलीटर की मात्रा को प्रति वर्ग मीटर के हिसाब से छिड़काव करें। डेकोमेट की 6.0 ग्राम प्रतिलीटर की मात्रा को प्रति वर्ग मीटर के हिसाब से छिड़काव करें।

2 सफेद मक्खी (व्हाइट फ्लाई)

इस कीट के शिशु व वयस्क दोनों पत्तों से रस चूसकर पौधों को हानि पहुँचाते हैं। कीड़ों के मधु बिन्दु पर काली फफूंद (माल्ड) आने से पौधों का प्रकाश संशलेषक कम हो जाता है।

प्रबंधन

1. रोपाई से पहले पौधों की जड़ों को आधे घंटे के लिए इमिडाक्लोप्रिड (17.8 एस.एल.) की 1 मि. लीटर/3 लीटर के घोल में डुबोएँ।
2. नर्सरी को 40 मैश की नाइलोन जाली (नेट) से ढंक कर रखें।

3. नीम बीज अर्क (6 प्रतिशत) या नीम तेल 5 मि.ली./लीटर या डाइमेथोएट 30 ई.सी. 2 मि.लि. लीटर या मिथइल डेमिटोन 30 ई.सी. 2 मि.ली./लीटर की मात्रा का छिड़काव करें।

सफेद मक्खी

3 थ्रीप्स

इस कीट के भी शिशु एवं वयस्क दोनों ही पौधों के कोमल हिस्सों से रस चूसते हैं जिससे पत्ते सिकुड़ जाते हैं। यह कीट वायरस जनित पत्ती मोड़क रोग भी फैलाता है। यह कीट फलों को नुकसान भी पहुँचाता है।

प्रबंधन

इस कीट की रोकथाम के लिए कार्बेरिल 50 डब्ल्यू.पी. की 2 ग्राम/लिटर या डायमेथेएट 30 ई.सी. 2 मि.लि./लि. की मात्रा का छिड़काव करें।

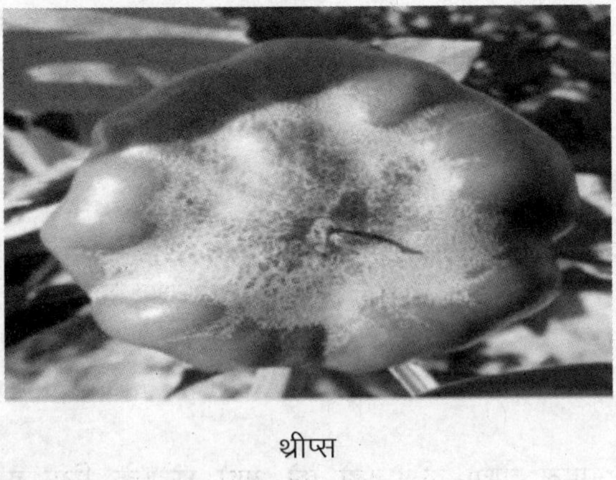

थ्रीप्स

4 फल छेदक (टोमैटो फ्रूट बोरर)

फल छेदक की इल्लियाँ फलों को छेदकर नुकसान पहुँचाती है।

प्रबंधन

- इस कीड़े की निगरानी के लिए 1 फेरोमोन ट्रैप का इस्तेमाल करें।
- एच.ए.एन.पी.बी. 250 एल.ई./हैक्टेयर या बी.टी. 2 ग्राम/लीटर या नीम बीज अक्र (5 प्रतिशत) या एमामेक्टिन बैन्जोएट 5 एस.जी. की 1 ग्राम/2 लीटर या स्पिनोसेड 45 एस.सी. 1 मि.ली./4 लीटर का छिड़काव करें।

7.14 फलों का तुड़ान एवं भण्डारण

शिमला मिर्च के फल शुरू में एक साथ पकते हैं इसलिए बार बार तुड़ान की जरूरत पड़ती है। रंगीन शिमला मिर्च के फल को लगभग 70 प्रतिशत रंग आने पर तथा सख्त हों तभी तोड़ा जाता है। पौधे से तोड़ा गया हरा फल रंग नहीं बदलता किंतु हरा फल अगर थोड़ा देर से तोड़ा गया हो तो वह रंग बदल लेता है। फल को छोटी तेज चाकू या सिकेटियर से बिलकुल तने के पास से काटें। फलों को तोड़ने का सही समय सुबह होता है। फिर फलों को पानी छिड़क कर साफ कर तथा अच्छी तरह से सुखा कर कार्टन में पैक किया जाता है। शिमला मिर्च को 2–3 हफ्तों तक रखा जा सकता है। इसके लिए भण्डारण का उचित तापमान तथा 90–95 प्रतिशत आर्द्रता होनी चाहिए। 7.2 डिग्री सै. से नीचे तापमान होने के कारण फल क्षतिग्रस्त हो सकते हैं। तथा 12.7 डिग्री सै. से ज्यादा तापमान फल को जल्दी पका देता है। अगर आर्द्रता 90–95 प्रतिशत से कम हो तो फल एकदम सिकुड़ जाते हैं तथा इनका भार भी कम हो जाता है। जब फल का वजन सामान्यतः 200–250 ग्राम तक हो जाए तब फलों को तुड़ाई कर लेनी चाहिए।

7.15 फल तुड़ान का पौधे पर प्रभाव

फलों के तुड़ान से पौधे में नई शाखाएं, नए फूल एवं फल बनने में मदद मिलती है। पहले फलों को हरा तोड़ने से पौधे की बढ़ोत्तरी अच्छी होती है तथा नए फल जल्दी लगते हैं। अगर एक पौधे से सारे फल एक साथ तोड़ लिए जाते हैं तो पौधे की बढ़ौतरी बहुत ज्यादा होती है तथा अगले फलों की गुणवत्ता अच्छी नहीं होती। इसलिए फलों को धीरे धीरे तथा बार–बार तोड़ा जाता है ताकि नए फल भी आते रहें और लगातार उत्पादन मिलता रहें।

7.16 तुड़ाई के बाद सावधानियाँ

1. बाजार में भेजने से पहले या स्टोरेज करने के लिए शिमला मिर्च को हाइड्रोकूलिंग या हवा से ठंडा करना चाहिए।
2. 7 डिग्री से॰ से नीचे तापमान नही रखना चाहिए अन्यथा फलों को नुकसान हो जाता है।
3. जब भंडारण के लिए फलों को रखा जाता है तो तापमान 7–13 डिग्री से॰ और नमी 90–95 प्रतिशत तक होना चाहिए।

7.17 आर्थिक विश्लेषण

एक एकड़ क्षेत्र के लिए शिमला मिर्च के 12000 पौधों की आवश्यकता होती है। एक पौधे से लगभग 6 किलोग्राम फलों का उत्पादन प्राप्त होता है एवं एक किलो शिमला मिर्च का औसतन मूल्य 30 रू प्रति किलो होता है जो की बाजार भाव के उतार–चढ़ाव पर निर्भर करता है।

सारणी 7.2 ग्रीनहाउस में शिमला मिर्च के उत्पादन का आर्थिक विश्लेषण (एक एकड़)

वर्ष	प्रथम वर्ष	द्वितीय वर्ष	तृतीय वर्ष	चतुर्थ वर्ष	पंचम वर्ष
प्रति वर्ष सकल आय	2160000	2160000	2160000	2160000	2160000
प्रति वर्ष कार्यशील पूंजी	650000	650000	650000	650000	650000
सावधि ऋण पर ब्याज	200583	160466	120350	79431	39715
मूल्यह्रास	401166	361050	324945	292450	263205
पौधों व फिल्म का प्रतिस्थापन (प्रत्येक पॉचवे वर्ष में फिल्म का प्रतिस्थापन)	36000	36000	36000	36000	362000
पुनर्भुगतान की राशि	401166	401166	401166	401166	401166
प्रति वर्ष शुद्ध लाभ	**471083**	**551316**	**627538**	**700951**	**443912**

(ब) ग्रीनहाउस में टमाटर का उत्पादन एवं प्रबंधन

टमाटर सोलेनेसी कुल की मुख्य फसल है। भारत में प्रमुख उत्पादक राज्यों में बिहार, कर्नाटक, उत्तरप्रदेश, उड़ीसा, आंध्रप्रदेश महाराष्ट्र और पश्चिम बंगाल है। टमाटर में विटामिन ए, सी, पौटेशियम, खनिज और फाइबर आदि प्रचुर मात्रा में पाए जाते हैं टमाटर का उपयोग सूप, सलाद, आचार, चटनी, प्यूरी सॉस एवं सब्जियों में उपयोग किया जाता है। ग्रीनहाउस में टमाटर की खेती किसानों को गुणवत्ता उत्पादकता और बाजार का उचित मूल्य प्रदान करता है। सामान्य मौसम में बाजार में टमाटर के अधिक मात्रा में आने के कारण किसानों को उचित उपज का उचित मूल्य प्राप्त नही होता है। अतः सब्जी उत्पादक ग्रीनहाउस के अन्दर बेमौसमी सब्जी जैसे – टमाटर, खीरा, शिमला मिर्च आदि का उत्पादन कर लाभ प्राप्त कर सकते हैं।

7.18 पौध रोपण विधि (Planting method)

बेड की तैयारी – बैड की तैयारी करना विशेष महत्वपूर्ण पहलू है बैड का प्रद्यूमन लिए हम फार्मलीन का प्रयोग करते हैं जिसमें 37–40 प्रतिशत फार्मल्डीहाइड रहता है निर्जलीकरण के लिए फार्मलीन को पानी के साथ 1:10 की अनुपात में मिलाएँ। ड्रेचिंग के लिए फार्मलीन की मात्रा 7.5 ली. मात्रा को वर्ग मी. की दर से छिड़का जाता है। 500 वर्ग मी. में पॉली हाउस के लिए फार्मलीन की मात्रा 37.5 ली. रखी जाती है।

बेड का आकार – बेड की ऊपर की चौड़ाई – 90 से.मी.

दो बैड के बीच पाथ की चौड़ाई – 50 से.मी.

बैड की ऊँचाई – 40 से.मी.

बैड की नीचे की चौड़ाई – 100 से.मी.

रोपण की दूरी – पौधो से पौधो की दूरी 40 से.मी.,

पंक्ति से पंक्ति की दूरी 50 से.मी.

पौध रोपण सामग्री

कीट एवं व्याधि से मुक्त एवं स्वस्थ पौधे जिनकी उम्र पौधशाला में 5–6 सप्ताह की हो, का रोपण किया जाना चाहिए। जिसकी ऊँचाई 16–18 से.मी. हो। टमाटर पौधे का रोपण साल में दो बार किया जाता है।

(1) जून–जूलाई (2) नवम्बर–दिसम्बर

7.19 टमाटर की किस्में

वर्तमान में टमाटर की निम्न किस्म प्रचलन में है, टमाटर (गोल एवं अडांकार) – अर्का बादशाह, अविनाश–3, नुन–7730, नवीन, चेरी टमाटर आदि।

7.20 टमाटर में सिंचाई प्रबंधन (Irrigation Management)

- पौध रोपण के पश्चात् जब तक पौधे ठीक ढंग से स्थापित नही हो जाते, नमी की कमी नही होनी चाहिए।
- खेतों की अपेक्षा पॉलीहाउस में जल उपभोग क्षमता अधिक होती है।
- अगर जल उपयोग क्षमता अधिक होगी तो उर्वरक उपयोग क्षमता भी अधिक होगी।
- सिंचाई को हम ड्रिप (टपक) विधि से देते हैं।
- पॉलीहाउस में हम मल्च और फर्टीगेशन (उर्वरक को ड्रिप विधि से देना) का उपयेाग करते हैं तो इससे उत्पादन बढ़ जाता है।
- फूलों व फलों के बनते समय एवं फलों की वृद्धि के समय नमी की कमी हो तो इसका बहुत बुरा असर फसल पर होता है एवं सिंचाई न करने से फूलों का झड़ना शुरू हो जाता है जिससे पैदावार कम हो जाती है।
- फलों के बढ़ने के समय में ज्यादा समय तक पानी की कमी और बाद में बहुत ज्यादा सिंचाई कर देने से फल फट जाता है।

7.21 फर्टीगेशन (Fertigation)

टमाटर की 6 माह की फसल अवधि में 200 : 62 : 250 किलो ग्राम प्रति हैक्टर उर्वरकों की आवश्यकता पड़ती है जिसमें 60 प्रतिशत फास्फोरस को फसल रोपने से पहले दे देते हैं। पौध रोपाई के 40–45 दिन बाद 2 ग्राम बोरान प्रति लीटर की दर से छिड़के।

सारणी 7.3 टमाटर की फसल में फर्टीगेशन

संख्या	फसल की अवस्था	फसल की अवधि	उर्वरक श्रेणी	पोषक तत्व उपलब्धता (किग्रा/हैक्टर)		
				नाइट्रोजन	फास्फोरस	पोटाश
1	फसल रोपण से लेकर स्थापित होने तक	10	19:19:19	12.50	12.50	12.50
			13:0:45	3.61	—	12.50
			यूरिया	3.88	—	—
कुल योग				**19.99**	**12.50**	**25.00**
2	वृद्धि अवस्था	30	12:61:0	4.92	25.00	—
			13:0:45	28.89	—	100.00
			यूरिया	46.12	—	—
कुल योग				**79.93**	**25.00**	**100.00**
3	फूल आने से लेकर पहली फल टूटने तक	30	19:19:19	12.50	12.50	12.50
			13:0:45	18.05	—	62.50
			यूरिया	29.39	—	—
	कुल योग			**59.94**	**12.50**	**75.0**
4	पहली फल टूटने से लेकर अंतिम बार टूटने तक	80	12:61:0	2.46	12.50	—
			13:0:45	14.44	—	50.00
			यूरिया	23.06	—	—
				39.96	**12.50**	**50.00**
5	**कुल योग**	**165**		**200.00**	**62.50**	**250.00**

7.22 कर्षण क्रियाएँ (Cultural method)

अनावश्यक शाखाओं की छटाई करना

टमाटर के तने बगल से निकलने वाली शाखाओं जो कि प्रत्येक संयुक्त पत्तियों एवं तने के बीच विकसित होती है, इनको हटा देना चाहिए।

सहारा देना (Stacking)

टमाटर के फलों के उत्तम व आकर्षक रंग, उनको सड़ने से बचाने के लिए एवं फलों के उचित आकार के लिए सहारा देना आवश्यक होता है। चुंकि टमाटर का पौधा शाकीय होता है एवं लदे हुए फलों का भार सहन नहीं कर पाता इसीलिए जमीन में फल सहित इसकी शाखाएँ गिर जाती है। यदि पौधे को सहारा नहीं दिया जाए तो जो फल नमी अवस्था में मृदा के सम्पर्क में आता है वह सड़ जाता है। अतः ऐसा फल बाजार में बेचने योग्य नहीं रहता एवं एक अनुमान के अनुसार लगभग 40 प्रतिशत फलों का नुकसान हो जाता है जब टमाटर का पौधा रोपाई के बाद 25—30 दिन का हो जाए तब सहारा देने का कार्य करना चाहिए।

सहारा देने के लिए नाइलोन/प्लास्टिक (High density) रस्सी से बांधा जाता है जो की सतह से 3 मीटर उचाई पर क्षैतिज रूप से बंधे हुए तार से लटकी रहती है।

पौधो को आकार देना (Shape of the plant)

टमाटर के पौधो की ट्रेनिंग एक मुख्य तना रखते हुए किया जाता है (Single Stem) पौधो को प्लास्टिक रस्सी से उसके आधार के चारो ओर से बांध कर की जाती है। जीआर तार कम से कम 3 मी. की उचाई पर हो। बैड की सतह से, जीआर तार को पौधे के साथ घड़ी के क्रमानुसार (Clock Wise) बांधना चाहिए।

शीर्ष कर्तन (De-Topping)

वृद्धि कारक बिन्दु और छोटे फलों के गुच्छो को पौधे के शीर्ष हिस्से से हटाना, डी–टांपिग कहलाता है यह क्रिया फलों की तीर्व वृद्धि और आकार को सुधारने में सहायक होती है जो की पौधो के निचले हिस्से में होती है।

परागण (Pollination)

सामान्य टमाटर स्व–परागित फसल है, ग्रीन हाउस खेती में परागण के लिए हस्त परागण का उपयोग किया जाता है इस विधि में हाथों की बहुत हल्के से फूलों पर फेरा जाता है, हाथ द्वारा परागण में समय का विशेष ध्यान रखना चाहिए। जब आद्रता 50–70 प्रतिशत हो, परागण सप्ताह में कम से कम दो बार करना चाहिए। अनियंत्रित परागण से फल सही आकार के नही रह पाते और उत्पादन में कमी आ जाती है।

अनावश्यक पत्तियों को हटाना (De Leafing)

जब लताएँ नीचे लटके पत्तियाँ सतह को छूने लगे तब पत्तियों को हटा देना चाहिए जिससे रोगों के आक्रमण को कम किया जा सकता है, प्रकाश में एवं हवा के संचार में वृद्धि होती है, अनावश्यक पत्तियों को हटाने से ज्यादा कार्बोहाइड्रेड का निर्माण होता है परिमाणतः उपज में वृद्धि होती है यह क्रिया सभी प्रकार के टमाटर में की जाती है।

7.23 रोग कारण एवं निदान

डेमपिंग ऑफ (कमर तोड़)

सामान्यतः 'कमरतोड़' पौधशाला में पौध की मौत के लिए एक सामान्य शब्द है, ये अत्यधिक गीलापन होने के कारण पौधों के उगने के तुरंत बाद या कुछ दिन बाद शुरू होती है। यह एक कवक रोग है जो सभी प्रकार की मिट्टी में हो सकता है कमरतोड़ से प्रभावित पौध उगने से पहले या तुरंत बाद गिर कर खत्म हो जाती है। कमरतोड़ आम तौर पर जल निकासी ना होने से या उन क्षेत्रों में जहाँ की मिट्टी कठोर होती है अथवा पानी खड़ा हो जाता है तथा पौधरोपण के तुरंत बाद अत्यधिक पानी के सम्पर्क में आने से आती है।

प्रबंधन

- उचित नर्सरी प्रक्षेत्र की तैयारी और अच्छा जल निकास प्रबन्धन से इस बीमारी को कम किया जा सकता है। अंकुरण के लिए छिड़काव विधि का उपयोग करके तथा पानी के बेहतर नियंत्रण रखने से संक्रमण की संभावना कम हो जाती है।
- ट्राइकोडर्मा विरडी (4 ग्राम/किग्रा) या स्यूडोमोनास (10 ग्राम/किग्रा) से बुवाई से 24 घंटे पहले बीज को उपचारित करें ।
- स्यूडोमोनास फ्लूओरेसेंस को गोबर की खाद के साथ (5 किलो/50 किलो प्रति हैक्टेयर) मिश्रित कर मिट्टी में मिलाएँ। पानी का ठहराव नही होने देना चाहिए। कॉपर ओक्सीक्लोराइड (2.5 ग्राम/लीटर) से एक वर्ग मीटर क्षेत्र को भिगोएँ।

फ्यूजेरियम विल्ट

फ्यूजेरिअम कवक जनित रोग है जो जड़ों के माध्यम से पूरे पौधों को संक्रमित करता है। इससे संक्रमित पौधों की शाखाएँ और पत्ते पीले हो जाते हैं। कभी–कभी एक शाखा या पौधे के एक तरफ का भाग प्रभावित हो जाता है। संक्रमित पौधे अक्सर मर जाते हैं।

फ्यूजेरियम विल्ट

प्रबंधन

- नर्सरी बैड की तैयारी से पहले मिट्टी को अच्छे से धूप लगाएँ ।
- पहले बीज को स्यूडोमोनास फ्लोरसेंस (पीएफ) (10 ग्राम/किग्रा) के साथ उपचार करे।

टोमेटो स्पाटेड विल्ट वायरस

लक्षण : पौधों में यह वायरस माहू द्वारा फैलता है। ये कई रंगों की होती है। इस रोग में पत्ती की उपरी सतह पर काले–पीले धब्बे एवं पत्तियाँ सिकुड जाती है।

प्रबंधन : कीटनाशी का उपयोग माहू को खत्म करने के लिए उपयोग करें जैसे इनीडाक्लोरप्रिड 200 एस एल 5 मिली/लीटर या डाइमेथोएट 30 ईसी 1 मिली/लीटर की दर से छिड़काव करना चाहिए।

टोमेटो स्पाटेड विल्ट वायरस

ग्रे मोल्ड

लक्षण : यह रोग बोट्राइटिस नामक कवक से होता है। इस रोग से अनियमित धब्बे फल के उपर दिखाई देते हैं। अत्यधिक ठंड और नमी की स्थिति में कवक के विषाणु फल के उपरी सतह पर दिखाई देते हैं।

ग्रे मोल्ड

प्रबंधन : गर्म जल से उपचार 50–53 डिग्री सेल्सियस पर 2 से 3 मिनट तक करें।

पाउडरी मिल्डयू

लक्षण : ग्रीन हाउस में पाउडरी मिल्डयू का प्रकोप सबसे अधिक होता है। इसमें पत्तियों के ऊपर सफेद पाउडरनुमा परत दिखाई पड़ती हैं। यह फंगस पौधे के तनों एवं फूलों की कलियों पर भी दिखाई देती है। इस रोग में पौधे की पत्तियों की कोशिकाएँ मर जाती है।

पाउडरी मिल्डयू

प्रबंधन : तापक्रम 21°C से 27°C के बीच रहना चाहिए, पाउडरी मिल्डयू का प्रकोप कम बारिश की वजह या बिल्कुल बारिश न होने की वजह से ज्यादा फैलता है।

छोटी पत्ती रोग

संक्रमित टमाटर का पौधा शुरू में छोटे कद का और सीधा दिखता है बाद में संक्रमित पौधों में वृद्धि कम होती है और दूसरे पौधों की अपेक्षा बहुत छोटा रह जाता है। संक्रमित पौधों की पत्तियाँ छोटी होती हैं और ऊपर की ओर मुड़ी, पीली दिखने लगती हैं। आमतौर पर संक्रमित पौधों पर गठित फूल विकसित नहीं हो पाते हैं और गिर जाते हैं। अगर पौधों में संक्रमण जल्दी हो जाता है तो फलों का उत्पादन बहुत ही कम हो जाता है।

प्रबंधन

रोग ग्रसित पौधें को उखाड़कर जला दें। थायोमिथाक्सोम 0.66 ग्राम/ली पानी में मिलाकर 15 दिन के अंतराल पर छिड़काव करें।

टमाटर का पत्ता धब्बा रोग

बैक्टीरियल धब्बा रोगजनक पौधे के सभी भागों को सक्रंमित करता हैं जैसे पत्तियों, तना, फूल और फल। प्रारंभिक पत्ती पर लक्षण एक पीले रंग की प्रभामंडल से घिरा हो सकता है, जो छोटे, गोल से अनियमित, गहरे घावों जैसे होते हैं। घाव, पत्ती के किनारों

और अग्र भाग पर 3–5 मिमी व्यास के आकार में वृद्धि करते हैं। प्रभावित पत्तियां झुलसी हुई दिखाई देती है।

प्रबंधन

- सभी संक्रमित पौधों को निकाल देना चाहिए और आगे फैलने से बचने के लिए इन्हें नष्ट कर देना चाहिए।
- मिथाइल डेमोटान या डाइमेथोएट जैसे कीटनाशक का 2 मिली/लीटर की दर से सफेद मक्खी को मारने के लिए छिड़काव करना चाहिए।

अगेती झुलसा

इस रोग के कारण पत्ते, तने और फल पर वृत्ताकार छोटे काले या भूरे रंग के धब्बे विकसित हो जाते हैं। पत्ते पर धब्बे कठोर होते हैं और अक्सर एक गहरे अंगूठीनुमा दिखते हैं। वे आम तौर पर पहले पुरानी पत्तियों पर दिखाई देते हैं। फल पर धब्बे शुष्क, धँसे हुए गहरे होते हैं।

प्रबंधन

- प्रभावित पौधे के भागों का संग्रह करके नष्ट कर देना चाहिए।
- डाइथेन एम 45 (2.5 ग्रा/लीटर) या क्लोरोथोलोनिल 25 ड्ब्ल्यू पी (कवच) का 2 ग्रा/लीटर का छिड़काव करना चाहिए।

अगेती झुलसा

पछेती अंगमारी

पत्ते पर पछेती अंगमारी के लक्षण सबसे पहले छोटे, पानी से लथपथ क्षेत्रों में दिखाई देते हैं जो तेजी से बैंगनी–भूरे रंग, तेल से दिखने वाले धब्बों के रूप में दिखाई देते हैं। इस रोग से पूरे पत्ते सूख जाते हैं और संक्रमण जल्दी से पर्णवृन्त और युवा तने में फैल जाता है। संक्रमित फल भूरे रंग का हो जाता है।

प्रबंधन

डाइथेन एम 45 (2.5 ग्रा/लीटर) या क्लोरोथोलोनिल 25 ड्ब्ल्यू पी (कवच) का 2 ग्रा/लीटर का छिड़काव करना चाहिए।

पछेती अंगमारी

7.24 कीट नियंत्रण एवं निदान

कुछ प्रमुख कीटों का विवरण नीचे दिया जा रहा है जो पालीहाउस में सामान्य है।

सफेद मक्खी

इस कीट के प्रकोप से पत्तियाँ पीली पड़ जाती है एवं पत्तियों की निचली सतह पर इनहें देखा जा सकता है। यह कीट एक प्रकार का चिपचिपा पदार्थ छोड़ते हैं जिससे मोल्ड की वृद्धि हो जाती है। सफेद मक्खियों द्वारा अर्क चूसने के कारण पौधे कमजोर हो जाते हैं और यह प्रत्यक्ष नुकसान होता है। अगर पौधों के आस–पास पानी भरा हुआ है तो नुकसान और अधिक गंभीर हो सकता है। सफेद मक्खी (बेमिसिआ टबैकी) बायोटाइप 'बी' टमाटर पत्ती कर्ल वायरस के संक्रमण और संचारित होने से फसल के पूर्णरूप से नुकसान होने का खतरा हो जाता है।

प्रबंधन

- वयस्क को आकर्षित करने के लिए 12/हैक्टेयर की दर से पीला चिपचिपा ट्रैप लगाए।
- सफेद मक्खी पत्ती कर्ल वायरस के प्रसार करने में वेक्टर के रूप में कार्य करती हैं, सभी प्रभावित पौधों को आगे प्रसार से बचाने के लिए उखाड़कर निकाल देना चाहिए।
- कार्बोफ्यूरान 3 जी (40 किग्रा/हैक्टेयर) को खेत में डालें या डाइमेथोएट 30% ई सी 1 मिली/लीटर या मैलाथियान 50 ई सी 1.5 मिली/लीटर का छिड़काव करें।

सफेद मक्खी

थ्रीप्स

ये सफेद व भूरे रंग के होते हैं जो पत्तियों के उपरी सतह पर दिखाई देते हैं। जिससे पत्तियाँ सिकुड जाती है।

थ्रीप्स

प्रबंधन : नीम तेल (0.5 मिली / ली) का छिड़काव करें।

माहू

माहू की कई प्रजातिया ग्रीनहाउस के अंदर पाई जाती है। ये कई रंगों की होती है। यह कीट सामान्यतः कलियों और पत्तियों को अंदर की तरफ से खाती है।

प्रबंधन

- एसटाप का 1 ग्राम प्रति लीटर के हिसाब से छिड़काव करें।
- इमीडाक्लोप्रिड 200 एस एल 5 मिली / लीटर या डाइमेथोएट 30 ई सी 1 मिली / लीटर की दर से छिड़काव करना चाहिए।

माहू

नेमाटोड

नेमाटोड एक मृदा जीवी कीट है जिसे आँखों के द्वारा नही देखा जा सकता है। इन्हें सूक्ष्मकृमि भी कहते हैं और केवल माइक्रोस्कोप की सहायता से देखा जा सकता है नेमाटोड की कई प्रजातियां पाई जाती है, जो पौधे को सीधे हानि पहुँचाती है।

नेमाटोड

प्रबंधन : फोरेट की 6.0 ग्राम प्रति लीटर की मात्रा को प्रति वर्ग मीटर के हिसाब से छिड़काव करें या डेकोमेट की 6.0 ग्राम प्रति लीटर की मात्रा को प्रति वर्ग मीटर के हिसाब से छिड़काव करें।

इल्ली

इल्ली ग्रीनहाउस में सामान्यतौर पर अधिक लगने वाला कीट है। जो पत्तियों को खाकर नुकसान पहुँचाती है पत्तियों के अलावा पौधे के कई अन्य भागों को काटकर भी नुकसान पहुँचाती है जिससे पौधे की वृद्धि पर विपरीत असर पड़ता है।

प्रबंधन

साइपरमेथ्रिन जो पोलीट्रीन नाम से बाजार में उपलब्ध है की 0.5 मिली प्रति लीटर पानी में मिलाकर छिड़काव करें। 'मोनोसिल जो मोनोक्रोटोफास के नाम से बाजार में उपलब्ध है की 1.0 मिली प्रति लीटर पानी में मिलाकर छिड़काव करें।

इल्ली

मकड़ीनुमा लाल घुन

मकड़ी जैसे लाल रंग का घुन, पत्ते के नीचे धागेनुमा आकृति बनाकर उसका रस चूसती है। जिससे पत्ते का ऊपरी भाग पीले रंग जैसा दिखाई देता है। बाद में पत्ता मुड़कर पूरी तरह से सूख जाता है। जिससे पैदावार पर प्रतिकूल प्रभाव पड़ता है। यह कीट गर्म आर्द्र जलवायु में अधिक सक्रिय हो जाता है।

प्रबंधन

डाइकोफाल (केल्थेन) 18.5 ई सी 2 मिली/लीटर का पत्ते के ऊपर व नीचे छिड़काव करने से कीट मर जाता है।

7.25 टमाटर में दैहिक विकार

1. ब्लोसम ड्राप : अत्यधिक तापमान एवं सूखें की अवस्था में यह विकार उत्पन्न होता है। जिसके कारण टमाटर में परागण की समस्या उत्पन्न होती है एवं फूल सूख कर झड़ने लगते हैं।

प्रबंधन : गर्मियों के मौसम में नमी की कमी न होने दें।

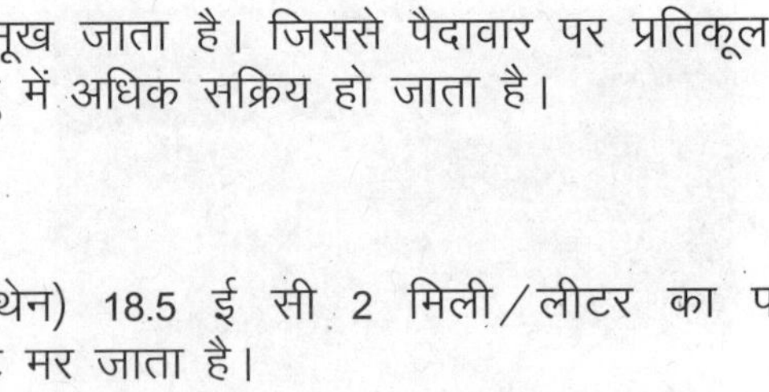

ब्लोसम ड्राप

2. ब्लोसम एण्ड रॉट : यह विकार फलों के ऊपर उत्पन्न होता है जिसमें फलों के ऊपर काले रंग की संरचना दिखाई देती है। केल्शियम की अत्यधिक कमी के कारण यह विकार उत्पन्न होता है। कभी–कभी नाइट्रोजन की अत्याधिक मात्रा होने के कारण भी यह विकार होता है।

प्रबंधन : केल्शियम युक्त उर्वरकों का उपयोग करें।

ब्लोसम एण्ड रॉट

3. सनस्केल्ड : फलों का सूर्य के प्रकाश से सीधा सम्पक्र में आने से यह विकार उत्पन्न होता है। फलों के जिस भाग में सूर्य की किरणें अत्यधिक पड़ती है। उस भाग का रंग हल्का सफेद और पीला पड़ जाता है। जिसमें फलों की गुणवत्ता में कमी आ जाती है एवं इसका बाजार मे अधिक मूल्य नही मिल पाता है।

प्रंबधन : अत्यधिक गर्मी के समय पौधों को कम मूल्य की संरचना जैसे लकड़ी या लोहे से बना टनल या छायादार से ढ़क देना चाहिए।

सनस्केल्ड

4. फ्रूट क्रेकिंग (फलों का फटना) : बोरान की कमी के कारण टमाटर में यह विकार उत्पन्न होता है।

प्रबंधन : पौधा लगाने से पहले बोरेक्स (25 किग्रा/हैक्टर) नामक उर्वरक का उपयोग करना चाहिए।

फ्रूट क्रेकिंग

5. केटफेसिंग : फूलों के खिलने के समय यदि ठण्डा मौसम हो या लगातार बादल छाए हो तब यह विकार उत्पन्न होता है।

प्रबंधन : छोटे फलों के आकार वाली प्रजाति का उपयोग करें।

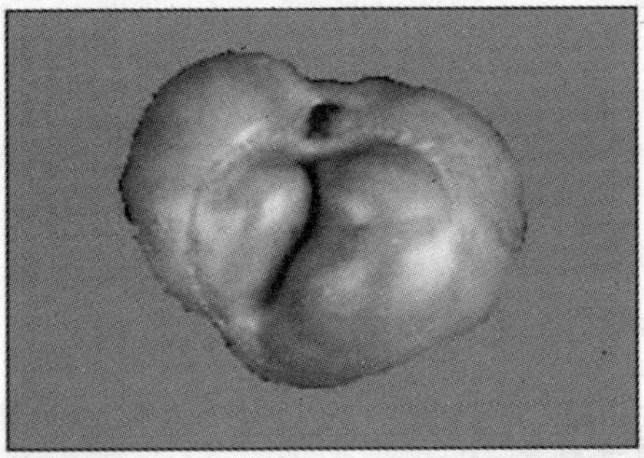

केटफेसिंग

6. पफनेस : तापमान के उतार चढ़ाव एवं नाइट्रोजन की अत्याधिक मात्रा देने के कारण यह विकार उत्पन्न होता है।

प्रबंधन : नाइट्रोजन की उचित मात्रा का प्रयोग करें।

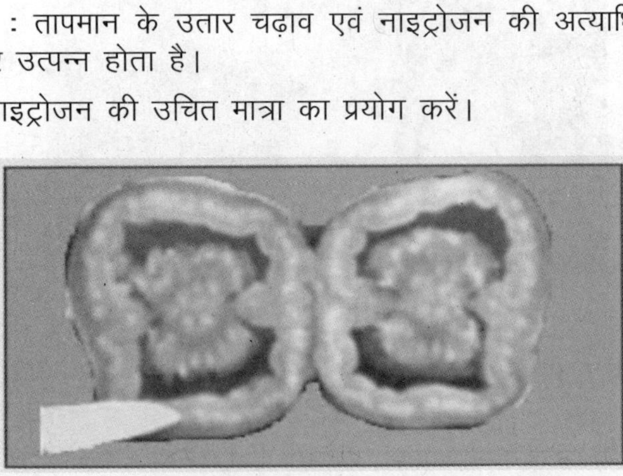

पफनेस

सारणी 7.4 परिपक्वता विवरण यूएसडीए के अनुसार टमाटर की परिपक्वता को छः भागों में बांटा गया है।

क्र.सं.	श्रेणी	विवरण
1	हरा	इसमें टमाटर को हल्का हरा तोड़ लेते हैं।
2	गहरा हरा	जब टमाटर का रंग गहरा हरा हो जाए तो तोड़ लिया जाता है।
3	हल्का गुलाबी	अगर टमाटर में 10 प्रतिशत हल्का गुलाबी रंग आ जाए तो तोड़ लेते हैं।
4	गुलाबी	अगर टमाटर में 30 प्रतिशत गुलाबी रंग आ जाए तो तोड़ लेते हैं।
5	हल्का लाल	अगर टमाटर में 60 प्रतिशत हल्का लाल रंग आ जाए तो तोड़ लेते हैं।
6	लाल	अगर टमाटर में 90 प्रतिशत लाल रंग आ जाए तो तोड़ लेते हैं।

टमाटर की हार्वेस्टिंग इस पर निर्भर करेगी की आपको अपना उत्पाद कितनी दूरी पर भेजना है अगर दूरस्थ बाजारों में उत्पाद को भेजना है तो 01 से लेकर 04 तक की श्रेणी को आप अपना सकते हैं और अगर निकट के बाजार में भेजना हो तो 05 से लेकर 06 की श्रेणी को आप अपना सकते हैं।

7.26 फलो की तुड़ाई

टमाटर रोपण के 60–75 दिन बाद फलों की तुड़ाई शुरू हो जाती है, जो की 8–9 माह तक निरंतर रहती है तुड़ाई प्रतिदिन या एक दिन के अंतराल से बाजार की दूरी के अनुसार करनी चाहिए।

उपज : अनुकूल परिस्थितियों में टमाटर की 8–10 किग्रा/पौधे से उपज प्राप्त की जा सकती है।

7.27 आर्थिक विश्लेषण

एक एकड़ क्षेत्र के लिए टमाटर के 12000 पौधों की आवश्यकता होती है। एक पौधे से लगभग 8 किलोग्राम फलों का उत्पादन प्राप्त होता है, एवं एक किलो टमाटर का औसतन मूल्य 20 रू प्रति किलो होता है जो की बाजार भाव के उतार–चढ़ाव पर निर्भर करता है।

सारणी 7.5 ग्रीन हाउस में टमाटर उत्पादन का आर्थिक विश्लेषण (एक एकड़)

वर्ष	**प्रथम वर्ष**	**द्वितीय वर्ष**	**तृतीय वर्ष**	**चतृर्थ वर्ष**	**पंचम वर्ष**
प्रति वर्ष सकल आय	1920000	1920000	1920000	1920000	1920000
प्रति वर्ष कार्यशील पूंजी	580000	580000	580000	580000	580000
सावधि ऋण पर ब्याज	200583	160467	120350	79431	39716
मूल्यह्रास	401167	361050	324945	292451	263206
पौधों व फिल्म का प्रतिस्थापन (प्रत्येक पाँचवे वर्ष में फिल्म का प्रतिस्थापन)	36000	36000	36000	36000	362000
पुनर्भुगतान की राशि	401167	401167	401167	401167	401167
प्रति वर्ष शुद्ध लाभ	**301083**	**381316**	**457538**	**530952**	**273912**

(स) ग्रीनहाउस में खीरे का उत्पादन एवं प्रबंधन

खीरा कुकुरबिटेसी कुल की मुख्य फसल है यह पूरे भारत में उगाई जाती है। इसे सामान्यतः ककड़ी के नाम से भी जाना जाता है। ककड़ी को सब्जी, सलाद एवं अचार के रूप में प्रयोग किया जाता है। कब्ज, पीलिया आदि रोग में खीरे का उपयोग प्रभावी है खीरा सामान्यतः गर्म मौसम की फसल है जिसके लिए अनुकूल तापमान 18 डिग्री सेल्यिस से 24 डिग्री सेल्यिस की आवश्यकता होती है।

मृदा : खीरे को दोमट मिट्टी, रेतीली, भारी मृदा जिसका पी एच मान 5.5 –6.7 के बीच हो आसानी से उगाया जा सकता है।

7.28 बीज बोने का उचित समय : खीरे को सामान्यतः दो बार लगाया जाता है।

- जनवरी–फरवरी
- जून–जुलाई

बीज की मात्रा : एक हैक्टयर के लिए 2.5 से 4 किग्रा बीज की आवश्यकता होती है।

बीज का उपचार : बीजों को बोने से पूर्व 4 ग्राम/किग्रा स्यूडोमोनास फ्लोरिसेंस या 10 ग्राम/किग्रा कार्बन्डाजिम से उपचारित करना आवश्यक है।

बीज की बुवाई करना : बीजो की बुवाई बैड पर ही की जाती है एक जगह में 2 बीजों को बोया जाता है अंकुरण के पश्चात् स्वस्थ पौध को रखते हुए कमजोर पौध को निकाल दिया जाता है।

7.29 खीरे की प्रमुख जातियाँ

जापानी लोंग ग्रीन, स्ट्रेंथ एट, हिमांगी, शीतल प्रिया, फूले सुभांगी आदि।

7.30 खीरा रोपण की विधि

बेड की तैयारी

बेड की तैयारी करना एक विशेष महत्वपूर्ण कार्य है बैड का प्रद्यूमन के लिए हम फार्मलीन का प्रयोग करते हैं जिसमें 37–40 प्रतिशत फार्मल्डीहाइड रहता है निर्जलीकरण के लिए फार्मलीन को पानी के साथ 1 : 10 की अनुपात में मिलाए। ड्रेचिंग के लिए फार्मलीन की मात्रा 7.5 ली. प्रति 10 वर्ग मी. की दर से रखते हैं। 500 वर्ग मी. में पॉली हाउस के लिए फार्मलीन की मात्रा 37.5 ली. रखी जाती है।

बेड का आकार

बेड की ऊपर की चौड़ाई – 90 से.मी.

पाथ की चौड़ाई – 50 से.मी.

बेड की ऊँचाई – 40 से.मी.

बेड की निचले हिस्से की चौड़ाई – 100 से.मी

रोपण की दूरी

पौधों से पौधों की दूरी 60 से.मी.,

पंक्ति से पंक्ति की दूरी 50 से.मी.

7.31 खीरा में सिंचाई प्रबंधन

- पौध रोपण के पश्चात् जब तक पौधे ठीक ढंग से स्थापित नही हो जाते, नमी की कमी नही होनी चाहिए।
- खेतों की अपेक्षा पॉलीहाउस में जल उपभोग क्षमता अधिक होती है।

- अगर जल उपयोग क्षमता अधिक होगी तो उर्वरक उपयोग क्षमता भी अधिक होगी।
- सिंचाई को हम ड्रिप (टपक) विधि से देते हैं।
- पॉलीहाउस में हम मल्च और फर्टीगेशन (उर्वरक को ड्रिप विधि से देना) का उपयोग करते हैं तो इससे उत्पादन बढ़ जाता है।

7.32 फर्टीगेशन

ग्रीनहाउस में खीरे की उचित बढ़वार के लिए पानी एवं पोषक तत्वों का विशेष महत्व है। खीरा को 175:75:75 किलो ग्राम प्रति हैक्टर उर्वरकों की आवश्यकता पड़ती है जिसमें 25 प्रतिशत नाइट्रोजन और 75 प्रतिशत फास्फोरस को फसल रोपने से पहले दे देते हैं।

सारणी 7.6 खीरे में फर्टीगेशन

संख्या	फसल की अवस्था	फसल की अवधि	उर्वरक श्रेणी	पोषक तत्व उपलब्धता (किग्रा/है.)		
				नाइट्रोजन	फास्फोरस	पोटाश
1	फसल रोपण से लेकर स्थापित होने तक	10	19:19:19	3.75	3.75	3.75
			13:0:45	1.07	–	3.75
			यूरिया	10.19	–	–
कुल योग				**15.01**	**3.75**	**7.50**
2	वृद्धि अवस्था	20	12:61:0	1.09	5.63	–
			13:0:45	–	–	22.49
			यूरिया	43.91	–	–
कुल योग				**45.00**	**5.63**	**22.49**
3	फूल आने से लेकर पहली फल टूटने तक	20	19:19:19	5.62	5.63	5.63
			13:0:45	2.62	–	9.37
			यूरिया	36.71	–	–
	कुल योग			**45.00**	**5.63**	**15.0**
4	पहली फल टूटने से लेकर अंतिम बार टूटने तक	40	12:61:0	0.73	3.75	–
			13:0:45	8.57	–	30
			यूरिया	35.69	–	–
				44.99	**3.75**	**30**
5	**कुल योग**	**90**		**150.0**	**18.75**	**75**

7.33 पोषक तत्वों के विकार

पोषक तत्वों के विकारों के लक्षण अधिकतर पत्तों एवं खीरे पर दिखाई पड़ते हैं। पॉलीहाउस में सबसे ज्यादा पाए जाने वाले पोषक तत्वों के विकार पोटाशियम एवं बोरोन की कमी से होते हैं जिसमें पोटेशियम के कारण पुरानें पत्तों की नसों के बीच में पीलापन पाया जाता है। तथा बोरोन की कमी के कारण खीरे के फलों पर पीली धारियां एवं सख्त निशान पाए जाते हैं। खाद का जरूरत से ज्यादा उपयोग भी एक आम समस्या है जिसमें पौधें झुके हुए से होते हैं तथा पत्ते भी मोटे तथा भद्दे हो जाते हैं तथा पुराने पत्तों के किनारों पर पीलापन दिखाई पड़ता है। चूंकि खाद के उपयोग से पौधे स्वस्थ होते हैं तथा अच्छी पैदावार होती है किन्तु एक सीमा के बाद खाद खतरनाक बन जाती है। जिससे पौधें छोटे रह जाते हैं एवं फल उत्पादन पर भी बुरा प्रभाव पड़ता हैं। इस कारण से खाद की मात्रा नियमित तौर पर मिट्टी एवं पत्तों तथा पत्तों के लक्षणों की जाँच के आधार पर होनी चाहिए न की इस आधार पर की खाद अच्छी है तो इसे ज्यादा मात्रा में दे दिया जाए। उत्पादक ज्यादातर पत्तों के लक्षणों को अनदेखा कर देते हैं क्योंकि उन्हें लगता है की इस सीधा असर खीरे की गुणवत्ता पर नही पड़ेगा। किन्तु वह यह भूल जाता है की अगर पत्ते साफ एवं स्वस्थ नहीं होगें तो पौधों की फल बनाने के लिए जरूरी आहार नही मिल पाएगा इससे पौधें स्वस्थ नही होगें तथा उत्पादन एवं गुणवता भी ठीक नहीं होगी। इससे फसल की अवधि भी कम हो जायेगी। एक महत्वपूर्ण बात यह है की पौधें के पत्तों पर लक्षण तभी दिखते हैं जब पोषक तत्वों की समस्या गम्भीर हो गई हो। इस कारण से लक्षण से पहले संकेत मिलते हैं उसका उपचार करना चाहिए।

पोषक तत्वों के विकारों की पहचान

1. **आँखों से देखकरः** फसल के पोषक तत्वों के विकार को पत्तों के लक्षण देखकर तुरन्त पहचाना जा सकता है। पौधें पोषक तत्वों की कमी या अधिकता को खास लक्षणों द्वारा प्रकट करते हैं। इन लक्षणों के आधार पर समस्या को पहचाना जा सकता है।

सारणी 7.8 पोषक तत्वों के सबसें सामान्य विकार पहचानने के तरीके

(क) लक्षण जो पुराने पत्तों पर दिखाई देते हैं –

1	नत्रजन की कमी	पीले पत्ते, छोटे पौधे
2	फॉस्फोरस की कमी	बिना चमक के पत्ते, भूरे–हरे से बैंगनी, पौधे की बढ़ोतरी अच्छी नही होती
3	क्लोराइड की कमी	पौधे का मुर्झाना, गहरे रंग के मोटे पत्ते, पत्तों के किनारों पर पीलापन
4	पौटेशियम की कमी	पत्तों का जलना तथा किनारों तथा पीलापन।
5	मैंग्निशियम की कमी	पत्तों की नसों के बीच में पीलापन जो बाद में थोडा जला हुआ लगता है।
6	मैंगनीज की कमी	पीटियोल पर तथा नसों के बीच में लाल धब्बे।
7	बोरोन की कमी	पत्तों के किनारों पर गहरे पीले रंग का बैंड बन जाता है जब जहरीलापन ज्यादा होतो नए पत्ते भी पीले पड़ जाते हैं तथा मुड़ जाते हैं।

(ख) लक्षण जो पहले नए पत्तों पर आते हैं –

1	लोहे की कमी	पत्तों पर हल्के हरे रंग का नसों का कंकाल सा बन जाता है।
2	जिंक की कमी	नए पत्तों का पेल–ग्रीन होना, नसों के बीच में हल्के भूरे रंग के धब्बे होना।

(ग) लक्षण जो पहले नए एवं पुराने पत्तों में आते हैं –

1	मैंग्निशियम की कमी	पत्तों का मुर्झाना, हल्के पीले–हरे से पीलापन जिससे पत्तियों की नसे दिखाई देने लगती है।

(घ) लक्षण जो पहले फल एवं बढ़ते हुए अंगों पर आते हैं –

1	कैल्शियम की कमी	फल एवं बढ़ते अंगों का खत्म होना।
2	बोरोन की कमी	फल के ऊपर पीली धारियाँ एवं अंदर सख्त होना, नए पत्तों का मुड़ना एवं उगते अंगों का भरना।

नत्रजन की कमी के लक्षण

ज्यादातर सभी पौधों को नत्रजन की आवश्यकता अधिक पड़ती है। नत्रजन पौधों में बढ़ोतरी के लिए जिम्मेदार होता है तथा इसकी कमी पौधे की फोटोसिंथेसिस प्रक्रिया पर असर डालता है। नत्रजन क्लोरोफिल के उत्पादन के लिए चाहिए होता है जो की सूर्य की रोशनी को पौध के लिए ऊर्जा में बदलना है। नत्रजन की कमी के कारण वानस्पतिक एवं फल उत्पादन दोनों पर बुरा प्रभाव पड़ता है। पौधे पीले एवं टेढ़े–मेढ़े नजर आते हैं। नए पत्ते छोटे एवं हरे रहते हैं परन्तु पुराने पत्ते पीले हो जाते हैं तथा मुरझा जाते हैं। अगर समय पर कमी को पूरा नहीं किया गया तो पीलापन सारे पौधे में फैल जाता है जिससे उत्पादन कम हो जाता है तथा फल छोटे, पीले तथा मोटे हो जाते हैं।

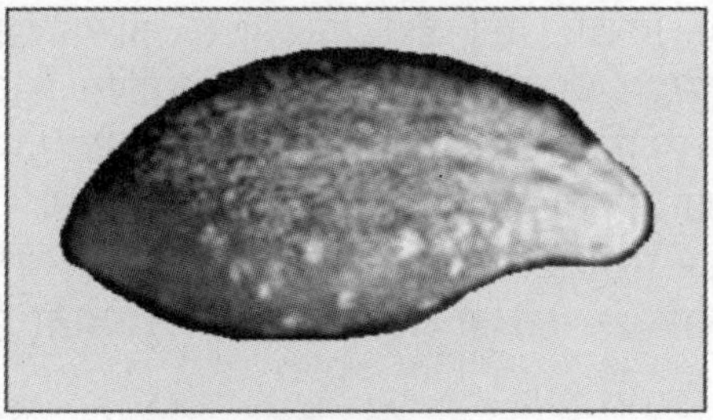

नाइट्रोजन की कमी के लक्षण

उपचार

नत्रजन की कमी को पूरा करने के लिए 120–100 कि. ग्रा. प्रति हैक्टेयर के हिसाब से डालें अथवा हर पखवाड़े के बाद 2 प्रतिशत यूरिया का पत्तों पर छिड़काव करें। यदि खीरे की फसल मिट्टी रहित मीडिया में उगाई जा रही है तो पोषक तत्वों के घोल का उपयोग करें जिसमें 150–200 पी पी एम नत्रजन हो।

फॉस्फोरस

पौधों को फॉस्फोरस की जरूरत वृद्धि की हर अवस्था में होती है किन्तु पौधों के स्थापित तथा शुरूआती बढ़ोतरी के समय इसकी जरूरत सबसे ज्यादा होती है। खीरे में लम्बें समय तक फल उत्पादन के लिए फॉस्फोरस की लगातार सप्लाई अत्यावश्यक है। जिन पौधों में फॉस्फोरस की कमी हो जाती है, उनकी जड़ें कमजोर होती हैं पौधे छोटे होते हैं तथा पत्ते छोटे, गहरे भद्दे भूरे–हरे रंग के होते हैं। पौधे का सबसे पुराना पत्ता चमकीला पीला रंग का हो जाता है किन्तु उसके ऊपर वाला पत्ता हरा ही रहता है। पूर्ण विकसित पत्तों के नसों के बीच भूरे रंग के धब्बे पड़ जाते हैं और धीरे–धीरे बढ़ते रहते हैं जब तक पत्ता मुरझा नहीं जाता। फल भी कम लगते हैं जिससे की उत्पादन पर बुरा असर पड़ता है।

फास्फोरस की कमी के लक्षण

उपचार

एक बार फॉस्फोरस की कमी होने के बाद में मिट्टी में डालने या छिड़काव के प्रति पौधे जल्दी से असर नहीं दिखाते हैं। इस कारण से फॉस्फोरस पौधे लगाने से पहले मिट्टी में डालें। इसलिए मिट्टी की जाँच के पश्चात् निर्धारित मात्रा में फॉस्फोरस डालें। घुलनशील फॉस्फोरस (फॉस्फोरिक एसिड) को फर्टिगेशन के द्वारा डालने से भी बीमार पौधों का उपचार किया जा सकता है किन्तु यह भी लम्बे समय तक असरदार नहीं होता है। मिट्टी रहित मीडिया में उगाई जा रही फसल के लिए पोषक तत्वों के घोल का उपयोग कर सकते हैं जिसमें 25–50 पी पी एम फॉस्फोरस होता है।

पौटेशियम

पोटाशियम की कमी वाले पौधे बहुत जल्दी मुरझा जाते हैं। चूँकि पौटेशियम चलित होता है, जब इसकी कमी होती है तो यह नये पत्तों की तरफ बढ़ने लगता है। पौटेशियम की कमी वाले पौधों की हालांकि बढ़ोतरी पर अधिक असर नहीं पड़ता है किन्तु फल उत्पादन एवं गुणवत्ता में बहुत कमी आ जाती है। पौटेशियम की कमी के कारण पुराने पत्ते पीले हो जाते हैं तथा जल जाते हैं। यह लक्षण पत्तों के किनारों से शुरू होते हैं तथा पत्तों के बीच में नसों तक फैल जाते हैं। जब तक की यह विकार बहुत अधिक न

फैल जाएं, पत्तों की नसों के आसपास का क्षेत्र हरा रहता है। एक भूरे रंग का क्षेत्र बन जाता है पत्ते जैसे–जैसे सूखने लगते हैं दूसरे पत्तों में यह लक्षण दिखने लगते हैं। यह लक्षण गर्म मौसम में ज्यादा तेजी से फैलते हैं। फल तने के ऊपर पूरी तरह से नही फैलते हैं जबकि दूसरे छोर पर फूले हुए लगते हैं।

पौटेशियम की कमी के लक्षण

उपचार

मिट्टी की जाँच करवा लें तथा निर्धारित मात्रा में ही पौटेशियम डालें। फर्टिगेशन का इस्तेमाल भी फसल में पोटाश की कमी को दूर करने के लिए किया जा सकता है। छिड़काव इसमें कम असरदार होता है तथा पत्ते जल भी सकते हैं। मिट्टी रहित मीडिया के लिए पोषक तत्वों का घोल जिसमें की पोटाश 150–200 पी पी एम इस्तेमाल करें।

कैल्शियम

पौधों में कैल्शियम कोशिकाओं की झिल्ली तथा कोशिकाओं की दीवारों की ताकत के लिए जिम्मेदार होता है। ज्यादातर कैल्शियम के विकार अनुपयुक्त वातावरण के कारण होते हैं न की कमी के कारण। जब खीरा लगातार आर्द्र परिस्थितियों में उगाया जा रहा हो तो इसकी कमी आ सकती है। अगर इसकी कमी बहुत अधिक हो जाती है तो फूल मुरझा सकते हैं तथा बढ़ते हुए अंग मर जाते हैं। कैल्शियम की कमी वाले पौधों के फल छोटे एवं स्वादहीन होते हैं तथा तने की तरफ पूरी तरह बढ़ते नहीं है।

उपचार

कैल्शियम की कमी कैल्शियम नाइट्रेट (800 ग्राम/100ली) छिड़काव से कम की जा सकती है। ज्यादा अम्लीय मिट्टी में चुना मिलाएं तथा अमोनिया एवं पोटाशयुक्त उर्वरक का प्रयोग कम करें। मिट्टी रहित मीडिया में 150–200 पी पी एम कैल्शियमयुक्त पोषक तत्व घोल का प्रयोग करें।

मैग्निशियम

यह क्लोरोफिल का महत्वपूर्ण अंग है। इसकी कमी ज्यादा पोटाशयुक्त उर्वरक का उपयोग करने से भी हो सकती है। इसके लक्षण ठण्डे मौसम में ज्यादा आने के असार होते हैं। मैग्निशियम की कमी से पुराने पत्ते पीले पड़ जाते हैं। इसके लक्षण पत्तों की मुख्य नसों के बीच में शुरू होते हैं। जिनका पतला सा किनारा हरा रहता हैं। फल उत्पादन में भी कमी आती है।

मैग्निशियम की कमी के लक्षण

उपचार

मिट्टी की जाँच के बाद कमी पाई जाने पर डोलोमाइट (800 किग्रा प्रति हैक्टेयर) मिट्टी में पौध रोपण से पहले डालें। पौधों पर कमी के लक्षण दिखने पर हर पखवाड़े पर मैग्निशियम सल्फेट (2 किग्रा प्रति 100 ली) का छिड़काव करें। मिट्टी रहित मीडिया में पोषक तत्वों के घोल जिसमें 30 पी पी एम हो, का इस्तेमाल करें।

सूक्ष्म तत्वों की कमी

मैंगनीज (Mangnese)

मैंगनीज की कमी के लक्षण

मैंगनीज की कमी अल्कलाइन मिट्टी में ज्यादा पाई जाती है जबकि अम्लीय मिट्टी में इसकी उपलब्धता होती है। मैंगनीज की कमी वाले पौधों में ऊपर के पत्तों की नसें हरी रहती है जबकि किनारे पीले पड़ जाते हैं।

उपचार

मिट्टी रहित मीडिया में 0.3 पी पी एम मैंगनीजयुक्त पोषक तत्व का घोल डालें। पत्तों पर मैंगनीज सल्फेट (100 ग्राम प्रति 100 ली) का छिड़काव करें।

लोहा (Iron)

लोहे की कमी अल्कलाइन मिट्टी, पानी रूकने इत्यादि से हो सकती है। अगर मिट्टी की पी एच 7.0 से ऊपर हो तो लोहे की उपलब्धता कम हो जाती है। मैंगनीज की अधिकता भी लोहे की कमी पैदा करती है। लोहे की कमी से बिल्कुल नए पत्तों में एक समान पीलापन आ जाता है जबकि पुराने पत्ते हरे रहते हैं। शुरू–शुरू में नए पत्तों में नसे हरी रहती है

उपचार

ऐसी मिट्टी जहाँ पानी की निकासी का अच्छा प्रबन्ध हो, लोहे की उपलब्धता अच्छी रहती है। खड़ी फसल में आयरन सल्फेट (150 ग्राम / 100 ली) लक्षण आने पर छिड़काव करें किन्तु अगर छिड़काव बंद किया गया तो लक्षण दोबारा लौट सकते हैं। इसलिए पौधरोपण से पहले मिट्टी की जाँच अवश्य करा लें तथा कमी होने पर निर्धारित मात्रा में लोह डालें। मिट्टी रहित मीडिया में 2–3 पी पी एम लोहयुक्त पोषक तत्व का घोल डालें।

लोहा की कमी के लक्षण

बोरोन

बोरोन की कमी होने पर पत्तों तथा पुराने पत्तों के किनारे पर एक मोटा पीला बार्डर बन जाता है। नए फल मर जाते हैं।

बोरोन की कमी के लक्षण

उपचार

बोरोन के उपचार के समय बोरेक्स (10 किग्रा प्रति हैक्टेयर) मिट्टी में पौध रोपण से पहले डालें या 100 ग्राम/100 ली के हिसाब से छिड़काव कर सकते हैं। इस बात का ध्यान जरूर रखें की छिड़काव जरूरत से अधिक न हो क्योंकि यह पौधों के लिए जहरीला हो सकता है। मिट्टी रहित मीडिया में 0.3 पी पी एम बोरोनयुक्त पोषक तत्व का घोल इस्तेमाल करें।

पॉलीहाउस में खीरा उत्पादन करते समय अगर किसान भाई उपर्युक्त बातों का ध्यान रखेंगे तो फल उत्पादन तथा गुणवत्ता अच्छी होगी।

7.34 कर्षण क्रियाएँ (Cultural method)

खीरा की 4 माह की अवधि में विभिन्न प्रकार की कर्षण क्रियाएँ की जाती है जो निम्न है।

पौधो को सहारा देना

इसका मुख्य सिद्धांत पत्तियों पर एक समान एवं अधिक मात्रा में सूर्य के प्रकाश पहुचाने से है। पौधो को सीधे उपर स्थित तार से बांधा जाता है जब पौधा तार तक पहुच जाता है उसके उपरी हिस्से को छाँट दिया जाता है।

पौधों को सहारा देने के लाभ

- तुड़ाई दक्षता बढ़ती है।
- कीटों के प्रबंधन में आसानी होती है।
- फल सीधे लगते हैं मुड़ाव नही होता है।
- फलों का रंग एक जैसा होता है।
- मिट्टी द्वारा फैलने वाली बिमारियों को रोका जा सकता है।
- पास बोई फसल में उपज को बढ़ाया जा सकता है।

पौधो की कटाँई–छटाँई

सामान्यतः दो प्रकार के कटाँई–छटाँई विधि का प्रयोग किया जाता है। पौधे समानान्तर छातानुमा पद्धति से तने के अग्र मुख्य शीर्ष अथवा ऐपीकल वृद्धिकारक भाग को तार के ऊपर जब एक या दो पत्तियाँ आ जाए, छाँट दिया जाता है, दो समानान्तर शाखाओं को पौधो के ऊपर किए गए हिस्से से बढ़ने दिया जाता है और उसको तार के उपर आकार दिया जाता है नीचे की दिशा में प्रत्येक समानान्तर शाखा को जो की सतह तक पहुँच रही हो उन्हे छाँट दिया जाता है।

खीरा की बगल से निकलने वाली शाखाओं जो की प्रत्येक सक्षम पत्तियों एवं तने के बीच विकसित होती है को हटा देना चाहिए।

फलों का विरलीकरण

फलों का विरलीकरण पौधो के ओजस्विता एवं फल के भार पर निर्भर करती है। पत्तियों की सघन वृद्धि फलों के सामान्य रंग निर्माण को रोकती है, एक बार में बहुत सारे फलों का निर्माण होने पर फल का विरलीकरण आवश्यक हो जाता है जिससे छोटे एवं फल बाजार हेतु अनुपयुक्त तथा गुच्छ फलों की समस्या से बचा जा सकता है।

परागण (Pollination)

ग्रीन हाउस खेती में परागण के लिए हस्त परागण का उपयोग किया जाता है इस विधि में हाथों को बहुत हल्के से फूलों पर फेरा जाता है, हाथ द्वारा परागण में समय का विशेष ध्यान रखना चाहिए। जब आर्दता 50–70 प्रतिशत हो, परागण सप्ताह में कम से कम दो बार करना चाहिए। अनियंत्रित परागण से फल सही आकार के नही रह पाते और उत्पादन में कमी आ जाती है। परागण का सुबह 11.00 से 3.00 के बीच करते हैं।

मल्चिंग करना (Mulching)

खीरा में माल्चिंग का सुझाव दिया जाता है मल्चिंग के रूप में भूसा, मूँगफली के छिलके अथवा भूट्टे के टुकडे को बिछाया जाता है तथा प्लास्टिक मल्च का भी उपयोग किया जाता है, मल्च माध्यम से मिट्टी की नमी को संग्रहित करने एवं ताप को नियंत्रित किया जाता है।

7.35 कीट एवं उनका प्रबंधन (Major insects and their Management)

थ्रीप्स

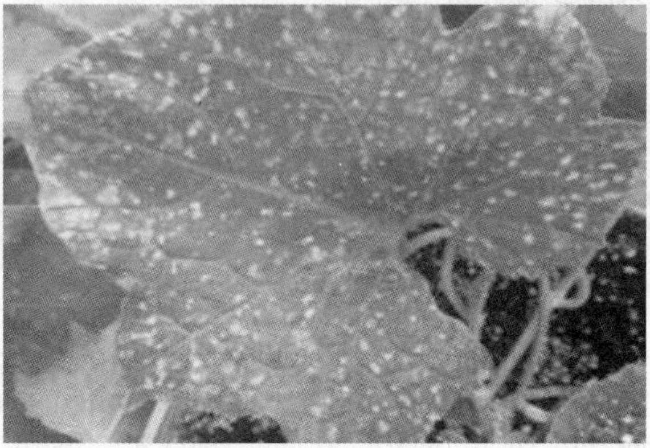

थ्रीप्स

लक्षण : इसके शिशु एवं व्यस्क दोनों ही हानि पहुँचाते हैं, ये पत्तियों के हरे भाग का रस चूसते हैं, जिससे पत्तियों पर धब्बे पड़ जाते हैं। यह फूल एवं कोमल तनों का रस भी चूसते हैं। फलस्वरूप पत्तियाँ, फल एवं कलियाँ सिकुड़ जाती है।

प्रबंधन : 1. थ्रीप्स के नियंत्रण के लिए इमीडाक्लोपिड 14.4 एस एल (2 मिली/10 ली) के छिड़काव से अच्छे परिणाम मिले हैं।

2. थ्रीप्स के नियंत्रण के लिए एमोमक्टिन बेजोएट 5 एम जी का छिड़काव 2 ग्राम/10 ली की दर से छिड़काव करें।

माहू

लक्षण : माहू की कई प्रजातियाँ ग्रीनहाउस के अंदर पाई जाती है। ये कई रंगों की होती है। यह कीट सामान्यतः कलियों और पत्तियों को अंदर की तरफ से खाती है।

माहू

प्रबंधन

- एसटाप का 1 ग्राम प्रति लीटर के हिसाब से छिड़काव करें।
- इमीडाक्लोप्रिड 200 एस एल 5 मिली/लीटर या डाइमेथोएट 30 ई सी 1 मिली/लीटर की दर से छिड़काव करना चाहिए ।

रेड पम्पकिन बीटिल

यह लाल रंग का 5–8 से. मी. लम्बा कीट है जो बेल वर्गीय सभी सब्जियों को क्षति पहुंचाता है फसलों के अंकुरण के तुरंत बाद क्षति पहुंचाता है यह पत्तियों के बीच का भाग खाता है।

रेड पम्पकिन बीटिल

प्रबंधन

इनकी रोकथाम के लिए नीम का काढ़ा या गौमूत्र को माइक्रो झाइम के साथ मिलाकर अच्छी तरह से मिश्रण तैयार कर 240 मि.ली. को प्रति पम्प द्वारा फसल में तर–बतर कर छिडकाव करें।

फल की मक्खी

फल मक्खियाँ अनेक बेल वर्गीय सब्जियों को उनकी विभिन्न अवस्थाओं में क्षति पहुँचाती है फल की मक्खी का आकार घरेलु मक्खी की तरह होता है यह फलों में छिद्र करके अंडे देती है जो फल के अन्दर ही फूटते हैं और उनसे निकले मैगट फल के अन्दर ही वृद्धि करते रहते हैं यह फल के गुदे से अपना भोजन प्राप्त करते हैं कीट ग्रस्त फल विकृत हो जाते हैं या सड़ जाते हैं।

प्रबंधन

इनकी रोकथाम के लिए नीम का काढ़ा या गौमूत्र को माइक्रो झाइम के साथ मिलाकर अच्छी तरह से मिश्रण तैयार कर 250 मि.ली. को प्रति पम्प द्वारा फसल में तर–बतर कर छिडकाव करें।

7.36 रोग एवं उनका प्रबंधन (Major diseases and their management)

मोजेक वायरस रोग : इस रोग से पौधें गंभीर रूप से अवरूद्ध हो जाते हैं। पत्तियों पर पीले रंग के धब्बे पड़ जाते हैं जिससे पत्तियों का आकार सामान्यतः ये छोटा रह जाता है। इस रोग के प्रभाव से फल छोटे एवं विकृत रह जाते हैं।

मोजेक वायरस रोग

प्रबंधन : यह रोग एक वाहक कीट एफीड के द्वारा फैलता है। अतः कीटनाशी डाइमेथोएट 30 ई सी 1 मिली/ली या इमीडाक्लोप्रिड 200 एस एल की 5 मिली/ली से उपचार करें।

डाउनी मिल्डयू : पत्तियों की नीचली सतह पर हल्की बैंगनी फंफूदी एवं पत्तियों की ऊपरी सतह पर पीले रंग के धब्बे दिखाई देते हैं। ज्यादा नमी की वजह से इस रोग का फैलाव अत्यधिक होता है।

डाउनी मिल्डयू

प्रबंधन : आवश्यकतानुसार सिंचाई करें, नमी को अधिक न होने दें एवं उचित कवकनाशी का छिड़काव करें।

फ्यूजेरियम विल्ट : इसमे भूरे रंग के घब्बे पत्तियों एवं तने पर दिखाई देते हैं। इस कारण रोग का फैलाव अधिक होता है।

फ्यूजेरियम विल्ट

प्रबंधन : बीजों को कवकनाशी के द्वारा उपचारित करके बोएँ एवं नमी बनाए रखें।

एन्थ्रेकनोज : इस रोग में पत्तियों, तनों एवं फलों पर भूरे–पीले रंग के उभार लिए हुए धब्बे दिखाई देते हैं। जिससे पत्तियों बीच से फट जाती है। ग्रीनहाउस में अत्यधिक नमी होने के कारण इसका प्रकोप बढ़ता है।

प्रबंधन : फसल को अदल–बदल कर लगाए व नमी को उचित मात्रा में बनाए रखें एवं आवश्यकतानुसार कवकनाशी का उपयोग करें।

7.37 फलो की तुड़ाई (Harvesting of fruits)

खीरा की तुड़ाई रोपण के 50 से 65 दिन बाद शुरू हो जाती है तुड़ाई सप्ताह में 3–4 बार तक की जा सकती है तुड़ाई की अवधि 12 सप्ताह तक हो सकती है।

उपज : अनुकूल परिस्थितियों में 8 से 10 किग्रा/पौधा उपज प्राप्त की जा सकती है।

7.38 आर्थिक विश्लेषण (Economic analysis)

एक एकड़ क्षेत्र के लिए खीरे के 10000 पौधों की आवश्यकता होती है। एक पौधे से लगभग 10 किलोग्राम फलों का उत्पादन प्राप्त होता है, एवं एक किलो खीरें का औसतन मूल्य 20 रू प्रति किलो होता है जो की बाजार भाव के उतार–चढ़ाव पर निर्भर करता है।

सारणी 7.10 ग्रीन हाउस में खीरा उत्पादन का आर्थिक विवरण (एक एकड़)

वर्ष	प्रथम वर्ष	द्वितीय वर्ष	तृतीय वर्ष	चतृर्थ वर्ष	पंचम वर्ष
प्रति वर्ष सकल आय	2000000	2000000	2000000	2000000	2000000
प्रति वर्ष कार्यशील पूंजी	540000	540000	540000	540000	540000
सावधि ऋण पर ब्याज	97992	78393	58795	38805	19402
मूल्यह्रास	391967	352770	317493	285744	257169
पौधों व फिल्म का प्रतिस्थापन (प्रत्येक पाँचवे वर्ष में फिल्म का प्रतिस्थापन)	50000	50000	50000	50000	370000
पुनर्भुगतान की राशि	195983	195983	195983	195983	195983
प्रति वर्ष शुद्ध लाभ	**724058**	**782853**	**837728**	**889468**	**617445**

(द) ग्रीनहाउस में झरबेरा का उत्पादन एवं प्रबंधन

झरबेरा एस्टेरेसी कुल का सदस्य है। इसके पौधे तना रहित, शाकीय, कोमल व बहुवर्षीय होते हैं। इसमें मुख्य रूप से पीला, नारंगी, हल्का पीला, सफेद, गुलाबी के साथ–साथ और भी बहुत से रंगों के फूल पाए जाते हैं। यदि फूल आकार में बड़े तथा उनके बीच वाला भाग काले रंग का हो तो वह बाजार में अधिक पसंद किया जाता है। झरबेरा के फूल को यदि काट कर फूलदान में लगाया जाए तो लगभग 10–15 दिन तक इसका फूल अच्छी तरह रह सकता है।

झरबेरा बहुवर्षीय कर्तित पुष्प वर्ग का पौधा है। इसकी उत्पत्ति स्थल अफ्रीका को माना जाता है। इसकी खेती अलंकृत बागवानी में सजावट एवं गुलदस्ता बनाने के लिए की जाती है। इसके कर्तित पुष्प लगभग एक सप्ताह तक तरोताजा बने रहते हैं। इसकी लगभग 70 प्रजातियाँ हैं जिसमें 7 का उत्पत्ति स्थल भारत या आस पास का माना गया है। जरबेरा की खेती विश्व में नीदरलैंण्ड, इटली, पोलैण्ड, इजरायल और कोलम्बिया में की जा रही है। घरेलु पुष्प बाजारों में जरबेरा कट फ्लावर की मांग दिन–प्रतिदिन बढ़ती जा रही है। इसके प्रजातियों को सिंगल, सेमी डबल और डबल वर्गों में विभाजित किया गया है।

7.39 झरबेरा की किस्में

झरबेरा में तीन प्रकार की किस्में पाई जाती है।

1. सिंगल प्रकार की किस्में

इसमें बाहर की ओर पंखुड़ियों की केवल एक कतार होती है। फूल भी आकार में छोटें होते हैं। इन किस्मों का प्रयोग केवल क्यारियों में लगाकर गृह वाटिका की सुन्दरता बढ़ाने के लिए किया जाता है। प्रमुख किस्में है – रूबी रेड, रूबियन रिगों, टोंगा पिंक, स्पाक्र लेट आदि।

2. सेमी डबल किस्में

इन किस्मों को गृह वाटिका में क्यारियों की सुन्दरता बढ़ाने के साथ – साथ कटे फूल के रूप में भी स्थानीय बाजार में बिक्री हेतु प्रयोग किया जाता है। इसमें रंगीन पंखुड़ियों की दो कतारें पाई जाती है, रंग भी सुन्दर होते हैं। इस वर्ग की प्रमुख किस्में है – रोजा बेला, डायवलों, संगरिया, टेस्ट रोजा, पाइटन, थलासा आदि।

3. डबल किस्में

इन किस्मों को मुख्य रूप से कटे फूलों के रूप में ही अधिक उपयोग किया जाता है। इन किस्मों में दो से अधिक रंगीन पंखुड़ियों की कतारें पाई जाती है। रंग भी अधिक लुभावनें होते हैं। इस वर्ग में प्रमुख किस्में हैं गोल्ड स्पॉट, इबिजा, फ्रेंड किंग, नेडजा, टर्रा क्वीन, डस्टी लाबेलगा, कबाड़ा, लॉइनर, जायस, सुजान, अडामेन्ड, लालाजू, गेल्डर एपिल ब्लौसम, अम्बर कोमिल्डा, बिरादर, टोरनाडों, डालमा (सफेद) डेना एलन (गुलाबी), मेरन क्लेमेन्टरइन (नारंगी) आदि।

7.40 झरबेरा में प्रवर्धन

झरबेरा का प्रवर्धन दोनों प्रकार, बीज एवं वानस्पतिक विधि द्वारा किया जाता है।

1. बीज द्वारा प्रवर्धन

सामान्य रूप से पौधे बीज द्वारा तैयार नहीं किए जाते हैं, क्योकि बीज द्वारा पौधे तैयार करने में समय अधिक लगता है तथा पौधों में भी विभिन्नता आ जाती है। बीज की पूर्ण जैविक क्षमता केवल 15 दिन (तोड़ने के बाद) तक ही रहती है। उसके बाद धीरे–धीरे उसकी अंकुरण क्षमता कम होने लगती है। यदि बीज का भण्डारण 5º से 10º सेंटीग्रेड तापमान पर किया जाए तो 2–2.5 वर्ष तक इसकी अंकुरण क्षमता को बनाये रखा जा सकता है। बीज का प्रयोग केवल नई किस्मों के विकास के लिए ही अधिक किया जाता है। व्यावसायिक रूप से बीज से पौधे तैयार नहीं किए जाते हैं।

2. सकर्स द्वारा प्रवर्धन

झरबेरा का प्रवर्धन मुख्य रूप से इसी विधि द्वारा किया जाता है। जून के महीने में पूरे पौधें को उखाड़ कर उसमें से सभी सकर्स को हाथ से अलग कर लिया जाता है। औसतन एक वर्ष में 6 सकर प्राप्त होते हैं। रोपाई के पहले सकर की पत्तियों एवं जड़ों की छँटाई कर दी जाती है।

3. कटिंग द्वारा प्रवर्धन

कटिंग द्वारा प्रवर्धन करने के लिए अच्छे पौधों को छाँट कर तीन सप्ताह तक बिना पानी के रखा जाता है। अर्थात् जहाँ पर पौधे लगे होते हैं, वहॉ सिंचाई नहीं की जाती है। पौधे की रोपाई अच्छी तरह सड़ी खाद में कर दी जाती है तथा इन्हें 25–30º सेन्टीग्रेड तापमान पर 80 प्रतिशत आर्द्रता के साथ रखा जाता है। पत्तियों के साथ

निकलने वाली कलिकाओं को हाथ से अलग कर, जड़ पैदा करने वाले माध्यम में रोप देते हैं। इस प्रकार रोपी गई कलिकाओं से 2–3 माह में पौधें रोपाई के लिए तैयार हो जाते हैं। एक पौधे के गुच्छे से 2–3 माह के अंदर लगभग 40–50 पौधे रोपाई के लिए तैयार किए जा सकते हैं।

4. माइक्रो प्रवर्धन अथवा टिशू कल्चर द्वारा प्रवर्धन

बड़े पैमाने पर कम समय में रोगमुक्त जरबेरा की पौध सामग्री तैयार करने की यह सर्वोत्तम विधि है। ऊत्तक संवर्धन विधि द्वारा जरबेरा का पौधा शूट टिप, फ्लावर हेड, लीब्स, मिडरिब्स, पेटियोल इत्यादि भागों द्वारा तैयार किया जाता है। इस विधि द्वारा जरबेरा का पौधा भारतवर्ष में कई कम्पनियों के द्वारा उत्पादित किया जा रहा है

7.41 मृदा एवं जलवायु

अच्छे जल–निकास वाली, हल्की एवं कार्बनिक तत्वों से युक्त भूमि झरबेरा उगाने के लिए उत्तम होती है। सामान्य अथवा हल्की क्षारीय पी.एच. मान वाली भूमि भी इसके उत्पादन के लिए अच्छी मानी जाती है। भूमि में लगभग 50 सेमी नीचे तक किसी प्रकार की कोई कठोर परत नहीं होनी चाहिए। इसमे जल–निकास में बाधा उत्पन्न होती है।

ठण्डी तथा हल्की ठण्डी जलवायु में झरबेरा को खुले क्षेत्र में उगाया जा सकता है। परंतु अत्यधिक ठण्डे एवं गर्म जलवायु में झरबेरा को केवल प्लास्टिक घरों अथवा कांच के घरों में ही उगाया जा सकता है, क्योकि अधिक ठण्डे स्थानों में पाले से नुकसान होने का भय रहता है तथा अधिक गर्म स्थानों पर अधिक धूप एवं गर्म हवाओं से पौधों को हानि होती है। दिन का तापमान 20–25° सेन्टीग्रेड तथा रात का तापमाप 10–15° सेन्टीग्रेड उत्तम रहता है।

7.42 ग्रीनहाउस में भूमि की तैयारी

भूमि को 3–4 बार गहरी कर भुरभुरी बना लिया जाता है। इसके बाद जमीन से लगभग 30–35 सेन्टीमीटर ऊँची क्यारियाँ बना ली जाती है। क्यारियों की चौड़ाई 1 से 1.25 मीटर रखी जाती है। दो क्यारियों के मध्य लगभग 30 सेन्टीमीटर चौड़ी मेड़ बना दी जाती है। भूमि की अन्तिम जुताई के समय ही अच्छी तरह से सड़ी गोबर की खाद, रेत तथा बुरादा अथवा धान का भूसा 2:1:1 के अनूपात में मिला दिया जाता है। यदि क्यारियों को जमीन से 45–60 सेमी॰ ऊँचा तथा एक मीटर चौड़ा बनाकर उसमें ड्रिप फिट कर दिए जाए तो 3 वर्ष तक अच्छी गुणवत्ता के फूल प्राप्त किए जा सकते हैं। इसी समय जमीन में कीटनाशी भी मिला देना उत्तम रहता है। जमीन में उसी स्थिति में रेत मिलाए जब जमीन भारी हो। यदि भूमि हल्की एवं रेतीली है तो उसमे रेत मिलाने की आवश्यकता नही होती है। हल्की भूमि में गोबर की अच्छी तरह सड़ी खाद/वर्मी कमपोस्ट के साथ–साथ यदि पत्ती की सड़ी खाद भी मिला दी जाए तो पौधों की वृद्धि अच्छी होती है तथा फूल भी अधिक संख्या में प्राप्त होते हैं।

7.43 ग्रीनहाउस में भूमि को उपचारित करना

झरबेरा की व्यावसायिक खेती शुरू करने से पूर्व यह आवश्यक है की उगाए जाने वाले स्थान को सभी रोगों एवं कीटों से मुक्त कर ले। इसमें मुख्य रूप से बीमारी फैलाने वसले घटक फाइटोप्थोरा, फ्यूजेरियम तथा पीथियम जैसे कवक फसल को काफी क्षति पहुँचाते हैं। क्यारियों को फार्मेल्डिहाइड के घोल (01 लीटर फार्मेल्डिहाइड/फोरमेलीन का 10 लीटर पानी में घोल बनाकर प्रति वर्गमीटर क्षेत्र) से अच्छी तरह भिगों कर पॉलीथीन शीट से 72 घंटे के लिए ढक दिया जाता है। भिगोने के स्थान पर दवा छिड़क कर भी पॉलीहाउस को बंद किया जा सकता है। 72 घण्टे बाद प्लास्टिक शीट को हटा दिया जाता है तथा पॉलीहाउस को खोलकर कुछ समय के लिए छोड़ देते हैं जब गैस निकल जायें, इसके बाद क्यारियों को पानी से भर कर छोड़ दिया जाता है, जिससे मिट्टी के अंदर बचा रसायन पानी के साथ जमीन में नीचे चला जाए। इसके अतिरिक्त बासामिड 30–40 ग्राम/वर्ग मी. प्रयोग कर सकते हैं। क्यारियों के सूखने पर उन्हें रोपाई के लिए प्रयोग किया जाता है। इस प्रकार भूमि का उपचार दो या तीन वर्ष में एक बार अवश्य करना चाहिए।

7.44 खाद तथा उर्वरक

झरबेरा के पौधों को अधिक कार्बनिक पदार्थ की आवश्यकता होती है। इसे पूरा करने के लिए क्यारियों में रोपाई से पूर्व 7.5 किलोग्राम अच्छी तरह सड़ी हुई गोबर की खाद प्रति वर्गमीटर क्षेत्रफल की दर से मिला देनी चाहिए। यदि भूमि हल्की तथा रेतीली हो तो यह मात्रा 10 किलोग्राम प्रति वर्गमीटर तक बढ़ा देनी चाहिए। गोबर की खाद के स्थान पर पत्ती की सड़ी खाद भी प्रयोग कर सकते हैं।

रासायनिक खादों में नाइट्रोजन 10 ग्राम, फास्फोरस 15 ग्राम तथा पोटाश 20 ग्राम प्रति वर्गमीटर की दर से प्रतिमाह देना उत्तम रहता है। रोपाई के बाद पहले तीन माह तक उपरोक्त मात्रा को दो भागों में बाँट कर 15–15 दिन के अंतराल पर देना चाहिए। रोपाई के चौथे माह से जब पौधों पर फूल आने लगतें हैं, तब 15 ग्राम नाइट्रोजन, 10 ग्राम फास्फोरस, 30 ग्राम पोटाश प्रति वर्गमीटर प्रतिमाह की दर से 15–15 दिन के अंतराल पर पौधों को देना चाहिए। यदि पौधों को गोबर की सड़ी खाद अथवा पत्ती की सड़ी खाद के साथ–साथ अमोनियम नाइट्रेट, सुपर फास्फेट और पोटेशियम सल्फेट, प्रत्येक की 4 ग्राम मात्रा एक लीटर पानी में घोलकर सिंचाई वाले पानी के साथ टपक विधि से दिया जाये तो पौधों की बढ़वार बहुत अच्छी होती है तथा फूल भी अच्छे आते हैं। उपरोक्त के साथ–साथ पौधों को सूक्ष्म पोषक तत्वों की भी आवश्यकता होती है। इसके लिए बोरान, केल्शियम, मैग्नीशियम तथा ताँबें का 0.15 प्रतिशत घोल (1.5 मिली/लीटर पानी) को सिंचाई के पानी के साथ दिया जाये तो अच्छी गुणवत्ता के फूल पैदा किए जा सकते हैं। उपरोक्त सूक्ष्म तत्वों को माह में एक बार प्रयोग करना चाहिए।

7.45 पौधों की रोपाई का समय

झरबेरा की रोपाई सामान्य रूप से वर्ष में दो बार की जाती है।

1. बसन्त ऋतु (जनवरी से मार्च)

यदि पौधों की रोपाई जाड़े के शुरू में करते हैं। तो पौधों की वुद्धि के लिए उचित तापमान रखने में काफी कठिनाई होती है। यदि तापमान कम रहता है तो पौधों की मृत्यु अधिक होती है। यदि तापमान् को उचित बनाएँ रखा जाए तो उस पर व्यय अधिक आता है। इन सब बातों को ध्यान में रखते हुए झरबेरा की रोपाई बसन्त ऋतु में करना उत्तम रहता है।

2. गर्मी में रोपाई

यदि फसल एक या दो वर्ष के लिए लगाई जा रही है तो गर्मी में रोपाई करना अच्छा रहता है। अगस्त के बाद फसल की रोपाई ठीक नही रहती है, क्योकि अधिक ठण्ड शुरू होने पर पौधों की उचित वृद्धि नही हो पाती है। यदि दो वर्ष के लिए फसल उगाई जा रही है तो उसमें द्वितीय वर्ष के ठण्ड के मौसम में अच्छे फूल प्राप्त नहीं होते हैं।

रोपण दूरी (Planting distance)

पौधों की रोपाई करते समय पूर्व में तैयार की गई क्यारियों में लाइन से लाइन की दूरी 30–40 सेन्टीमीटर तथा पौधें से पौधे की दूरी 25–30 सेन्टीमीटर रखते हुए रोपाई करनी चाहिए। एक वर्गमीटर में 6–7 पौधों की रोपाई करना उत्तम रहता है। रोपाई की दूरी उगाई जाने वाली किस्म, रोपाई का समय एवं भूमि के प्रकार पर निर्भर करती है।

पौधों की रोपाई (Transplanting of the plants)

झरबेरा की रोपाई के लिए क्यारियों को भूमि की सतह से 30–50 सेन्टीमीटर ऊपर रखने से भूमि का जल–निकास अच्छा होता है, साथ ही पौधों की जड़ों में हवा का संचार भी अच्छा होता है। रोपाई के समय यह विशेष ध्याान देने योग्य बात है की पौधों को अधिक गहराई पर नही रोपना चाहिए। पौधों का मुख्य भाग (क्राउन) जमीन से ऊपर अथवा जमीन के सतह के बराबर में ही रहना चाहिए। यदि पौधों की जमीन के अंदर

अधिक गहराई पर रोपाई कर देते हैं तो जमीन से आने वाली बीमारियाँ अधिक होती है तथा प्रति पौधा सकर की संख्या भी कम हो जाती है। रोपाई शाम के समय करना अच्छा रहता है।

7.46 सिंचाई एवं निदाई गुड़ाई (Irrigation)

पहली हल्की सिंचाई रोपाई के तुरंत बाद करनी चाहिए। इसके बाद यदि प्लास्टिक घर में टपक विधि ड्रिप से सिंचाई की जाए तो अच्छा रहता है। क्योकि पूरी क्यारी में पानी भर कर सिंचाई करने से पौधों को आवश्यकता से अधिक पानी मिल जाता है, जिससे पानी के अपव्यय के साथ–साथ बहुत सी बीमारियों का भी भय रहता है। इसलिए प्लास्टिक घर में जमीन के अंदर ही छिद्रदार पाइप लगाकर टपक विधि से सिंचाई की जाती है। इस विधि से सिंचाई करने से 500–700 मिलीलीटर पानी प्रति पौधा प्रतिदिन आवश्यक होता है जो की लगभग 4.5 से 6 लीटर पानी प्रति वर्गमीटर क्षेत्रफल के लिए पर्याप्त है। पानी की मात्रा मौसम, भूमि के प्रकार एवं पौधों की संख्या पर भी निर्भर करती है। गर्मी के मौसम में आर्द्रता बनाये रखने के लिए पॉली हाउस में फौगर का प्रयोग भी किया जा सकता है। जिससे आर्द्रता को 90–95 प्रतिशत बनाये रखा जा सकें।

टपक विधि से सिंचाई करने पर ज्यादा निदाई–गुड़ाई एवं खरपतवार नियंत्रण की आवश्यकता नहीं पड़ती है। यदि ऊपर की जमीन कुछ सख्त दिखाई दे तो 10–15 दिनों के अंतराल पर खुरपी द्वारा हल्की गुड़ाई कर देनी चाहिए।

7.47 कीट प्रबंधन (Insect Management)

1. **लीफ माईनर** : यह कीट पौधों की पत्तियों का रस चूस कर आड़ी तेड़ी लाईन बना देता है जिससे वह भाग पीला पड़ जाता है। कीट ग्रसित पौधों को निकाल देना चाहिए।

प्रंबधन : सायपरमेथ्रिन 0.4 मिली/ली एवं डाइक्लोवास 0.4 मिली/ली से उपचारित करें।

2. **माहु** : यह हरे छोटे रस चूसने वाले कीट हैं जो की नई पत्तियों तथा फूलों की कलियों का रस चूसते हैं।

प्रंबधन : मेटासिसटॉक्स 0.1 प्रतिशत और पैराथियान 0.02 प्रतिशत का छिड़काव करें।

3. माइट्स : ये छोटे भूरे रंग के कीट होते हैं जो नग्न आँखों से दिखाई नही पड़ते हैं पौधों की पत्तियों की निचली सतह पर पाए जाते हैं। ये पौधों की पत्तियों का रस चूसते हैं जिससे भूरे रंग के धब्बे पत्तियों में दिखाई पड़ते हैं। इस प्रकार कीटों की संख्या सूखे एवं गर्म क्षेत्रों में ज्यादा पाई जाती है।

प्रंबधन : डायकोफाल 1.5 मिली/लीटर के हिसाब से छिड़काव करें।

4. थ्रीप्स : ये कीट भी छोटे भूरे रंग के होते हैं जो की फूलों की कलियां पत्तियों आदि का रस चूस कर भूरे रंग के धब्बे बनाते हैं जिससे फूलों की गुणवत्ता में कमी आती है।

प्रंबधन : डायकोफाल 2 मिली/लीटर के हिसाब से छिड़काव करें।

5. व्हाईट फ्लाई : यह एक प्रकार का रस चूसने वाला कीट है। इसके अत्याधिक प्रभाव के कारण पौधों की बढ़वार तथा फूलों की गुणवत्ता पर बुरा असर पड़ता है। व्हाईट फ्लाई के द्वारा बहुत सारे विषाणु एक पौध से दूसरे पौध पर स्थानांतरित होते हैं।

प्रंबधनः वयस्क को आकर्षित करने के लिए 12/हैक्टेयर की दर से पीला चिपचिपा ट्रैप स्थापित करें। सफेद मक्खी पत्ती कर्ल वायरस के प्रसार करने में वेक्टर के रूप में कार्य करती हैं, सभी प्रभावित पौधों को आगे प्रसार से बचाने के लिए उखाड़कर निकाल देना चाहिए।

कार्बोफ्यूरान 3 जी (40 किग्रा/हैक्टेयर) को खेत में डालें या डाइमेथोएट 30% ई सी 1 मिली/लीटर या मैलाथियान 50 ई सी 1.5 मिली/लीटर का छिड़काव करें।

7.48 रोग, कारण एवं निदान (Major diseases and their management)

1 फ्यूजेरियम : फ्यूजेरियम से ग्रसित पौधों की पत्तियाँ पीली पड़ जाती हैं तथा कुछ समय बाद पत्तियाँ सूख जाती हैं।

प्रंबधन इसकी रोकथाम के लिए बाविस्टीन 1.0 ग्राम प्रतिलीटर पानी में घोलकर छिड़काव करना चाहिए। पौध रोपण से पहले पौधों को 0.2 प्रतिशत बिनोमील के घोल में 30 मिनट के लिए डुबोकर उपचारित करना चाहिए।

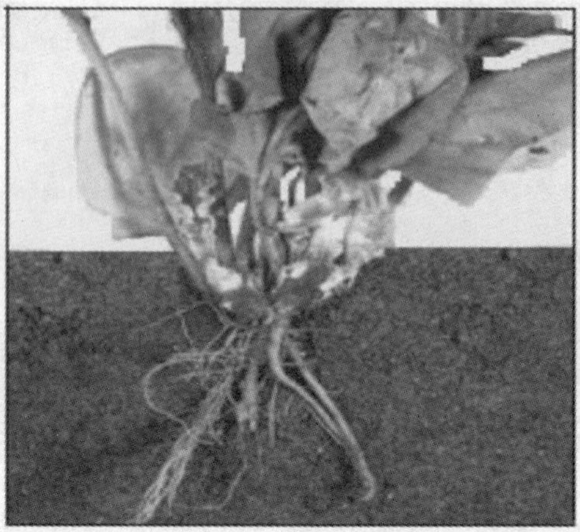

2. रूट रॉट : रूटरॉट से प्रभावित पौधों की पत्तियों में रेडिस बाइलेट रंग तथा बाद में नेक्रोटिक एरिया विकसित हो जाता है। इसका प्रकोप वहॉ पर कम देखा गया है जहॉ पौध रोपण से पहले मिट्टी की संक्रामक शुद्धि कर दी जाए।

प्रंबधन इसकी रोकथाम के लिए डाईथेन एम–45 एक लीटर पानी में 2.0 ग्राम की दर से घोल का छिड़काव करना चाहिए।

3. पाउडरी मिल्डयू : इस रोग में सफेद पाउडर नुमा जाल पत्तियों की ऊपरी सतह पर दिखाई देता हैं, अत्यधिक नमी की अवस्था में इस रोग का फैलाव अधिक होता है। अतः पौधों को ड्रिप सिचांई प्रणाली से सिंचित किया जाना चाहिए ताकि नमी की उचित मात्रा बनी रहें। इसके अलावा रोग सें ग्रसित पौधों की पत्ती को तोड़ कर फेंक दें।

प्रबंधन : डायनोकेव 0.3 मिली/ली एवं फेनारिमोल 0.5 मिली/ली के हिसाब से छिड़काव करें।

4 कॉलर रॉट : यह रोग मिट्टी की सतह से लगे हुए पौधों के तनों से फैलती है इस रोग में पौधों की पत्तियाँ पीली पड़ जाती है और पूरा पौधा सूखा प्रतीत होता है।

प्रबंधनः इस रोग को रोकने के लिए मृदा के जड़ों में मेटाल्क्सिल या कॉपर आक्सी क्लोराइट 0.3 ग्राम/ली के हिसाब से छिड़काव करें।

5 विषाणु रोगः विषाणु पौधों की गुणवत्ता को धीरे–धीरे कम कर देता है। जरबेरा में कुकुम्बर मोजेक, टोबैको रेटल, टोबेकोरावाइरस, टोमैटों स्पोटेड विल्ट वाइरस इत्यादि का प्रकोप देखा गया है।

प्रबंधनः विषाणु रोग के बचाव के लिए रोगमुक्त पौधा ही नर्सरी से खरीदना चाहिए तथा रोग ग्रसित पौधों का उखाड़कर ज़मीन के अन्दर दबा दें या जला देना चाहिए।

7.49 पौधों पर पुष्पन

झरबेरा के पौधों में रोपाई के लगभग 3 माह बाद फूल आने लगते हैं। झरबेरा के पौधों की एक बार रोपाई के पश्चात् 2–3 वर्ष तक फूलों का अच्छा उत्पादन प्राप्त किया जा सकता है। इसके पश्चात् फूलों की संख्या में कमी आने लगती है तथा फूलों की गुणवत्ता भी प्रभावित होने लगती है। इसलिए अच्छा यही रहता है की प्रत्येक 2 या 3 वर्ष बाद जमीन को अच्छी तरह उपचारित कर पुनः रोपाई करनी चाहिए। दो तीन वर्ष पश्चात् नए पौधे बाजार से क्रय करना उत्तम रहता है।

7.50 फूलों को तोड़ना (Harvesting of flowers)

फूलों को तोड़ने का सबसे अच्छा समय प्रातःकाल अथवा सायंकाल होता है। फूलों कों तोड़कर तुरन्त पानी से भरी बाल्टी में रख दिया जाता है। फूलों को तोड़ने की सही अवस्था वह होती है जब डिस्क पुष्पों की 2–3 लाइनें पूरी तरह विकसित हो जाएँ। फूलों की डण्डी को पकड़कर एक तरफ झुकाने तथा हल्के से झटका देने पर फूल पौधे से अलग हो जाता है।

फूलों को कुछ समय तक ठण्डे कमरे में रखा जाता है। इसके पश्चात् 10 या 12 फूलों के बण्डल बनाकर उन्हें पतली जिलेटिन कागज की सीट से ढक दिया जाता है।

7.51 फूलों की उपज (Yield of flowers)

फूलों की संख्या पौधों की किस्म, समय, रख रखाव एवं उम्र पर निर्भर करती है। प्लास्टिक के घरों में एक वर्गमीटर क्षेत्रफल में औसतन एक वर्ष में 200 फूल तक प्राप्त हो जाते हैं।

7.52 श्रेणीकरण, पैकिंग एवं ट्रांसपोर्टेशन (Gradining, Packaging and Transpotation)

जरबेरा के फूलों का श्रेणीकरण पुष्प की डण्डी की लम्बाई, पुष्प के आकार एवं ताजगी के आधार पर किया जाता है। जैसे 40, 50, 60, 60 सेमी. लम्बी डण्डियों को पुष्प के आकार के आधार पर विभिन्न ग्रेड में विभाजित किया जाता है। इसके पुष्प की पंखुड़ियाँ खराब न हों, इसके लिए उन्हें प्लास्टिक के एक छोटे आकार के एक बैग में एक पुष्प डण्डी के ऊपरी हिस्से को पैक कर दिया जाता है। इस प्रकार 12 पुष्प डण्डियों

को एक साथ मिलाकर जरबेरा का एक बन्च बनाया जाता है। एक बाक्स में 20 से 25 बन्चों को पैक करके घरेलू बाजारों में भेजा जाता है। बाक्स में पुष्प बंचों को न अधिक टाइट तथा न ही अधिक लूज भेजते हैं।

7.53 आर्थिक विश्लेषण (Economic analysis)

एक एकड़ क्षेत्र के लिए टमाटर के 26980 पौधों की आवश्यकता होती है। एक पौधे से लगभग 30 फूलों की प्राप्ति होती है एवं एक वर्गमीटर से 200 फूलों की प्राप्ति प्रतिवर्ष होती है। एक फूल का औसतन मूल्य 3.50 रू होता है। मूल्य सामान्यता बाजार के भाव पर निर्भर करता है जो बढ़ता–घटता रहता है।

सारणी 7.10 ग्रीनहाउस में झरबेरा उत्पादन का आर्थिक विश्लेषण (एक एकड़)

वर्ष	पहला वर्ष	द्वितीय वर्ष	तीसरा वर्ष	चौथे वर्ष	पांचवा वर्ष
प्रति वर्ष सकल आय	2832900	2832900	2832900	2832900	2832900
प्रति वर्ष कार्यशील पूंजी	727500	727500	727500	727500	727500
सावधि ऋण पर ब्याज	235953	188763	141572	93438	46719
मूल्यह्रास	471907	424716	382245	344020	309618
पौधों और फिल्म प्रतिस्थापन (प्रत्येक पाँचवें वर्ष में फिल्म का प्रतिस्थापन)	0	0	0	809400	320000
चुकौती किस्त	471907	471907	471907	471907	471907
प्रति वर्ष शुद्ध लाभ	925633	1020014	1109677	386636	957156

(क) ग्रीनहाउस में गुलाब का उत्पादन एवं प्रबंधन

गुलाब को व्यावसायिक रूप से दूनिया में कट फ्लावर के रूप में उगाया जाता है। कट फ्लावर के रूप में इसका दूनिया भर में पहला स्थान है। प्रतिवर्ष लगभग 40 अरब गुलाब के फूलों का उपयोग होता है। यह फूल न केवल "फूलों का राजा" के रूप में बल्कि दूनिया का सबसे पंसदीदा फूल के रूप में उल्लेखित किया गया है। अंतरराष्ट्रीय बाजार में अच्छी गुणवत्ता वाले कटफ्लावर की मांग वर्ष भर रहती है। भारत में कई मौसमी कारकों जैसें तापमान, आद्रता तथा कई जैविक एवं अजैविक कारकों के कारण खुले क्षेत्र में अच्छी गुणवत्ता वाले गुलाब प्राप्त नही हो पाते हैं। इसके तहत ग्रीनहाउस में फूलों का उत्पादन करने से उच्च गुणवत्ता, अधिक उपज प्राप्त की जा सकती है। गुलाब को विश्वभर में पसंद किया जाता है। इस पर व्यापक अनुसंधान एवं विकास कार्य किए गए हैं। अंतरराष्ट्रीय स्तर पर गुलाब प्रेमियों के संगठन हैं, जो नई किस्मों के विकास, परिचिन्हन, मानकीकरण आदि करते हैं। इसके अनुसार पौधों की बनावट, ऊँचाई, फूलों के आकार आदि के आधार पर इन्हें निम्न वर्गों में बाँटा गया है।

गुलाब का व्यवसाय

गुलाब की खेती व्यावसायिक स्तर पर करके काफी लाभ कमाया जा सकता है। गुलाब की खेती बहुत पहले से पूरी दुनिया में की जाती है। इसकी खेती पूरे भारतवर्ष में व्यवसायिक रूप से की जाती है। गुलाब के फूल डाली सहित या कट फ्लावर तथा पंखुड़ी फ्लावर दोनों तरह के बाजार में व्यापारिक रूप से पाए जाते हैं। गुलाब की खेती देश व विदेश निर्यात करने के लिए दोनों ही रूप में बहुत महत्त्वपूर्ण है। गुलाब को कट फ्लावर, गुलाब जल, गुलाब तेल, गुलकंद आदि के लिए उगाया जाता है। गुलाब की खेती मुख्यतः कर्नाटक, तमिलनाडु, महाराष्ट्र, बिहार, पश्चिम बंगाल, गुजरात, हरियाणा, पंजाब, जम्मू एवं कश्मीर, मध्यप्रदेश, आंध्रप्रदेश एवं उत्तर प्रदेश में अधिक की जाती है।

7.54 गुलाब के प्रकार

वैसे तो विश्व भर में गुलाब की किस्मों की संख्या लगभग 20 हजार से अधिक है, जिन्हें विशेषज्ञों ने विभिन्न वर्गों में बांटा है लेकिन मुख्य तौर पर गुलाब के 5 मुख्य वर्ग हैं, जिन का फूलों के रंग, आकार, सुगंध और प्रयोग के अनुसार विभाजन किया गया है, जो इस प्रकार है। हाईब्रिड टीज, फ्लोरीबंडा, पोलिएन्था वर्ग, लता वर्ग और मिनिएचर वर्ग।

हाईब्रिड टीज वर्ग

यह बड़े आकार के गुलाबों का एक महत्वपूर्ण वर्ग है, जिस में टहनी के ऊपर या सिरे पर एक ही फूल खिलता है, इस वर्ग के पौधे बड़े, ऊँचे व तेजी से बढ़ने वाले होते हैं। इस वर्ग की प्रमुख किस्में अर्जुन, जवाहर, रजनी, रक्तगंधा, सिद्धार्थ, सुकन्या आदि हैं। इनके पुष्प शाखा के सिरे पर बड़े आकर्षक लगते हैं। एक शाखा के सिरे पर एक ही फूल आता है।

फ्लोरीबंडा वर्ग

यह हाईब्रिड टीज और पोलिएन्था गुलाबों के संकर से विकसित किए गए गुलाबों का वर्ग है। इसके फूल उपेक्षाकृत छोटे किन्तु गुच्छों में खिलतें हैं इस वर्ग के फूल गृहवाटिका की क्यारियों और गमलों में ज्यादा देखने को मिलते हैं। इस किस्म की विशेषता है कि इनके पौधे कम जगह में ही उगाकर पर्याप्त फूल प्राप्त किए जा सकते हैं। ठन्डे मौसम में जब दूसरे गुलाब नहीं खिलते हैं, इस वर्ग के फूल दिल्ली सहित उत्तर भारत के सभी राज्यों में खूब खिलते हैं। इसकी मुख्य किस्में हैं दिल्ली, प्रिन्सिस, बंजारन, करिश्मा, चन्द्रमा, चित्तचोर, दीपिका, कविता, जन्तार्मंतर, सदाबहार, लहर, सूर्यकिरण, समर, बहिश्त, आइसबर्ग, शबनम आदि। इसके पौधे मध्यम लंबाई वाले होते हैं, इनमें फूल भी मध्यम आकार के और कई फूल एक साथ एक ही शाखा पर लगते हैं। इनके फूलों में पंखुड़ियों की संख्या हाइब्रिड टी के फूलों की अपेक्षा कम होती हैं।

ग्रेन्डीफ्लोरा

यह उपरोक्त दोनों किस्मों के संयोग से तैयार किया गया है। गुलदानों में इस वर्ग के फूलों को अधिक पसंद किया जाता है। बड़े स्तर पर खेती के लिए इस वर्ग का अधिक उपयोग किया जाता है। गोल्ड स्पॉट, मांटेजुआ, क्वीन एलिजाबेथ इस वर्ग की प्रचलित किस्में हैं।

पॉलिएन्था

इस वर्ग के पौधों को घरेलू बगीचों व गमलों में लगाने के लिए पसंद किया जाता है क्योंकि इनमें मध्यम आकार के फूल अधिक संख्या में साल में अधिक समय तक आते रहते हैं। इस वर्ग की प्रमुख किस्में स्वाति, इको, अंजनी आदि हैं।

मिनिएचर वर्ग

इस के पौधे, पट्टियाँ और फूल सभी छोटे होते हैं। यह गमलों, पतियों आदि में उगाने की उपयुक्त किस्म है। गृहवाटिका की क्यारियों के चारों ओर बॉर्डर लगाने के लिए भी उपयुक्त है। गुलाब के फूल खिलने का मौसम (अक्टूबर से मार्च) में इस किस्म के गुलाब खूब खिलते हैं। विभिन्न रंगों में ये गुच्छों और डंडियों पर अलग भी उगते हैं। बेबी डार्लिंग, बेबी गोल्ड, स्टार, ग्रीन इसे, ब्यूटी सीकृत, ईस्टर मार्निंग, संड्रीलो आदि इस की लोकप्रिय किस्में हैं।

मिनीएचर, जैसा की इसके नाम से स्पष्ट है, ये कम लंबाई के छोटे बौने पौधे होते हैं। इनकी पत्तियों व फूलों का आकार छोटा होने के कारण इन्हें बेबी गुलाब भी कहते हैं। ये छोटे किन्तु संख्या में बहुत अधिक लगते हैं। इन्हें बड़े शहरों में बंगलों, फ्लैटों आदि में छोटे गमलों में लगाया जाना उपयुक्त रहता है, परंतु धूप की आवश्यकता अन्य गुलाबों के समान छः से आठ घंटे आवश्यक है।

लता वर्ग

इस वर्ग के गुलाब के पौधे लताओं के रोप में बढ़ते हैं और पैराबोला पर या दीवार का सहारा पाकर बढ़ते हैं। ये साल में केवल एक बार खिलते हैं। ये गुलाब की बेल (लता) वाली किस्में हैं। इन्हें मेहराब या अन्य किसी सहारे के साथ चढ़ाया जा सकता है। इनमें फूल एक से तीन (क्लाइंबर) व गुच्छों (रेम्बलर) में लगते हैं। इस की मुख्य किस्में है सदाबहार, समर स्नो, डॉ. होमी भाभा, मार्शल नील, दिल्ली वाईट पर्ल आदि।

7.55 जलवायु व भूमि

गुलाब की खेती के लिए दिन का तापमान 25 से 30 डिग्री सेल्सियस तथा रात का तापमान 12 से 14 डिग्री सेल्सियस उत्तम माना जाता है, गुलाब की खेती हेतु अधिक कार्बनिक पदार्थ वाली दोमट मिट्टी अच्छी होती है।

मृदा : गुलाब की खेती के लिए अच्छी तरह से जैविक पदार्थ सहित मृदा की आवश्यकता होती है। रोपण से पूर्व अच्छी सड़ी हुई गोबर की खाद को मिलते हैं। मिटट्ी का पीएच 5–6.3 होना चाहिए। पौध रोपण के 4–6 माह पश्चात् बैड़ की मिटट्ी को भूर–भूरी करना आवश्यक है। जिससे मिटट्ी कठोर न हो सके एवं पानी एवं हवा का संचार अच्छे से हो सके। जिससे फूलों की संख्या एवं गुणवत्ता में वृद्धि हो सके।

प्रकाश

अच्छी गुणवत्ता के गुलाब का उत्पादन करने के लिए लगभग 5500 लक्स अतिरिक्त कृत्रिम रोशनी दी जाती है। 15 से 28 डिग्री सेन्टीग्रेट तक का तापक्रम गुलाब के लिए उचित पाया गया है।

आपेक्षित आद्रता

बरसात के मौसम में अधिक नमी होने से डाउनी मिल्डयू तथा काला धब्बा नामक रोगों के संक्रमण का खतरा बढ़ जाता है। गुलाब की अच्छी वृद्धि के लिए 50–60 प्रतिशत आपेक्षित आर्द्रता अनुकूल होती है। गर्मियों में ग्रीनहाउस में आर्द्रता काफी कम हो

जाती है। पर्याप्त आर्द्रता बनाए रखने के लिए मिस्टर अथवा फव्वारों की आवश्यकता होती है।

7.56 ग्रीनहाउस में लगाने हेतु गुलाब की उन्नत किस्में

- लाल : रेंफीला, ऐसकेडा, ग्लोरी, मिस्टर लिंकन, एवन, भीम, अर्जुन, हेप्पीनेस रोज, जगुआर, गेब्रिला, शासा आदि।
- नारंगी : केपरी, सुपरस्टार, रेवल, ओसियाना, जैज, इंडियन पूमा, ओरेंज डिलाइट, प्रेसिडेंट हरबर्ट आदि।
- गुलाबी : कीस, मेंलाडी, सोनियां, मृदुला, किन्फीडेंट, यूरोप, रायल, नोकेल, पिंक, बेटर टाइम्स आदि।
- सफेद : नोबलेस, विरगों, जवाहर, गार्डन पार्टी राजहंस, इवनिंग स्टार, एस्कीमों, व्हाइट पर्ल आदि।
- दोरंगी : किंग्स ऑफ फायर, ग्रेनाडा, पैराडायज, वेस्ट मिनिएचर, यलों ग्लोरीया, रोडिया आदि।
- क्रीम : फ्लोरेंस, प्रेस्टीज, वरसिबिला आदि।
- परपल : सोविनियर, जकारन्का आदि।

7.57 पौध लगाने का समय (Time of the planting)

पौधशाला से सावधानीपूर्वक पौध लाकर सितम्बर–अक्टूबर में पौध की रोपाई करनी चाहिए।

पौधों का धनत्व (Plant density) : लगभग 7 पौधे प्रति वर्ग मीटर की पादप घनत्व के अनुसार 500 वर्ग मीटर के पॉलीहाउस में लगभग 3500 पौधे लगाए जा सकते हैं।

पॉलीहाउस में रोपण दूरी (Planting distance): पौधों को ऊँची क्यारियों में लगाया जाता है जो करीब 30–40 से मी ऊँची होनी चाहिए। पौधों को रोपण करने के दो तरीके है।

1 दो लाइनों में : इसमें पौधों से पौधों की दूरी 25 से मी तथा लाइन से लाइन की दूरी 30 से मी रखी जाती है।

2 तीन लाइनों में : इसमें लाइन से लाइन की दूरी 35 से मी रखी जाती है तथा पौधों से पौधों की दूरी 18 से मी तथा बीच की लाइन में पौधों की दूरी 25 सेमी रखी जाती है।

7.58 कल्चर विधियाँ (Culture method)

गुलाब से अच्छी उपज प्राप्त करने के लिए कुछ कल्चर विधियों को अपनाना आवश्यक है जो निम्न है।

पौधों की कटाँई छटाँई : सुषुप्तावस्था के बाद पौधों की कटाई करनी चाहिए। पौधों से फूल लेने के बाद पौधों की कटाई की अधिक आवश्यकता नही रहती, यदि पौधों की बढ़वार अधिक है तो 3–4 आँखें छोड़कर ऊपर से काट दें तथा क्यारी की अच्छी तरह सफाई कर दें व गोबर की खाद दें।

टहनियों को झुकाना : पौधें में पत्तियां प्रकाश संश्लेषण का मुख्य स्त्रोत होती है। जहाँ पर भोजन का निर्माण होता है एवं पत्तियों से यह भोजन पौधे के प्रत्येक भाग में पहुँचता है। रोपण के पश्चात् 2–3 आँख कलियाँ मुख्य शाखा पर अंकुरित होती है। ये कलिकाएँ शाखा के रूप में विकसित हो जाती है। बाद में नीचे से मदर शूट को 2–3 पत्तियों वाली अवस्था में नीचे से क्राउन क्षेत्र से झुका देते हैं। जिससे क्राउन क्षेत्र से नई शाखाएँ निकलती है। गुलाब के कटे हुए व्यवसायिक पुष्प उत्पादन को टहनियों को झुकाकर बढ़ाया जा सकता है। इस प्रक्रिया को अपनाने से 2–20 प्रतिशत तक कली वाली टहनियों का उत्पादन बढ़ जाता है एवं फूलों की डँडी की लबांई बढ़ जाती है।

सहारा देना : पौधा लगभग 40 से 60 सेमी ऊँचे हो जाए तो उन्हें सहारा देने की आवश्यकता पड़ती है, इस कार्य को पौधें की जड़ से थोड़ी दूरी पर बांस की लकड़ी गाड़कर पौधों को उनके सहारे बांधकर सम्पन्न किया जाता है।

डिस्बडिंग : गुलाब की हर शाखा पर अतिरिक्त कलियों को निकालकर केवल एक या दो कलियों को छोड़ने के कार्य को डिस्बडिंग कहते हैं। इसके फलस्वरूप फूल के आकार में पर्याप्त सुधार हो जाता है।

पिंचिग (शीर्ष कर्तन) : पौध रोपाई के 65–75 दिन बाद पौधों को ऊपर से काट देना चाहिए, जिससे पौधों की बढ़वार रूक जाती है। जिससे तने से अधिक से अधिक संख्या में शाखाएँ प्राप्त् होती है तथा प्रति इकाई क्षेत्र में अधिक से अधिक मात्रा में फूल प्राप्त होते हैं।

सकर्स निकालना : पौधे के तने के नीचे से जो टहनियों/सकर्स रूटस्टाक से निकालते हैं उन्हें हटाते रहना चाहिए।

पत्तियाँ हटाना (डिफोलीएशन) : पुरानी पत्तियों को पौधों से हटाना डिफोलीएशन कहते हैं तनाव की अवधि में नई पत्तियों में नमी को बनाए रखने के लिए यह की जाती है यह क्रिया छटाँई के बाद मैन्युअली की जाती है।

7.59 ग्रीनहाउस में खाद एवं उर्वरक

पौधे लगाने से पहले 10 कि.ग्रा. गोबर की खाद, 2 किग्रा सिंगल सुपर फास्फेट, 1 किग्रा कैल्शियम अमोनियम नाइट्रेट का 500 ग्राम म्यूरेट आफ पोटाश प्रति वर्ग मी की दर से क्यारी में मिला देते हैं। अच्छे फूल प्राप्त करनें के लिए यूरिया 2 भाग, डी ए पी 1 भाग पौटेशियम नाइट्रेट 1 भाग और पौटेशियम फास्फेट 1 भाग का मिश्रण 3 ग्राम प्रति लीटर पानी में घोलकर पत्तियों पर 15 दिन के अंतराल पर छिड़काव करते रहना चाहिए।

7.60 फर्टीगेशन (Fertigation)

ग्रीनहाउस में फूलों के लिए एक निश्चित अंतराल पर उचित मात्रा में उर्वरक देना बहुत महत्वपूर्ण है। परीक्षणों के परिणाम के आधार पर 150 पी पी एम सांद्रता वाला अमोनियम नाइट्रेट का घोल गुणवत्तायुक्त पुष्प उत्पादन के लिए उत्तम पाया गया है। इसके साथ 175 पी पी एम पौटोशियम तथा 50 पी पी एम फास्फोरस के संयोजन का उपयोग करने से पौधे की ऊँचाई तथा पुष्पों की संख्या में वृद्धि होती है।

7.61 गुलाब में सिंचाई प्रबंधन (Irrigation)

गुलाब के लिए सिंचाई का प्रबंध उत्तम होना चाहिए। आवश्यकतानुसार गर्मी में 5 से 7 दिनों के बाद तथा सर्दी में 10 से 12 दिनों के बाद सिंचाई करते रहना चाहिए। ग्रीनहाउस में सिंचाई के लिए ड्रिप का उपयोग किया जाता है जिसके द्वारा पानी तथा आवश्यक पोषक तत्व भी घुलनशील खादों के माध्यम से पौधें को आसानी से दिए जा सकते हैं इससें गुणवत्ता तथा उत्पादन दोनो में बढोत्तरी होती है।

7.62 मल्चिंग (Mulching)

गुलाब के बैड को काली पॉलीथीन से ढकना चाहिए। इससे पानी की बचत होती है। खरपतवार नियंत्रित होते हैं और अच्छी गुणवत्ता के फूल प्राप्त होते हैं।

7.63 रोग प्रबंधन (Diseases Management)

डाइबैक : गुलाब के पौधों में छटाई होने के बाद इस रोग का प्रकोप होता है इसमें टहनियाँ ऊपर से नीचे की ओर सूखना शुरू कर देती है तथा पौधों का तना काला पड़कर मर जाता है।

नियंत्रण : प्रभावित भाग को काटकर जला दें तथा कटे भाग पर बोर्डोपेस्ट का लेप कर दें। इसके अतिरिक्त 50 प्रतिशत कॉपर ऑक्सी क्लोराइड को 3 ग्राम प्रति लीटर पानी की दर से घोल बनाकर छिड़काव करें।

काला धब्बा रोग : नम मौसम में इस रोग का प्रकोप होता है पत्तियों की ऊपरी सतह पर काले धब्बे पड़ जाते हैं। धब्बे धीरे–धीरे बड़े होकर फैल जाते हैं। धीरे–धीरे संक्रमण फूलों पर भी हो जाता है जिससे फूल गिर जाते हैं या खिलते नही है।

नियंत्रणः कटाँई–छटाँई के बाद पत्तियाँ आने पर एक या दो छिड़काव कार्बोडाजिम 1 ग्राम प्रति लीटर पानी अथवा केप्टान 2 प्रतिशत का 15 दिन के अंतर पर छिड़काव करें।

पाउडरी मिल्डयू : फंफूद जनित इस रोग से पत्तियों, तनों और कलियों पर सफेद चूर्ण जैसा दिखाई देता है। इस रोग के प्रकोप से फूल छोटे व कम संख्या में बनते हैं।

नियंत्रण : इस रोग को रोकने के लिए सल्फर (गंधक) 2 ग्राम/लीटर पानी में या ट्राइकोडर्मा 1 मिली/ली पानी में घोलकर 15 दिन के अंतराल पर दो छिड़काव अदल-बदल कर करना चाहिए।

7.64 कीट प्रबंधन (Insect Management)

रेड स्पाइडर माइट : ये गुलाब का बहुत ही हानिकारक कीट है जिसका प्रकोप अगस्त-सिंतबर महीने में होता है। यह पत्तियों के नीचे फिर पूरी पत्तियों एवं तने अततः पूरे तने पर जाल सा बना देता है। जिससे फूल बेचने योग्य नही रहते हैं।

नियंत्रण : इसकी रोकथाम के लिए अबामेंक्टिन का 2 मिली/लीटर पानी के साथ एक बार अप्रैल में तथा दूसरा छिड़काव अक्टूबर में करें।

थ्रीप्स : ये नई कोपलों तथा पुष्प कलिकाओं का रस चूसते हैं। कीट से प्रभावित कलियाँ खिल नही पाती है।

नियंत्रण : एसिफेट (0.05 प्रतिशत) या रोगोट (0.05 प्रतिशत) का छिड़काव 15 दिन के अतंराल पर किया जाना चाहिए।

माहू : इस कीट का आक्रमण जनवरी–फरवरी में अधिक होता है। इसके शिशु और प्रौढ़ दोनों ही पौधों के मुलायम प्ररोह कली एवं पुष्पों पर एकत्र होकर कोशिकाओं से रस चूसते हैं।

नियंत्रण : इसके उपचार हेतु कीट दिखाई देते ही डाइमिकोरट 1.5 मिली / ली पानी में घोलकर छिड़काव करें।

भृंग (चौफर बीटिल्स) : अगस्त–सितम्बर माह में इनका प्रकोप अधिक होता है। प्रौढ़ भृंग रात में निकलकर पत्तियों को खाता है तथा तीवर्ग आक्रमण के समय पूरा पौधा पत्ती रहित हो जाता है।

नियंत्रण : इस कीट के नियंत्रण हेतु डाईमिथियोएट 1.5 मिली / ली पानी में मिलाकर छिड़काव करें।

हैयरी केटरपिलर : ये कीट पत्तियों को खाते हैं। जिससे पत्तियाँ सूखकर झड़ जाती है।

नियंत्रण : क्लोरोपाइरीफास (0.05 प्रतिशत) का छिड़काव 15 दिन के अंतराल पर करना चाहिए।

7.65 बड केप का उपयोग

गुलाब में आजकल बड केप का उपयोग दिन प्रतिदिन लोकप्रिय होता जा रहा है। सामान्यतः बड़केप लचीली जालीदार प्लास्टिक के बने होते हैं। इसका उपयोग कलियों को असामयिक खिलने से रोकने के लिए किया जाता है। यह कलिका के ऊपर उस समय लगाते हैं जब वह मटर के दाने के आकार की होती है। बड केप का आकार कली बढ़ने के साथ–साथ बढ़ता जाता है एवं पुष्पों को पौधों से काटने से पूर्व कली को खुलने से रोकता है। बड केप के उपयोग से गुलाब की कली की लबांई भी बढ़ती है।

7.66 फूलों की कटाई के बाद देखरेख

फूलों को कम से कम 3 घंटे पानी में रखने के बाद ही उनको ग्रेंडिग के लिए निकालना चाहिए। यदि ग्रेंडिग में देरी हो तो फूलों को 1 से 3 डिग्री सेंटीग्रेड तापमान पर कोल्ड स्टोरेज में रखना चाहिए, जिससे फूलों की गुणवत्ता बनी रहें।

7.67 ग्रेडिंग (Grading)

फूलों की ग्रेडिंग को निम्नलिखित चार भागों में बाँटा गया है।

- प्रथम ग्रेड : 80 सेमी डंडी की लंबाई
- द्वितीय ग्रेड : 60–80 सेमी डंडी की लंबाई
- तृतीय ग्रेड : 40–60 सेमी डंडी की लंबाई
- चतृर्थ ग्रेड : 30–40 सेमी डंडी की लंबाई

पैकिंग (Packaging)

फूलों की ग्रेडिंग करने के बाद उनके बण्डल बना लिए जाते हैं।

- हर बण्डल को चारों तरफ से कार्ड बोर्ड से लपेट दिया जाता है। इससे फूल रास्ते में हिलने डुलने से खराब नही होंगे।
- यदि बहुत सारे फूलों को बाजार में भेजना है तो फूलों को डिब्बों में रखकर भेजा जाता है डिब्बे का आकार 100 X 40 X 10 सेमी का होना चाहिए।

7.68 उपज (Yield)

गुलाब की उपज मृदा की उर्वरा शक्ति, फसल की देखरेख एवं प्रजातियों पर निर्भर करती है। आमतौर पर लगभग 200 से 250 क्विंटल प्रति है उपज प्राप्त होती है।

7.69 आर्थिक विश्लेषण (Economic analysis)

एक एकड़ में गुलाब के 33725 पौधों की आवश्यकता होती है एवं एक पौधे से लगभग 30 फूलों की प्राप्ति होती है। एक फूल का औसतन मूल्य 3.5 रूपये होता है मूल्य सामान्यतः बाजार के भाव पर निर्भर करता है जो कि घटता–बढ़ता रहता है।

सारणी 7.11 ग्रीनहाउस में गुलाब उत्पादन का आर्थिक विश्लेषण (एक एकड़)

वर्ष	प्रथम वर्ष	द्वितीय वर्ष	तृतीय वर्ष	चतुर्थ वर्ष	पंचम वर्ष
प्रति वर्ष सकल आय	3541125	3541125	3541125	3541125	3541125
प्रति वर्ष कार्यशील पूंजी	1162500	1162500	1162500	1162500	1162500
सावधि ऋण पर ब्याज	212396	169917	127438	84109	42054
मूल्य ह्रास	424792	382313	344081	309673	278706
पौधों व फिल्म का प्रतिस्थापन (प्रत्येक पाँचवे वर्ष में फिल्म का प्रतिस्थापन)	0	0	0	337250	320000
पुनर्भुगतान की राशि	424792	424792	424792	424792	424792
प्रति वर्ष शुद्ध लाभ	1316646	1401604	1482314	1222801	1313073

रसायनों के प्रयोग के समय सावधानियाँ

आधुनिक एवं वैज्ञानिक खेती के युग में अधिक पैदावार लेने के लिए फसल सुरक्षा अति आवश्यक है कीटनाशी, फफूंदनाशी एवं अन्य रसायन जो फसल सुरक्षा में प्रयोग होते हैं, प्रायः बहुत जहरीले व हानिकारक होते हैं। इन रसायनों का प्रयोग करते समय सावधानी रखना भी उतना ही आवश्यक हैं, जितना की इनसे फसल सुरक्षा व अधिक पैदावार एवं अच्छी गुणवत्ता वाली फसल लेकर अधिक लाभ उठाना।

फसलों की पैदावार में कमी होने के कई कारणो में कीट व बिमारियाँ मुख्य भूमिका निभाते हैं। अधिक उत्पादन लेने हेतु बुआई से पूर्व बीजोपचार तथा बुवाई के उपरान्त कीट नियन्त्रण एवं समय–समय पर बीमारियों से बचाव हेतु विभिन्न रासायनिक दवाओं का प्रयोग किया जाता है। जिनमें से अधिकांश रसायन अति विषाक्त होते हैं। जितनी आवश्यकता इनके प्रयोग करने हैं उससे कहीं अधिक आवश्यकता इनके प्रयोग में सावधानी रखने की है।

रसायनों को निर्धारित मात्रा से अधिक या गलत तरीके से या असावधानी से प्रयोग करने पर कई हानिकारक परिणाम हो सकते हैं। रसायन न केवल मनुष्यों बल्कि पशुओं, पक्षियों इत्यादि के लिए भी अति हानिकारक होते हैं।

इन रसायनों के प्रयोग से किसी भी प्रकार की दुर्घटना या हानि से बचने के लिए या इनका पर्यावरण पर कोई बुरा असर ना पड़ें इसलिए कुछ बातों का ध्यान रखने के साथ–साथ इनके प्रयोग के समय क्या–क्या सावधानियाँ बरतनी चाहिए, इनकी जानकारी भी किसानों को होना अति आवश्यक है। रसायनों के घातक प्रभावों से बचने के लिए यह आवश्यक होता है की उन पर लिखे हुए निर्देशों का पालन नियमानुसार किया जाए। जिनमें किसी भी प्रकार की लापरवाही न बरती जाए। इसलिए इनका प्रयोग करते समय हमें अत्यधिक सावधानी रखनी चाहिए।

रसायनों की खरीददारी के समय सावधानियाँ

- कीट व रोग की पहचान व उसकी गम्भीरता के आधार पर सिफारिश किए गए रसायनों को ही खरीदे।
- इन रसायनों के विषैलेपन की जानकारी को पैकिंग पर छपे विभिन्न आकृति के रंगों से समझना चाहिए। लाल रंग सबसे अधिक विषैला तथा पीला, नीला व हरा रंग क्रमशः कम विषैले होते हैं। यथासम्भव सुरक्षित रसायनों का ही चयन करें।
- रसायनों के निर्माता, इनमें उपस्थित सक्रिय तत्व तथा निष्क्रिय तिथि को ध्यान में रख कर उसका अनुसरण करें। ताकि उपयोगकर्ता को ज्यादा पुराना नही दिया जाए।
- रसायन खरीदते, उनके भण्डारण व उपयोग करते समय बच्चों को शामिल नही करना चाहिए।

- रसायन हमेशा मूल पैकिंग में ही खरीदने चाहिए। खुली पैकिंग वाला कीट व रोगनाशी कभी ना खरीदें।
- रसायन अच्छा गुणवत्ता का होना चाहिए। जिससे अधिक लाभ मिल सके।

रसायनों के प्रयोग से पहले सावधानियाँ

- रसायन के प्रयोग करने से पहले पैकेट पर लेबल व दी गई निर्देश पुस्तिका अवश्य पढें।
- केवल निर्धारित मात्रा में ही रसायनों का प्रयोग करें।
- रसायनों के प्रयोग से पहले छिड़काव यंत्र की अच्छी तरह जाँच कर लें।
- घर में काम आने वाले बर्तनों को छिड़काव के लिए कभी भी इस्तेमाल नही करना चाहिए।
- रसायनों को पानी में हाथ से नही मिलाना चाहिए। बल्कि हाथों में दस्ताने पहनकर किसी लकडी की छडी से ही मिलाए।
- छिड़काव करते समय मुँह पर साफ कपड़ा या मास्क का होना अति आवश्यक है।
- जहा तक संम्भव हो सके अपने शरीर को कपड़ों से पूरा ढ़क कर छिड़काव करें।
- शरीर पर किसी भी प्रकार का तेल या अन्य कोई भी पदार्थ लगाकर छिड़काव न करें।
- छिडकाव करने से पहले देख लें की शरीर का कोई भाग चोटिल नही है। यदि चोटिल हो तो किसी दूसरे व्यक्ति से छिड़काव करवाएँ।
- रसायनों का प्रयोग एक ही छिड़काव यंत्र से कभी न करें उनके लिए अलग–अलग छिड़काव यंत्र का प्रयोग करे या छिडकाव यंत्र को अच्छी तरह पानी से साफ करके प्रयोग करे।
- यदि बरसात या आँधी आने की संभावना हो तो रसायनों का प्रयोग स्थगित कर देना चाहिए। छिड़काव के बाद अगर बारिश हो जाए तो फिर से छिड़काव कर दें।

रसायनों का प्रयोग करते समय रखी जाने वाली सावधानियाँ

- रसायनों के डिब्बों को आँखों व नाक से दूर रखकर खोलें।
- बीज उपचार करते समय हाथों में दस्तानों पहनने आवश्यक है। उपचारित बीज को छाया में सुखाएँ और इसे बाकी अनाज से अलग रखें। बीज उपचार बुआई से 1–2 दिन पहले कर लेना चाहिए।
- रसायनों का भुरकाव व छिड़काव सुबह के समय करना अतिप्रभावी होता है। क्योंकि सुबह वातावरण नम रहता है।

- रसायनों का छिड़काव करते समय यह ध्यान रखें कि ये रसायनिक पदार्थ शरीर के किसी भाग पर नही गिरना चाहिए।
- रसायनों का छिड़काव करते समय कम से कम एक आदमी को साथ रखे कभी भी अकेले छिड़काव नही करें।
- शराब व अन्य नशीले पदार्थो का सेवन करके छिड़काव न करें।
- रसायनों को घर या पशुओं के रहने के स्थान पर न मिलाएँ बल्कि खेत में सुरक्षित स्थान पर ही मिलाए।
- छिड़काव यंत्र को ऊपर तक पूरा न भरें, बल्कि कुछ भाग खाली रहने दे।
- रसायनों का छिड़काव व भुरकाव करते समय छिड़काव करने वाले व्यक्ति को वायु की दिशा के साथ साथ चलना चाहिए। ऐसा करने से रसायन उसके ऊपर नहीं गिरेगा।

कीट व रोगनाशक छिड़काव के बाद की सावधानियाँ

- रसायनों के छिड़काव के बाद साबुन से भली–भाँति स्नान करना चाहिए तथा छिड़काव करते समय प्रयोग किए गए परिधानों को भी साबुन से अच्छी तरह धो ले।
- छिडकाव के बाद बचे हुए रसायनों को मूल पैकिंग में ढक्कन बंद करके सुरक्षित स्थान पर बच्चों की पहुँच से दूर रखें।
- रसायनों के छिड़काव के बाद छिड़काव यंत्र को पानी से धो कर साफ करें एवं सूखा कर रखे।
- रसायनों के छिड़काव के बाद कोई तकलीफ महसूस हो तो घरेलू उपाय अपनाकर तुरंत डॉक्टर की सलाह ले तथा उपचार करवाए।
- रसायनों के खाली डिब्बों को जला दें या इनके छोटे–छोटे टुकडें करके पीने के पानी के स्त्रोत से दूर किसी अन्य जगह पर दबा दें। प्लास्टिक व धातु के डिब्बे या ड्रमों को दो या तीन बार पानी से धोएँ तथा बाद में तोड़कर चपटा बनाकर पानी के स्त्रोत से दूर जमीन में दबा दें।
- उपचारित खेतों में से कुछ दिनों तक चारा, सब्जी इत्यादि का प्रयोग ना करें।
- कीट व रोगनाशकों को पहचानने के लिए उन्हें सूंघना या चखना नहीं चाहिए बल्कि उन पर लिखे लेबल को पढकर उसकी पहचान करना चाहिए।

इस तरह उपरोक्त सावधानियों को ध्यान में रखते हुए यदि रसायनों का प्रयोग किया जाए तो इनसे होने वाले हानिकारक दुष्प्रभावों से बचा जा सकता है।

■■■■